SPSS 아카데미 시리즈

데이터 마이닝 모델링과 사례 제2판

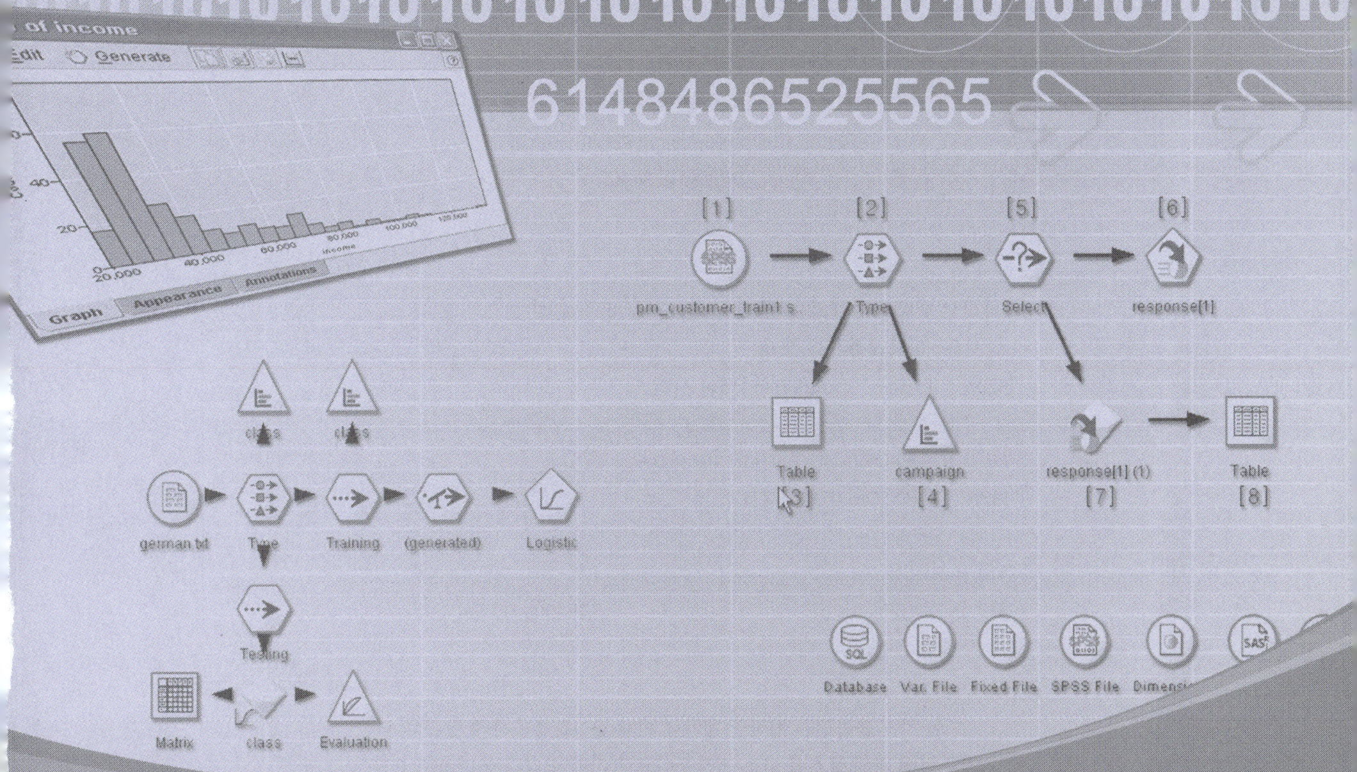

한나래

데이터 마이닝 모델링과 사례 제2판

지은이 / 허 명 회 · 이 용 구
펴낸이 / 한 기 철

2003년 7월 16일 제1판 1쇄 발행
2008년 2월 5일 제2판 1쇄 인쇄
2008년 2월 10일 제2판 1쇄 발행

펴낸곳 / 한나래출판사
신고번호 / 1991. 2. 25. 제 22-80호
주소 / 서울시 서대문구 냉천동 182 냉천빌딩 4층
전화 / 02) 738-5637 · 팩스 / 02) 363-5637 · e-mail / hannarae07@unitel.co.kr
www.hannarae.net

필름 출력 / 남양 프로세스 · 인쇄 · 제책 / 상지P&B

데이터 마이닝 모델링과 사례 / 허명회 · 이용구 공저 -- 제2판
-- 서울 : 한나래출판사, 2008
320p. ; 15.5cm. -- (SPSS 아카데미 시리즈)

ISBN 978-89-5566-077-7 93310 : ₩24,000
ISBN 978-89-5566-051-7 (세트)

310.16-KDC4
519.53-DDC21 CIP2008000268

|머리말|

저자들이 본 저서를 출간한 지도 벌써 4년이 지났다. 당시에 저자들은 국내에 데이터 마이닝의 모델링 방법에 대한 이론적인 설명과 함께 응용예제를 제시하는 실용적인 저서가 필요하다고 판단하여 본 저서를 집필하였다. 따라서 데이터 마이닝에서 활용되는 대표적인 모형화 방법들에 대한 이론적인 설명과 함께 널리 알려진 마이닝 툴인 SPSS사의 Clementine을 이용한 실제 응용예제를 제시하여 독자들이 데이터 마이닝에 대하여 이론적 이해뿐만 아니라 실질적인 활용이 가능하도록 하였다. 그 동안 본 저서가 우리나라 현업에서 데이터 마이닝의 활성화에 조금이나마 보탬이 되었다고 자부한다.

그러나 지난 4년 동안 데이터 마이닝에 대한 새로운 모형들이 개발되었고 동시에 본 저서에 활용한 마이닝 툴인 Clementine도 매년 새로운 버전이 나와, 처음 집필할 때는 버전 7이었으나 현재는 버전 11이 출시되어 획기적인 발전을 하였다. 따라서 Clementine도 명실상부하게 기업의 대용량 자료를 이용한 데이터 마이닝 분석을 실시할 수 있는 마이닝 툴로서 더욱 완벽한 모양을 갖추게 되었다. 이러한 Clementine의 향상으로 인해 본 저서를 개정하지 않을 수 없었다.

본 개정판에서는 Clementine 버전 7로 된 모든 응용사례들을 버전 11로 전환하였으며, 일부 내용도 수정 · 보완하였다. 또한 Clementine에 새로 추가된 방법들 중에서 실질적인 마이닝 프로젝트에서 중요하게 활용될 수 있는 방법들인 의사결정 리스트(Decision List), 변수선택(Feature Selection), 이상치 탐색(Anomaly Detection), 그리고 이단계 군집화(Two-step Clustering) 등을 추가하였다. 본 개정판이 데이터 마이닝에 대한 이론적 학습뿐만 아니라 실제 현장에서 마이닝 프로젝트를 수행하는 데 실질적으로 도움이 되기를 기대한다.

2007년 12월 20일

허명회 · 이용구

C·O·N·T·E·N·T·S

chapter_01

들어가기 : 데이터 마이닝과 응용, 클레멘타인 입문

1절에서는 데이터 마이닝(data mining)의 기본 개념과 기법, 그리고 활용에 대하여 간략하게 소개한다. 왜 이런 분야가 생기게 되었는가, 이것이 통계학의 영역인가, 무엇에 활용할 수 있는가 등을 이야기할 것이다. 그리고 2절에서는 데이터 마이닝의 주요 응용 분야가 되고 있는 고객관계관리(CRM)에서의 비즈니스 문제를 소개한다. 그리고 3절에서 데이터 마이닝 소프트웨어인 SPSS 사의 클레멘타인(Clementine)을 접해보기로 한다.

주요용어 데이터 마이닝, CRISP-DM, 고객관계관리(CRM), 클레멘타인

차 례

Chapter 01

들어가기: 데이터 마이닝과 응용, 클레멘타인 입문

1.1 데이터 마이닝

마이닝(mining)이 채광(採鑛)을 뜻하므로, '데이터 마이닝' 이라면 마이닝의 대상이 돌 덩어리가 아닌 데이터 덩어리인 것을 말한다. 즉 데이터 마이닝이란 대용량의 데이터로부터 유용한 정보(보석)를 캐내는 작업이라고 할 수 있다. 그러면 왜 이와 같은 용어 또는 분야가 생기게 되었을까?

첫째 이유는 모든 산업분야에 있어서 데이터를 생성하고 관리하게 되었다는 것이다. 즉, 백화점, 은행, 보험회사, 이동통신 회사, 신용카드 회사 등에서는 고객에 대한 인구통계학적인 데이터와 각종 거래 기록 등 다양한 데이터를 수집하게 되었으며, 또한 이러한 데이터가 데이터 웨어하우징(data warehousing) 기술의 발달로 체계적으로 집적/정리 되고 있기 때문이다. 예컨대 보험업, 신용카드업, 홈 쇼핑의 경우, 회원 정보 및 거래기록과 관련하여 상당히 많은 자료가 매일 데이터 창고(warehouse)에 쌓인다.

둘째 이유는 사회와 비즈니스가 정보와 지식을 절박하게 필요로 한다는 점이다. 치열한 경쟁적인 환경에서 한 조직체가 살아남는다는 것이 쉽지 않게 되었으며 정보와 지식이 생존을 위한 최우선 전략이 되었기 때문이다. 그래서 생각하게 된 것이 그 동안 회사가 축적한 데이터 창고에 귀중한 정보와 지식이 잠자고 있지 않은가, 그것을 찾아보자는 것이다. 과거에는 데이터 저장 기술이 그렇게 발달하지 않았기 때문에 저장 공간이 제한될 수밖에 없었고 그것을 다시 들춰 볼 만큼 가치가 있다고 생각하지 않았다. 그러나 이제는 그곳을 재탐사하여 재미 보는 사람들이 생기기 시작하였으며 내가 하지 않는다면 경쟁에서 뒤쳐질 수밖에 없게 된 것이다.

셋째 이유는 이러한 정보화의 요구를 충족시켜 줄 수 있는 컴퓨터 프로그램의 개발이다. 즉 데이터 웨어하우스에 축적된 데이터로부터 회사의 전략 결정에 중요한 정보를 구할 수 있는 다양한 데이터 마이닝 소프트웨어가 개발되었다. 이러한 소프트웨어들은 기존의 통계분석용 소프트웨어들과는 구분되어지며, 대표적인 소프트웨어가 SPSS 회사의 Clementine이다. 이러한 데이터 마이닝 툴(data mining tool)을 활용하여 회사가 가지고 있는 대용량의 데이터로부터 유용한 정보를 추출하는 것이 가능하게 되었다.

이러한 이유들로 인하여 오늘날 정보화 시대에 기업의 생존 전략으로 대용량으로 저장된 기업 데이터를 이용하여 유용한 정보를 추출하는 데이터 마이닝이 현대 기업의 중요한 과제로 대두되고 있다.

데이터 마이닝이 통계학의 영역인가?

어떤 사람은 그것이 전산학의 영역이라고 하고 어떤 이는 경영학의 영역이라고 한다. 그러나 그것은 당연히 통계학의 영역이기도 하다. 왜 그런가?

통계학의 정의에 여러 가지가 있다. 예컨대 어떤 이는 통계학을 불확실성하에서의 추론 및 의사결정으로 보기도 한다. 그것도 옳지만, 통계학의 정의를 보다 크게 잡는 것이 어떨까? 통계학의 학문영역은 데이터와 관련된 모든 것이다. 다시 말하여, 통계학은 데이터의 계획, 수집, 처리 및 활용에 관한 총체적인 인간의 지식 체계이다. 즉 데이터로부터 정보를 구하는 모든 과정을 통계학이라고 할 수 있다. 이러한 관점에서 학계의 일부에서는 20세기까지의 전통적 용어인 '통계학(statistics)'을 앞으로 데이터 과학(data science)으로 대체하자는 움직임이 일고 있다[특히 그런 주장은 일본과 유럽에서 강한 편이다].

데이터 마이닝은 기업 등에서 대용량의 자료를 활용한 데이터 과학의 한 영역이고 따라서 통계학의 새로운 영역이다. 다만, 컴퓨터 기술과 주제영역(subject field, 예컨대 경영학/사회학 등)의 지식과 관점을 수용할 필요가 있을 뿐이다.

그러면 전통적인 통계분석과 데이터 마이닝의 차이점은 무엇일까?

전통적인 통계분석에서는 우선 모집단(population)이라고 하는 대상집단이 있으며, 분석과정은 표본관찰(sampling)이나 실험(experiments)을 통하여 대상집단의 일부 자료를 관측한 후에 이 자료를 이용하여 모집단 전체에 대한 추론을 하는 과정이라고 할 수 있다. 따라서 분석과정에서는 모집단의 분포라든가, 모형 등 여러 가지 가정을 전제로 하게 되며 이 전제 조건하에서 분석이 실시된다. 그러나 데이터마이닝은 기본적으로 모집단 전체의 자료를 이용한 정보화 과정이라고 할 수 있다. 즉, 어떤 회사/조직이 가지고 있는 대용량의 자료(예를 들면, 모든 고객들의 거래 자료)로부터 직접적으로 유용한 정보를 추출하는 것이다. 따라서 이는 모집단 전체 자료를 이용한 정보화라고 할 수 있다. 그러므로 여기에서는 표본조사/실험에서 필연적으로 수반되는 분포라든가 모형에 대한 전제 조건 등을 필요로 하지 않는다. 예를 들어 한 신용카드 회사가 500만명의 회원들에 대하여 각종 인구통계학적인 데이터와 신용카드 사용내역 등에 대한 자료가 있다고 하자. 회사에서 이 자료를 이용하여 누가 우수회원이고 누가 불량회원인가? 어떤 회원들이 유사한 카드 이용패턴을 갖고 있나? 누가 카드대금의 연체 가능성이 높은가? 등에 대한 정보를 구하고자 할 때 활용 되는 방법이 데이터 마이닝이다.

통계학적 관점에서 본 데이터 마이닝

데이터 마이닝 작업을 보면 두 방향의 흐름이 있다(Berry and Linoff, 1997, p.5). 하나는 위에서 아래로 흐르는 Top-Down 방향이고 다른 하나는 아래서 위로 흐르는 Bottom-Up 방향이다.

Top-Down에서는 마이닝 작업에 앞서 작업의 목표가 설정된다. 즉 중요한 비즈니스 문제가 사전에 설정되고 이에 대한 가설이 주어진다. 이런 경우에 데이터 마이너(data miner: 데이터 마이닝을 시행하는 사람)가 하게 되는 일은 주어진 문제에 대한 풀이를 하는 일이다. 예컨대 이동통신회사에서

- 어떤 성향을 가진 사람들이 계약을 이탈하는가?
- 사용량이 많은 젊은 사람들이 다른 사람들에 비해 이탈 성향이 높은가?

등의 주어진 문제를 데이터 마이닝으로써 풀어보고자 하는 경우이다.

Bottom-Up에서는 데이터가 스스로 말하도록 한다(The data is allowed to

speak for itself). 이 경우에 마이너는 데이터를 면밀하게 탐사하여 자료의 특성과 구조적 관계 등에 대한 흥미로운 사실을 발견하여 아이디어, 가설, 비즈니스 문제로 만들어내는 일을 한다. 예컨대 패스트 푸드 프랜차이즈(fast food franchise)업 자료를 마이닝하여

- 좋은 영업 실적을 내기 위한 필요조건은 10-20대 유동인구수와 매장의 인테리어 수준이고
- 주택지역에 위치한 가맹점의 경우 영업년수가 경과함에 따라 영업 실적이 저하되나, 상업지역에 위치한 가맹점의 경우는 그렇지 않다

등은 데이터 마이너가 마이닝작업을 통하여 좋은 영업 실적과 관련된 조건과 변수 등을 알아낸 결과이다. 데이터 마이너들은 이러한 마이닝 결과(정보)들을 현업 실무 책임자들이 이해할 수 있도록 쉽게 전달해 주어야 한다.

실제 데이터 마이닝은 Top-Down이나 Bottom-Up 중 어느 하나로 되는 것이 아니라, 바람이 산에서 내려오듯 그러나 때로는 바람이 산을 타고 올라가듯, 두 방향의 작업이 번갈아 수행된다. 그래서 데이터 마이너에게는 뛰어난 커뮤니케이션 자질이 요구된다.

데이터 마이닝이 어디서 활용되고 있나?

데이터 마이닝의 활용 가능성은 무궁무진하다. 앞으로 더욱 새로운 분야에 적용될 것이 분명하다. 현재 활용되고 있는 몇 개 분야를 살펴보기로 한다.

보험업/신용카드 업:

- 해약 가능성이 있는 고객은? (그런 고객은 특별 관리하여 해약을 막는다.)
- 고객 가치가 큰 고객은? (그런 고객은 특별 관리하여 더 큰 계약을 하도록 유도한다.)
- 금융 리스크는? (고객별로 적절한 신용한도액을 설정한다.)

이동통신업:

- 이탈 가능성이 큰 고객은? (만약 그 사람이 기업에 수익을 주는 고객이라면 불만 요소를 알아보고 이탈을 막기 위해 예방 조치를 취한다. 예컨대 새 핸드폰을 매력적인 조건으로 제안하고 최적의 요금제를 알려준다.)

유통업 (회원제 할인점 또는 홈쇼핑):

- 어떤 회원들이 회사의 판촉 캠페인에 반응하는가? (그런 사람들에게 마케팅 자원을 집중시킬 필요가 있다.)
- 회원들의 구매 기록에 어떤 특별한 패턴이 있나? (예컨대 A와 B의 구매가 같이 발생하는 경향이 있다면 그 관계를 이용하여 A와 B를 모두 팔아볼 기회를 잡는다.)

공공기관:

- 부정 · 부당 행위가 있지 않은가? (정부나 사회기관을 상대로 과다한 청구를 함으로써 부당한 이득을 챙기려는 사람들이 있게 마련이다. 예컨대 농부가 정부에 과다한 농업지원금을 신청한다든가, 병원이 의료보험 관리공단에 과다한 진료비 청구를 한다든가, 개인 사업자가 과세액을 줄이려고 국세청에 수입신고를 과소하게 하는 일 등이다. 이러한 부정 · 부당 행위를 어떻게 탐지해낼 수 있을까? 그런 것들을 색출하여 공금이 누출되는 것을 막는다.)

데이터 마이닝의 업계 표준 실행: CRISP-DM

데이터 마이닝은 대용량의 자료를 이용한 정보화 과정이라고 할 수 있다. 따라서 전체 과정은 여러 단계의 절차를 필요로 하게 된다. 이에 대하여 SPSS, NCR, Daimler-Benz(현 DaimlerChrisler) 등 여러 업계의 선도 회사들이 3년여 동안 데이터 마이닝 작업의 표준화를 연구하여 1999년 발표한 것이 CRISP-DM(Cross-Industry Standard Process for Data Mining, 데이터 마이닝 표준 실행과정)이다.[1] 현재 전 세계 데이터 마이닝 프로젝트의 50% 이상이 CRISP-DM을 따라 수행되고 있다.

CRISP-DM은 다음 다섯 단계로 구성된다. 모든 과학적 과정이 그렇듯이 작업 단계들은 항상 전진하는 것이 아니라 때로는 후진하기도 하고 전체가 사이클이 되어 돌기도 한다.

1) www.crisp-dm.org 참조

단계 1: 비즈니스 이해 (Business Understanding)

해당 비즈니스를 이해하는 단계이다. 예컨대 보험업, 신용카드업, 유통업 등 그 분야의 기본 지식을 각종 참고 자료와 현업 책임자와의 커뮤니케이션을 통하여 이해해야 한다. 그 중에서 데이터 마이닝으로 접근할 수 있는 문제를 파악한다.

단계 2: 데이터 이해 (Data Understanding)

현업이 보유 · 관리하고 있는 데이터를 이해하는 단계이다. 레코드의 수, 변수의 종류, 자료값의 질(quality), 데이터 관리 체계 등을 파악한다. 흔히 변수의 종류가 수백 가지에 이르고 데이터가 여러 개의 컴퓨터 서버에 분산되어 있기 때문에 한 조직의 정보체계를 정확히 이해하는 데는 시간이 걸리게 마련이다.

단계 3: 데이터 준비 (Data Preparation)

자료를 컴퓨터 서버로부터 내려받고 나서 분석 가능한 상태로 만들기 위하여 데이터 정제(data cleaning) 작업을 한다. 예컨대 고객 이름과 주소, 전화번호를 1개의 표준 형태로 정리한다.

해당기업의 DB가 고객 DB, 상품 DB, 거래 DB 등으로 구성되어 있다면 우리가 원하는 정보를 3개의 DB에서 끌어와서 1개의 데이터 세트로 만들어야 한다. 이 과정에서 자료정비가 요구되는 경우가 많은데, 예컨대, 거래일 기록이

2007/01/27, 07/1/27, 01-27-2007, 27 Jan 2007

등 여러 가지 형태로 되어 있다면 한 가지로 통일한다. 이 단계에 많은 일손이 필요하므로 전체 프로젝트 일정의 50% 이상을 차지하는 것이 보통이다.

또한 우리가 필요로 하는 변수를 만들어내는 일도 필요하다. 예컨대 고객별 총 거래액이 필요하다면 고객별로 개별 거래기록을 묶는 작업을 해야 한다.

단계 4: 모델링 (Modeling)

자료 기술(data description) 및 탐색(exploration)을 포함하여 필요한 각종 모델링을 한다. 여기에는 신경망(neural network), 나무형 모형(tree-structured model, decision tree) 등의 지도학습(supervised learning), 군집화(clustering), 연관성(association) 분석 등의 비지도학습(unsupervised learning)이 포함된다. 다음 소절에 신경망, 결정나무, 군집화, 연관성에 대하여 간단히 소개하기로 한다.

단계 5: 평가 (Evaluation)

앞 단계에서 생성된 모형이 잘 해석되는지, 독립적인 새 자료에 적용되는 경우에도 재현가능한지를 검토한다.

단계 6: 전개 (Deployment)

검토가 끝난 모형을 실제 현업에 적용하는 단계이다. 예컨대 모든 고객에 대하여 이탈 가능성 점수를 산출하여 고객 관리자에게 전달하여 필요한 조치를 취하는 작업 등이다.

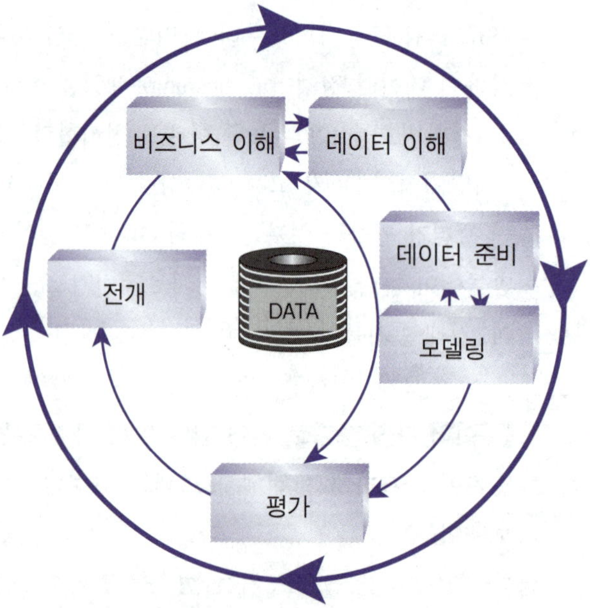

CRISP-DM

데이터 마이닝의 과제와 주요 모델링 기법들

데이터 마이닝에서 구하고자 하는 정보화 과제들은 분류(classification), 추정(estimation), 예측(prediction), 유사행태 집단화(affinity grouping), 군집화(clustering), 그리고 기초 분석 등이 있다. 이러한 과제들을 수행하기 위한 대표적인 분석 방법들은 다음과 같다.

1) 신경망 (Neural Network):

분류/추정 또는 예측 목적으로 사용되는 기계학습(machine learning) 기법이다. 이 분석 방법은 인간의 두뇌에서 신경들 사이의 신호 전달체계를 모방한 방법이다. 즉 주어진 정보를 외부로부터 받아들이는 설명변수 각각을 입력노드(input node)라고 하고 이 설명변수들에 의하여 설명되어지고 예측되어지는 반응변수를 출력노드(output node)라고 한다. 분석 체계는 입력노드에 주어진 설명변수들의 정보들이 중간과정에 있는 은닉노드(hidden node)라는 신경들에게 전달되며, 이 신호가 최종적으로 출력노드에 전달되어 추정/예측 결과가 주어지는 논리이다. 또한 각각의 노드가 여러 개인 경우 설명변수들로 이루어진 입력노드 집단을 입력층(input layer), 반응변수들로 이루어진 집단을 출력층(output layer), 은닉노드집단을 은닉층(hidden layer)이라고 한다. 이 경우 정보를 받아들이는 입력층과 결과를 출력하는 출력층은 각각 하나이나 은닉층은 신호전달 시스템에 따라 여러 개일 수 있다. 이러한 신호의 흐름은 "입력층 → 은닉층 → 출력층" 형태로 진행되는데, 이 때 각각의 노드에서 신호가 전달될 때 전달되는 형태를 결정하는 활성화 함수라는 비선형적 변환함수를 활용한다. 이러한 활성화 함수에 의하여 노드간 연결강도의 조정을 통하여 최종적인 추정/예측모형이 만들어진다[2장과 5장 참조].

2) 나무형 분류/회귀 (Tree-structured Model, Decision Tree):

주로 분류 목적으로 사용되는 지식발견(knowledge discovery) 기법이다. 나무형 모형은 뿌리에서 가지를 거쳐 잎으로 분화되는 나무의 형태를 취한다. 가지의 나뉨, 즉 분지(分枝)는 마디에서 이루어지는데 단순한 결정나무의 각 마디는 "If A then B1. Else B2." 의 논리적 구조로 구성되어 있다. 즉

A의 경우이면 B1으로 가고 아니면 B2로 가라는 것이다. 모든 관측은 최종적으로 잎에 도달한다. 나무형 모형을 구성하는 방법에는 CART, C5.0, CHAID 등이 있다[2장과 5장 참조].

3) K-평균 군집화 (K-means Clustering):

많은 수의 개체들을 K개의 소그룹으로 나누는 데 쓰는 군집화 기법이다. 그 방법은 다음과 같다. 처음에 군집의 수 K를 정한 후에 각각의 K개의 그룹에 1개씩의 개체를 배당하여 그룹 중심으로 한다. 다음으로 각각의 개체들은 그 개체와 가장 가까운 그룹중심을 찾아 그 그룹에 배속시킨다. 그리고 바로 그룹중심을 그 그룹에 속한 개체들의 중심으로 갱신한다. 그리고 다시 각각의 개체들을 그 개체와 가장 가까이에 있는 중심이 속한 그룹에 재분류한다. 이와 같은 과정을 K개의 그룹이 안정적으로 형성될 때까지(즉, 그룹간 개체의 이동이 일어나지 않을 때까지) 반복한다. 이러한 K-평균 군집화는 고객 세분화 등에 응용된다[3장과 5장 참조].

4) 연관성 규칙 (Association Rule):

비슷한 상품들을 찾아내는 친화 그룹화(affinity grouping)의 한 방법이다. 예컨대 A, B, C, … 등을 고객이 구입한 품목, 즉 장바구니 리스트라고 할 때, "얼마나 많은 사람들이 A와 B를 동시에 구매했나(한 장바구니에 담았나?)"는 매우 유용한 정보이다. 연관성 규칙에서는 이러한 경우 "If A, then B"라는 규칙으로 정하여 A를 구매한 고객들 중에서 B를 동시에 구입한 고객들의 비율, 즉 신뢰도가 높은 규칙들을 찾는 방법이다. 이러한 규칙은 매우 유용하다. 왜냐하면 이러한 규칙은 A를 구매한 고객들 중에서 B를 구입하는 통계적 가능성의 정도를 나타내므로, 이 가능성이 높은 경우 A를 구매한 고객에게 B를 마저 구입하도록 권유한다든가, 또는 매장의 진열대에서 A와 B를 같이 진열하여 동시구매를 유도할 수 있기 때문이다. 미국의 책 판매 웹 사이트인 amazon.com은 연관성 규칙을 적극 활용하고 있다[3장과 5장 참조].

앞서 이야기한 대로 데이터 마이닝의 응용은 다양하다. 그 가운데 가장 주된 분야가 기업의 고객관계관리(CRM, Customer Relationship Management)

이다. 다음 절에서 CRM 분야에서의 데이터 마이닝의 활용을 다룬다.

1.2 고객관계관리를 위한 데이터 마이닝2)

기업에서 고객정보와 마케팅을 위한 데이터 웨어하우스(data warehouse)를 구축하였다고 하자. 자, 이제 안에 있는 데이터를 활용해야 할 텐데….

고객관계관리(CRM, customer relationship management)는 고객이 무엇을 원하는가? 고객의 행태는 어떠한가? 등에 대한 정보를 활용하여 고객과의 관계를 구축하고 강화시키고자 하는 전략이다. 이러한 CRM은 기본적으로 각각의 고객을 개인화(individualization)하기 때문에, 고객들은 보다 친절하게 대접받는다고 느끼게 된다.

최근까지, 대부분의 CRM은 고객정보의 조직화와 관리를 단순화하는 데 초점을 맞추었다. 이러한 CRM을 Operational CRM(운영 CRM)이라고 하는데 고객과 기업의 접촉과정을 한눈에 볼 수 있도록 고객 데이터베이스를 만들어 고객정보를 특정 응용에 활용할 수 있도록 하는 것이다. 예컨대 고객과의 접점에서 활용할 수 있는 영업지원 시스템(Sales Force Automation)이나 고객 서비스 지원 같은 것이다.

그러나 고객정보가 양적으로 폭증하고 고객과의 접촉 양상이 복잡해짐에 따라 고객관계를 수익성 있게 관리하기 위하여 그것만으로는 부족하게 되었고 이를 위해 나타난 것이 바로 데이터 마이닝(data mining)이다. 데이터 마이닝은 방대한 자료에서 통계적 관계 및 패턴을 발굴해내기 위한 자료분석 및 모형화 과정이다. 기업은 고객 데이터의 마이닝을 통하여 개별 고객이 무엇을 원하는가를 알 수 있고 향후 개별 고객이 어떻게 행동할 것인가를 예측할 수 있게 된다. 데이터 마이닝을 활용하여 어떤 잠재고객에

2) 이 글은 spss.com의 기술보고서 "Building profitable customer relationships with data mining"의 일부를 읽기 쉽게 정리한 것이다. 필자는 Two Crows Corporation사의 대표인 Herb Edelstein씨이다.

관심을 두어야 하는지, 기존 고객에게 어떤 상품/서비스를 제공해야 적절한지, 우수 고객들 중에서 누가 이탈할 가능성이 있는지를 알게 될 것이다. 결과적으로 기업은 자원의 효율적인 배분을 꾀함으로써 수익증대 · 비용감소를 기대할 수 있다. 이와 같이 고객의 자료를 이용하여 고객에 대한 정보를 구하고 이 정보를 고객관계에 활용하는 CRM을 Analytical CRM(분석 CRM)이라고 한다.

여기에서는 분석 CRM의 여러 측면을 기술하고 고객 정보를 최대한 비용 효율적으로 활용하는 사례들을 보여줄 것이다. 여기서 제시될 사례들은 인공적으로 만들어진 것이지만 데이터 마이닝의 실제 응용에 매우 가깝게 만들어졌음을 말하고 싶다.

데이터 마이닝

분석 CRM이란 결론적으로 고객자료의 정보화로 데이터 마이닝과 같은 개념으로 이해될 수 있다. 이와 같은 데이터 마이닝의 분석 단계에서 처음 해야 하는 작업은 자료의 기술(묘사)을 통하여 기본적인 정보를 구하는 것이다. 예컨대 변수들의 분포나 차트를 그려보고 평균이나 구성비를 구해보는 일 등이다.

자료기술(data description)만으로는 기업이 구체적인 실행(action)을 취할 수 없다. 표본자료로부터 예측모형을 만들고 표본내 고객 외에 다른 고객에도 적용이 가능한지를 테스트 해봐야 한다. 이렇게 하여 구해진 모형은 아무리 우수해도 현실과는 편차가 있게 마련이지만 현실적으로 기업의 비즈니스에 적용하는 데는 문제가 없다.

데이터 마이닝 과제는 크게 분류/회귀, 세분화, 그리고 친화그룹화 등과 같은 범주로 분류할 수 있다. 분류(分類, classification)는 고객이 어떤 범주에 속할 것인가를 예측하는 문제이다. 예컨대, 고객의 신용위험도가 높은지 또는 낮은지, 고객이 기업이 낸 여러 제안 중에서 어떤 것에 반응하는지 아니면 아무 것에도 반응하지 않을지를 예측해야 하는 경우이다. 회귀(回歸, regression)는 고객에 대하여 수치로 예측하는 문제이다. 예컨대, 고객이 기업의 제안에 반응할 확률이라든가 고객이 이탈할 확률 같은 것을 예측하는 경우이다. 회귀는 흔히 개별 고객의 점수화(scoring)에 활용된다. 세분화(segmentation; 군집화, clustering)란 고객집단을 내부적으로 유사한 몇 개의 그룹으로 나누고 그룹들을 어떤 변수들에 의하여 특성화한 것으로 거의 모든 마케팅 연구에서 기본적으로 이용된다. 이 방법에 의하여 유사한 집단으로 구분된 집단 내에는 같은 마케팅 전략을 적용할 수 있게 된다. 또한 친화 그룹화(affinity grouping, collaborative filtering)는 공통적으로 발생되는 행태를 파악하여 고객들의 공통된 관심 상품/서비스를 묶어내는 기법이다.

CRM의 정의

넓은 의미의 고객관계관리(CRM)는 고객과의 모든 접촉에 대한 관리를 말한다. 현실적으로 이것은 고객과의 관계를 효과적으로 관리하기 위해 단계별로 나누어 볼 수 있다. 고객 라이프 사이클의 3단계는 다음과 같다.

- 고객 확보 (Acquiring customers)
- 고객가치의 증진 (Increasing the values of customers)
- 우수 고객의 유지 (Retaining good customers)

데이터 마이닝, 즉 분석 CRM은 앞의 각 단계에서 기업의 수익성을 높이기 위하여 운영 CRM과 함께 쓰인다[6장 참조].

데이터 마이닝을 통한 새 고객의 확보

CRM의 첫 단계는 잠재고객을 선별해내고 그들을 고객으로 전환시키는 것이다. 여기서는 비용을 절감하기 위하여 그리고 신규고객확보 캠페인의 효율성을 높이기 위하여 어떻게 데이터 마이닝이 활용되었는지 그 예를 보기로 한다.

B 은행은 매년 25회의 DM(direct mail) 캠페인을 한다. 1회 캠페인에서 100만 명에게 신용카드 가입신청서를 발송한다. 캠페인의 성과는 최종적으로 신용카드 발급률로 측정되는데 대개의 경우 발급률이 1% 정도이고 신규 발급자 수는 1만 명에 불과하다. 이 과정은 다음과 같이 설명할 수 있다.

1단계로 우편을 받은 사람들 중에서 일부가 신용카드 신청을 하게 된다. 그 다음 단계는 B 은행이 이들 신청자들의 신용도가 양호한지 또는 불량한지를 판단하여 그 결과에 따라 카드 발급을 결정하게 된다. 매우 당연하게도 신용도가 불량한 사람들이 카드를 신청할 가능성이 상대적으로 높다. 때문에, 우편을 받은 100만 명 중 6%인 6만 명이 카드를 신청하지만 그 중에서 실제로 카드를 발급 받을 수 있는 사람은 6명 중 1명꼴인 1만 명에 불과하다(즉 우편을 받은 사람들 중에서 최종적인 카드 발급률은 전체의 1% 정도가 되는 셈이다). 문제는 어떻게 하면 카드를 받게 될 1만 명에 좀더 효율적으로 접근할 수 있느냐이다.

B 은행은 우편 1건당 1달러의 비용을 치른다. 그러므로 100만 건의 우편에 드는 비용은 100만 달러이다. 그리고 그 후 몇 년에 걸쳐 카드 고객 1명이 은행에 기여하는 수익은 125달러이다. 따라서 실제로 발급받는 1만 명의 카드 고객이 기여하는 총 수익은 125만 달러가 되는 셈이다. 그러므로 은행은 DM 캠페인 1회당 25만 달러의 순수익을 기대할 수 있다. 물론, 비용은 즉시 지출되나 수익은 몇 년에 걸쳐 조금씩 들어온다.

데이터 마이닝은 다음과 같은 방법으로 이런 지출-수익 구조를 보다 효율적으로 만드는 데 활용될 수 있다.

단계 1: B 은행은 5만 명의 잠재 고객에게 테스트 DM을 보낸다. 이 중 일부는 카드 신청을 할 것이고 다시 그 중의 일부는 신용양호자로 분류되어 카드를 발급 받는다. 이런 사례를 '성공' 이라고 하자. 나머지 모든 사례는 '실패' 이다. 이제, 성공에 관한 예측 모형을 만든다(로지스틱 회귀나 나무형 모형 등을 활용). 모형 구축에 40,000달러의 비용이 든다.

단계 2: B 은행은 나머지 95만 명의 잠재 고객에게 그 예측 모형을 적용하여 성공 가능성을 개인별로 산출한다. 그 수치가 높은 고객 70만 명을 선발하여 DM 자료를 보낸다. 나머지 25만 명은 포기한다.

단계 3: 그 결과 9,000명이 카드를 발급 받았다[성공]. 물론 어떤 모형도 완벽하지 않다. 우리는 25만 명의 잠재 고객에게 DM을 하지 않은 대가로 1,000명을 잃은 것이다.

단계 4: 이제 투자비용 및 수익 계산을 해 보자. 총 75만 명에게 DM을 하였으므로 비용은 750,000달러이다. 그리고 단계 1의 모형 구축에 40,000달러의 비용이 들었으므로 총 비용은 790,000달러이다. 향후 수익은 125달러/명 * 9,000명 = 1,125,000달러가 된다. 따라서 투자 순수익은 335,000달러이다. 데이터 마이닝 없는 DM 캠페인의 투자 순수익이 250,000달러였던 것에 비해 85,000달러만큼 더 많음에 유의하자.

두 캠페인의 득실을 정리하면 다음 표와 같다.

	새 방식의 캠페인	옛 방식의 캠페인	차　이
우편 수	750,000건	1,000,000건	−250,000건
우편 비용 (1)	750,000달러	1,000,000달러	−250,000달러
카드 발급자 수 (2)	9,000명	10,000명	−1,000명
카드발급자 1인당 수익 (3)	125달러	125달러	0달러
총 수익 (4) : (2)*(3)	1,125,000달러	1,250,000달러	−125,000달러
순수익 (5) : (4)−(1)	375,000달러	250,000달러	125,000달러
마이닝 비용 (6)	40,000달러	0달러	40,000달러
최종 순수익 (5)−(6) :	335,000달러	250,000달러	85,000달러

따라서 데이터 마이닝 모형화에 따른 비용(소프트웨어 및 인력) 40,000달러를 투자하여 얻은 순수익은 85,000달러이므로 ROI(Return on Investment)는 200%가 넘는다. 그렇다면 해볼 만하지 않은가?

검토 사항: 앞의 단계 2에서 예측모형을 95만 명에 적용하여야 하는데 그러기 위해서는 DM 리스트의 모든 고객에 대하여 몇 가지 기본적인 인적 정보가 있어야 한다. 예컨대 주소, 성, 나이 등이 그런 것이다.

기존 고객의 가치 제고: 데이터 마이닝을 통한 교차판매

C 쇼핑은 가전제품을 전문으로 파는 업체이다. 이 업체에서는 일반 가정에서 필요로 하는 대부분의 가전 제품을 판매한다고 한다. C 쇼핑에서는 잠재고객들에게 정기적으로 카달로그를 보내는데, 한번에 대략 1천2백만 가구에 카달로그를 발송한다.

고객이 C 쇼핑에 주문 전화를 하면, C 쇼핑은 우선 고객 ID를 확인한다. 직접적으로 확인할 수 없으면 고객의 전화번호 등을 물어 고객 ID를 데이터베이스에서 찾는다. 그리고 그 다음에 주문을 받는다.

C 쇼핑은 고객이 주문한 상품 외에 추가로 다른 상품의 구입을 추천함으로써 교차판매(cross-selling)의 기회를 잡을 수 있다. 그러나 고객은 회사가 추천한 상품에 마음이 없어서 교차판매에 실패하는 경우가 많고 또 어떤 고객은 회사의 상품 추천 자체를 언짢게 생각하기도 한다. 하여튼 그 동안 C 쇼핑은 이러한 교차판매로 매출이 10% 늘었지만, 그에 못지않게 불평을 들었어야 했다.

그렇지만 C 쇼핑이 데이터 마이닝 기법을 교차판매에 응용하자 사정이 달라졌다. 데이터 마이닝으로 다음 두 가지 모형을 구축하여 적용한 결과이다.

모형 1: 교차판매 시도를 달갑지 않게 생각하는 고객들이 누구인가 하는 것을 알고자, 소규모 면접조사를 실시하였다. 조사자료를 활용하여, 교차판매 시도를 기피하는 사람들과 선호하는 사람들을 판별하는 통계적 모형을 만들었다. 즉 교차판매 추천을 싫어하는 사람들의 특성을 파악하여 이 분류에 속한 사람들에게는 교차판매 추천을 하지 않도록 하였다.

모형 2: 현재 주문한 상품에 조건화하여 어떤 상품을 추천할 것인가에 관한 통계적 규칙을 찾아냈다[이것을 데이터 마이닝에서 연관성 규칙(association rule)이라고 한다. 3장 참조]. 일반적으로 그 고객이 주문한 상품과 같이 주문이 많이 되는 상품을 추천하여 동시구매를 유도한다.

결과적으로 C 쇼핑은 이러한 교차판매 모형을 고객의 전화주문시에 적용함으로써 매출을 20% 늘릴 수 있었다. 고객의 불만을 줄일 수 있었음은 물론이다.

데이터 마이닝을 통한 우수고객 유지

어느 기업이든지 새로운 고객을 확보하는 비용은 우수 고객을 유지하는 데 드는 비용을 훨씬 상회한다. 인터넷서비스 공급자(ISP, Internet Service Provider) 사업을 하는 K 통신이 최근 이 문제를 심각히 느끼기 시작하였다. K 통신은 매월 총 가입자의 8%에 해당하는 8만 명의 고객을 잃는데, 1명의 신규 고객을 확보하기 위해선 200달러의 비용이 들기 때문에 잃는 고객만큼 신규고객을 매월 보충하려면 16,000,000달러가 투입되어야 하기 때문이다. 어떻게 하면 고객의 이탈을 막아 회사의 수익성이 하락하는 것을 막을 수 있을까?

우선적으로 K 통신은 모든 개별 고객의 가치를 산출하였다. 모든 거래고객이 기업에 수익을 가져다주는 것은 아니기 때문에 수익성 있는 고객들을 식별해내는 것은 데이터 마이닝이 해야 할 중요한 작업이다. 여기에는 고객들이 가입시 기록한 인구사회적 속성과 매월 인터넷 사용량, 사용 요금 등이 활용되었다. 이러한 때, 현재 수익을 만들어주는 고객에만 관심을 갖고 향후 수익을 일으킬 잠재력이 있는 고객들, 즉 생애가치(lifetime value)가 큰 고객들을 무시해서는 안 된다. K 통신의 목표는 우수고객(=현재가치 또는 생애가치가 높은 고객)들을 잃지 않는 것이다.

다음으로 K 통신은 우수고객에 대한 이탈여부 기록을 분석하여 어떤 고객들이 이탈하는가를 예측하는 통계적 모형을 구축하였다. 여기에는 매월 인터넷 사용량과 수리서비스 기록 등이 활용되었다. 그 결과, 최근 3달에 걸쳐 사용량 추세가 감소하거나 수리서비스 요청건수가 일정 수준 이상이면 이탈 가능성이 높다는 알게 되었다. 이 모형으로 모든 개별 고객에 대하여 이탈가능성 점수를 산출하였다[이탈을 영어로 흔히 'attrition' 이라고 하나 통신 분야에서는 유독 'churn' 이라고 한다].

이탈할 가능성이 높은 고객을 탐지해내는 것만으로는 충분하지 않다. 개별 고객의 불만 요인을 알아내 매력적인 제안을 해야 한다. 이런 관점에서 고객이 채택한 요금제가 적절한가를 분석하여 고객에게 유리한 요금제를 추천하였고 고객에 특별 캠페인을 실시하여 호감을 유도하였다.

그 결과 K 통신은 매월 이탈률을 8%에서 7.5%로 0.5%P 하락시키는 데 성공하였다. 이는 5,000명의 고객을 덜 잃는 것을 의미하며 금액으로 치면 1,000,000달러에 해당한다. 대단한 성과는 아니지만 우수고객의 만족도를 높였다는 점에서 그리고 데이터 마이닝과 캠페인에 투입된 투자에 비하여 좋은 성과라는 평가를 받았다.

맺음말

고객관계관리(CRM)은 포화상태의 시장에서 기업이 생존하기 위하여 반드시 그리고 효율적으로 실행되어야 한다. 이를 위하여 운영 CRM이 체계화되어야 하고 그 중 한 부분에 분석 CRM을 붙여 놓아야 한다. 분석 CRM을 위해서는 대량의 기업 DB 자료를 통계적으로 분석해 활용해야 한다. 이것이 데이터 마이닝(data mining)이다. 다시 말하자면 광산에서 캐낸 광석들을 촉매제와 함께 용광로에 넣고 열을 가함으로써 그 안에 든 금덩이를 취하는 것이 데이터 마이닝이다.

1.3 클레멘타인 입문

클레멘타인은 SPSS사의 데이터 마이닝 소프트웨어이다. 브랜드 명은 "나의 사랑 클레멘타인(My Darling Clementine)" 이라는 노래에서 따온 것으로, 클레멘타인(Clementine)은 어느 한 광부의 딸 이름이다(우리말 가사에는 어부로 되어 있지만 원어 가사는 'miner' 이다). 클레멘타인은 예쁜 이름에 걸맞게 깔끔한 비주얼 프로그래밍 환경을 제공한다. 여기서 여러분들은 짧은 경험을 통해 클레멘타인과 친해질 기회를 가질 것이다[클레멘타인 이용법에 대한 자세한 설명이 필요한 독자는 Clementine Manual－기초편－(SPSS Korea 컨설팅팀 저) 또는 소프트웨어와 함께 제공되는 Clementine 11 User' s Guide를 보기 바란다.(Help 디렉터리내 pdf 파일로 있음)].

클레멘타인을 실행하면 작업공간으로 다음과 같은 화면이 모니터에 나타난다. 이러한 클레멘타인 작업공간은 도구막대(Menu Bar), 관리자창(Manager Window), 스트림 캔버스(Stream Canvas), 프로젝트 창(Project Window), 노드 팔레트(Nodes Palettes) 등 5개 영역으로 구성되어 있다. 각 부분이 하는 역할을 간단히 정의하면 다음과 같다.

스트림 캔버스. 스트림 캔버스는 실질적으로 마이닝 작업을 하는 작업공간이다. 이 영역에서 데이터를 받아들이고 모델을 생성하는 모든과정을 처리하게 된다. 사용자는 현재의 스트림 캔버스에서 새로운 마이닝 프로젝트

스트림을 작성하거나 기존에 작성되었던 Clementine 스트림을 불러와서 작업할 수 있다. 또한 동시에 여러 개의 스트림을 불러서 작업할 수도 있다.

노드 팔레트. 노드 팔레트는 Clementine 창 하단에 가로로 위치하고 있으며, 각각의 탭은 분석과정에서 이용되는 유사한 특성을 갖는 노드들의 그룹으로 구성되어 있다. 즉 자료를 입력하는 방법들인 소스집단(Sources), 각각의 레코드 관련 작업들인 레코드 작업(Records Ops.), 변수들 작업 방법들인 필드작업(Fields Ops.), 그리고 그래프 작업들인 그래프(Graphs), 다양한 모델링집단인 모델링(Modeling), 그리고 출력방법들을 정리한 출력(Output) 등이 있다. 여기에서 맨 앞에 주어진 즐겨찾기 팔레트는 사용자가 자주 이용하는 기본적 노드들을 선택하여 정리해 놓는 영역이다.

관리자 창. 관리자 영역은 Clementine 창의 우측 상단에 있으며, 스트림/출력/모델의 세 가지 탭으로 구성되어 있다. 스트림 탭은 세션에서 생성된 스트림의 열기, 이름변경, 저장, 삭제에 이용된다. 출력 탭은 그래프 및 테이블과 같은 Clementine 출력 결과가 저장되며, 이 영역에서 바로 파일로 저장할 수 있다. 모델 탭은 가장 유용하게 쓰이는 것으로 기계 학습 및 모델링의 결과를 포함하고 있다.

프로젝트 창. 프로젝트창 영역은 Clementine 창의 우측 하단에 있으며, Data Mining을 위한 과정을 체계적으로 구현하는 데 유용하다. 즉 이 창에서는 CRISP-DM 프로세스에 근거하여 현재 작업하는 스트림이 어느 단계

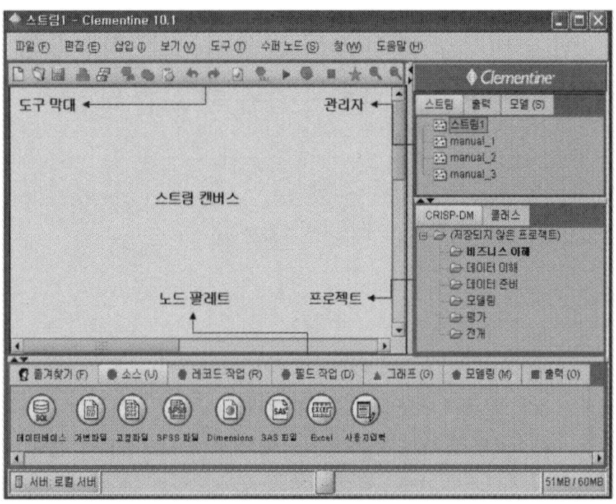

에 속하는지를 지정하는 역할을 한다.

노드팔레트에는 앞에서 설명한 것과 같이 분석과정에서 활용되는 다양한 기능들을 갖는 노드(node)들이 특성별 집단으로 정리되어 있다. 각 노드들의 기능은 하나하나 익혀 가야 하며, 이 노드들을 잘 활용하는 것이 분석과정에서 가장 중요한 과제이다.

간단한 예제를 통하여 클레멘타인을 실습하여 보도록 한다.

〈표 1〉의 데이터를 보자. 이 데이터에는 id(일련번호), gender(성), educ(피교육 연수), position(직위), income(개인소득), career(사회경력 연수) 등 6개 변수로 구성되어 있다. 레코드 수는 총 474개이지만 〈표 1〉에는 그 일부만 나타나 있다. 연구의 목적은 개인소득 income에 대한 모델링이다.[3)]

개인 소득 모형을 구하는 클레멘타인 스트림(비주얼 프로그래밍)이 〈그림 1〉에 주어져 있다. 이 스트림은 간단한 분석과정이지만 Clementine을 이해할 수 있는 예이므로 이 과정을 따라해 보기 바란다. 이 분석과정에서 사용한 자료는 income.txt, 그리고 Clementine 스트림은 income.str과 같이 주어져 있다.

[마우스 작동 요령] 노드를 팔레트에서 스트림 팔레스로 옮기는 방법은 팔레트에서 노드를 두 번 클릭하거나, 노드를 선택한 뒤에 캔버스에서 다시 왼쪽 버튼을 짧게 누르면 옮겨진다. 화살표는 가운데 버튼을 끌어(drag) 만들어진다. 이에 대한 연습을 해 보기 바란다.

3) 소득에 대한 모델링은 고객관계관리를 하기 위하여 기업이 필요로 할 뿐만 아니라 과세액추정이나 사회보험금 부과 등의 목적으로 정부에서도 필요로 한다. 곽지숙 · 허명회(2003)의 "CRM 관점에서의 근로자 가구소득에 대한 통계적 모형화"(통계연구, 통계청) 참조.

표1 개인소득 자료 (일부): income.txt

id	gender	educ	position	income	career
1	m	15	3	57000	20
2	m	16	1	40200	11
3	f	12	1	21450	40
4	f	8	1	21900	24
5	m	15	1	45000	20
6	m	15	1	32100	14
7	m	15	1	36000	18
8	f	12	1	21900	8
9	f	15	1	27900	18
10	f	12	1	24000	29

〈그림 1〉 개인 소득 모형화를 위한 클레멘타인 스트림: income1.str

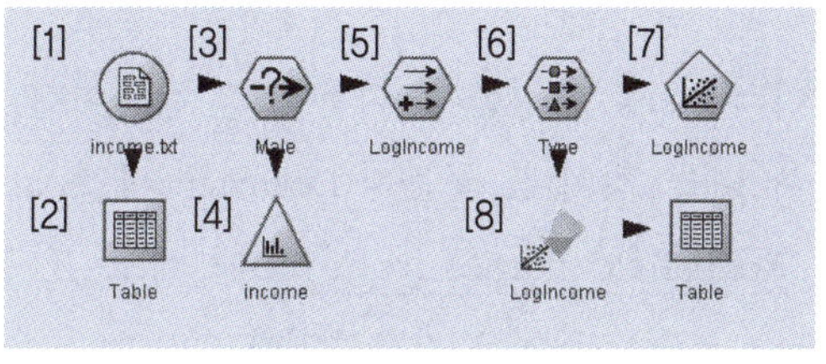

[1] 데이터 입력(Data Sources)

모든 분석의 출발점은 분석하고자 하는 자료를 작업대(스트림 캔버스)로 불러오는 것이다.

[1]

Clementine에서는 텍스트 파일, SPSS 파일, SAS 파일, Excel 파일 등 다양한 형태의 데이터를 읽어 올 수 있다. 여기에서는 데이터 파일 income.txt가 텍스트 파일로 저장되었으므로 이러한 자료를 입력하는 Var. File 노드를 이용하여 자료를 불러온다. 이 노드를 스트림 캔버스로 불러온 후에, 그것을 열면(두 번 클릭) 다음과 같은 편집 창이 나타난다.

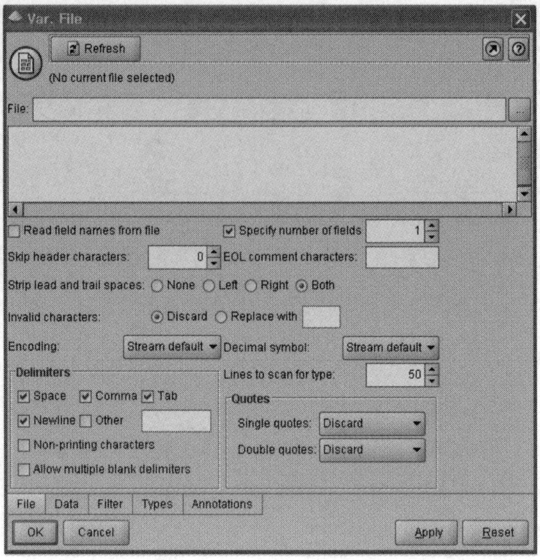

1) 불러들일 데이터 File을 지정한다. 다음이 그 결과이다. 물론, 파일의 위치는 경우마다 다를 것이다. 구분자(Delimiters)에 Space와 Tab을 추가 지정하였다. Read field names from file에 체크 표시를 없애고 대신 Specify number of fields에 6을 지정하였다.

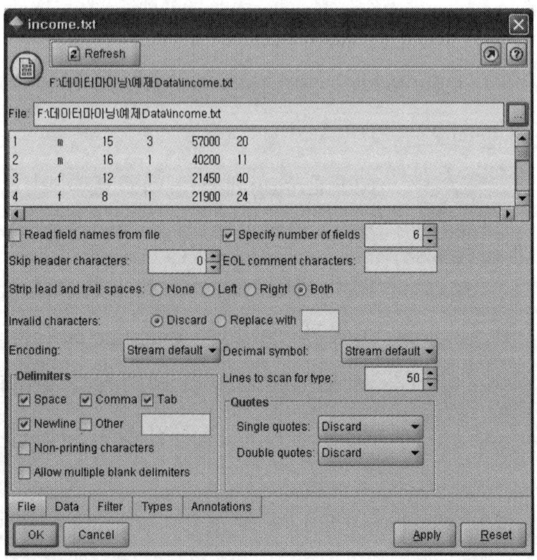

2) Filter 탭을 열어 변수명을 지정한다.

3) Types 탭을 열어 변수 유형을 지정한다. id는 일련번호이므로 typeless로, gender는 'm'과 'f'의 두 값을 가지므로 flag로, educ(피교육 연수), position(직위), income(개인소득), career(사회경력 연수) 등 4개 변수는 실수값 범위를 뜻하는 range로 지정하였다.

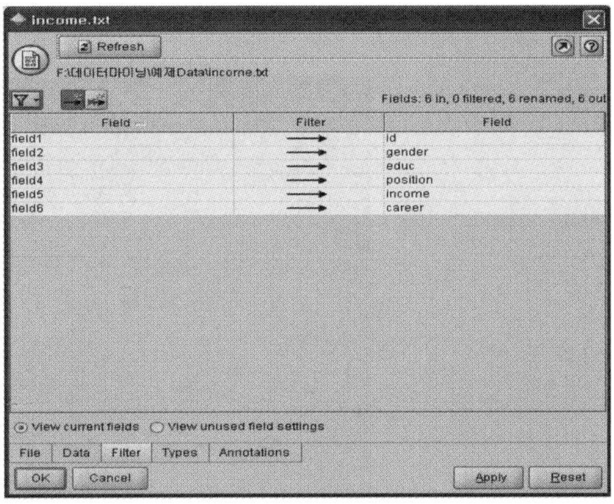

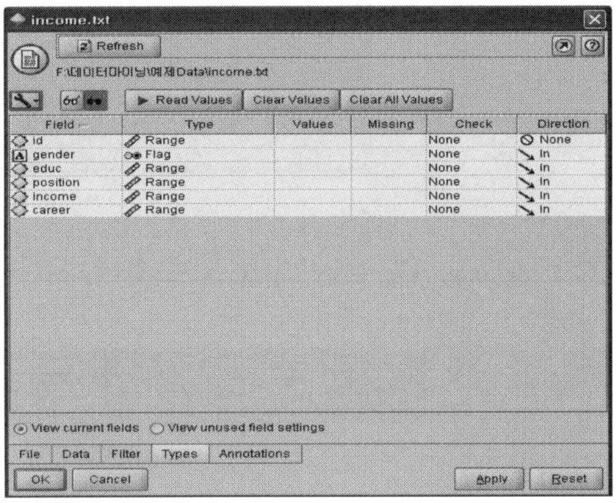

클레멘타인 Sources 노드에는 Variable File 외에 Database, Fixed File, SPSS File, SAS File, Excel File, Dimension File, User Input 등 7개 노드가 있다. 자세한 설명은 Clementine User's Guide에서 볼 수 있다.

Output: Tools for Analysing, Reporting and Exporting Results

[2]

자료를 읽은 후에는 원하는 자료가 제대로 입력되었는지 확인할 필요가 있다.

Output 노드 묶음에 가서 Table 노드를 찍어 온다. Table 노드는 표의 형식으로 현재 입력된 자료를 보여 준다. 다음이 Table 노드의 출력 결과이다.

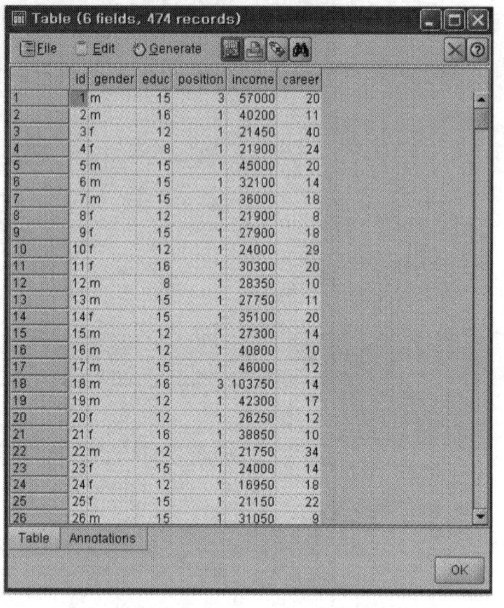

	id	gender	educ	position	income	career
1	1	m	15	3	57000	20
2	2	m	16	1	40200	11
3	3	f	12	1	21450	40
4	4	f	8	1	21900	24
5	5	m	15	1	45000	20
6	6	m	15	1	32100	14
7	7	m	15	1	36000	18
8	8	f	12	1	21900	8
9	9	f	15	1	27900	18
10	10	f	12	1	24000	29
11	11	f	16	1	30300	20
12	12	m	8	1	28350	10
13	13	m	15	1	27750	11
14	14	f	15	1	35100	20
15	15	m	12	1	27300	14
16	16	m	12	1	40800	10
17	17	m	15	1	46000	12
18	18	m	16	3	103750	14
19	19	m	12	1	42300	17
20	20	f	12	1	26250	12
21	21	f	16	1	38850	10
22	22	m	12	1	21750	34
23	23	f	15	1	24000	14
24	24	f	12	1	16950	18
25	25	f	15	1	21150	22
26	26	m	15	1	31050	9

Output 노드 묶음에는 Table 노드 외에 다음과 같은 많은 노드들이 있다.

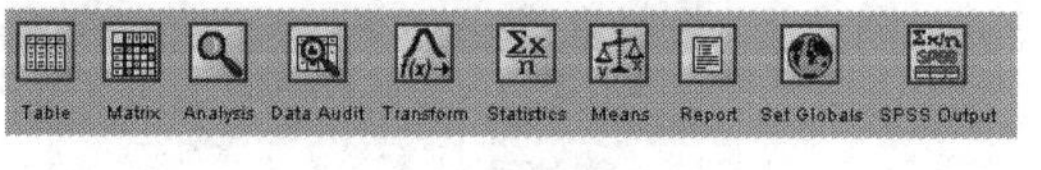

Export : Tools for Exporting Data 이 부분은 이전 버전에는 Output에 같이 있었는데, Ver.11 에는 Export 라는 묶음이 따로 주어져 있다.

Record Ops (Operations)

[3]

입력 자료 중에서 남자(m)에 해당하는 레코드만 선택하여 소득에 대한 모델링을 하고자 한다고 하자. 이를 위하여, 레코드의 수 또는 순서에 영향을 주는 Record Ops 노드 묶음 중에서 Select 노드를 사용한다.

다음은 Select 노드의 편집 창이다.

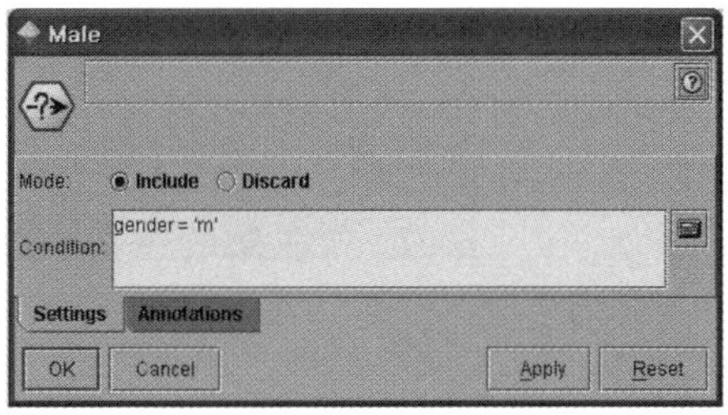

Select 노드를 Variable File 노드 다음에 연결한다. Record Ops 노드 묶음에는 다음과 같은 여러 노드들이 있다.

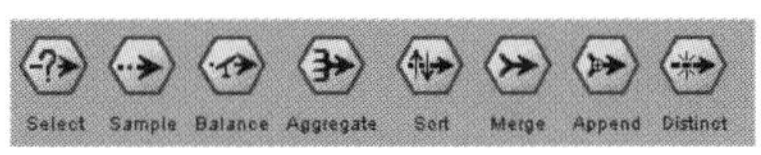

Graphs

[4]

개인소득(income)의 분포를 히스토그램으로 보도록 하자. 이 변수는 모델링에서 목표(종속) 변수가 될 것이기 때문에 그 분포를 아는 것이 중요하다. 다음은 Histogram 노드의 편집 창이다.

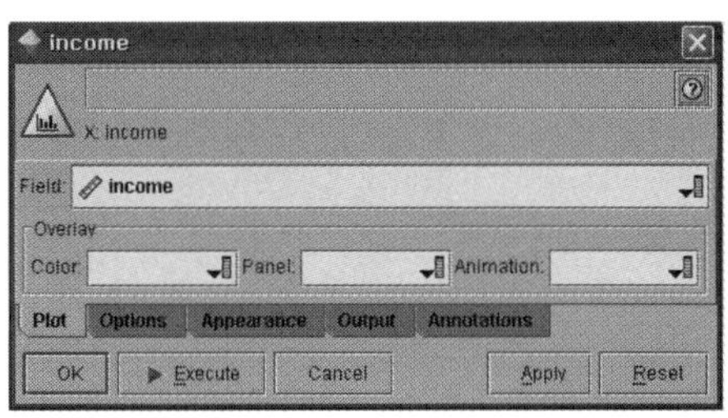

이제 남자들의 소득에 대한 히스토그램을 보자. 다음에서 볼 수 있듯이 상당히 기울어진 분포(skewed distribution)의 형태이다. 이것은 변수 변환이 필요함을 말해준다.

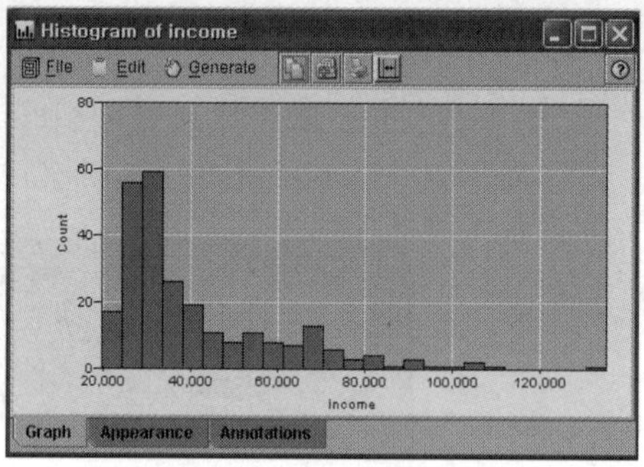

Field Ops

[5]

소득(income) 변수에 로그를 취하기로 한다(밑수=10, 상용로그). 이를 위하여 Field Ops 노드 묶음 중 Derive 노드를 사용할 것이다 ['field' 는 variable과 같은 의미이고 'derive' 는 변환과 같은 의미이다]. 다음은 Derive 노드의 편집 창이다.

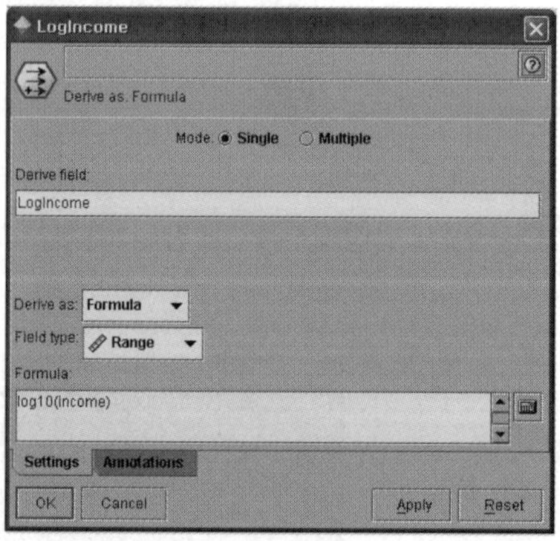

[6] Type 노드도 Field Ops의 하나로서 변수의 유형과 역할을 지정하는 데 쓰인다. 이 사례에서는 LogIncome을 종속변수로 하고 educ와 position을 설명변수로 하는 선형회귀를 할 것이기 때문에, 변수 방향을

LogIncome → Out,

educ & position → In,

나머지 변수들 → None

으로 지정한다. 다음은 Type 노드의 편집 창이다.

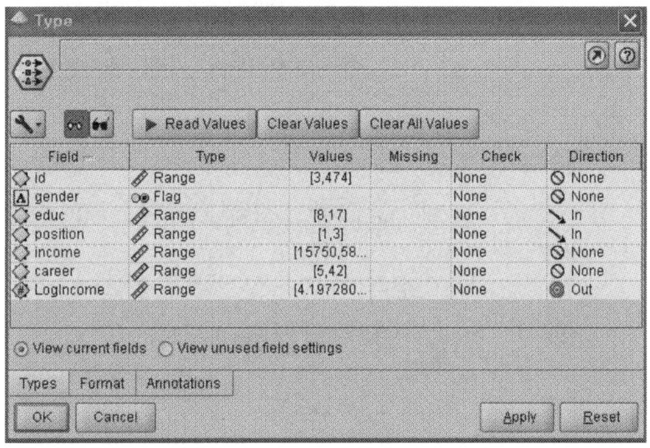

Field Ops 노드 묶음에는 다음과 같은 노드들이 있다.

Modeling

LogIncome에 대하여 선형회귀(linear regression) 모형을 적합하기로 하자.

[7] 다음은 회귀 노드의 편집 창이다.

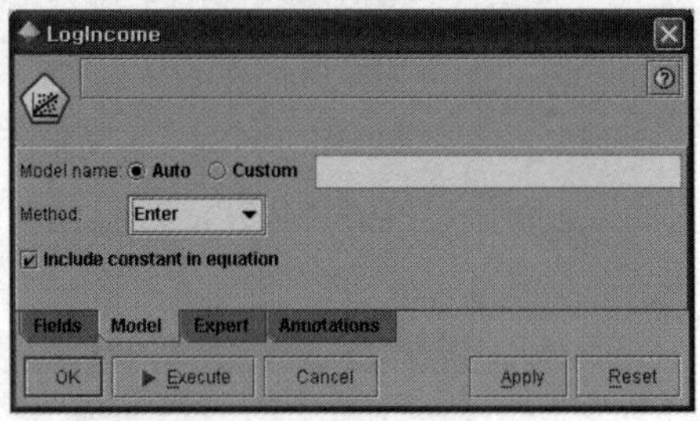

Generated Models

회귀 노드를 수행시키면 정제된 광석 모양의 모형 생성물이 Manager Window에 나타난다. 그것을 Stream Canvas에 옮겨놓고

[8] Type 뒤에 연결한다.

다음은 생성모형에 대한 Summary 탭이다. 자세한 사항을 보기 위하여 Advanced 탭에 들어간다.

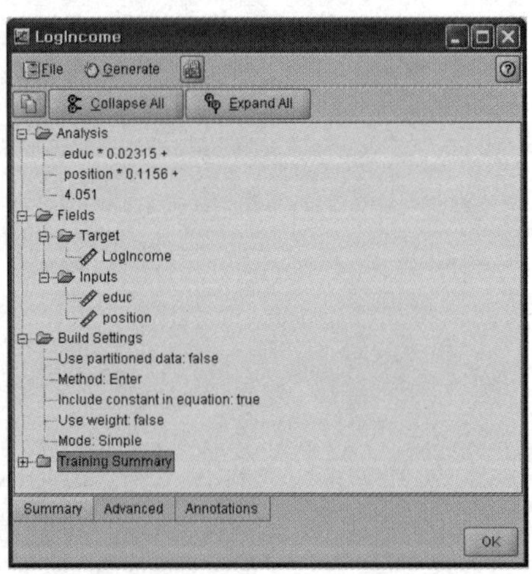

다음은 Advanced 탭에 나타난 생성 모형이다. 결정계수(R^2)가 0.741로 나왔고 두 설명변수 모두 매우 유의한 것으로 나타났다. 설명변수의 중요도를 베타 계수로 파악해볼 수 있겠는데 직위(position)가 교육(educ)보다 중요하게 평가되었다.

Regression

Variables Entered/Removed(a)

Model	Variables Entered	Variables Removed	Method
1	position, educ(b)	.	Enter
a. Dependent Variable: LogIncome			
b. All requested variables entered.			

Model Summary

Model	R	R Square	Adjusted R Square	Std. Error of the Estimate
1	.861(a)	.741	.739	.08848
a. Predictors: (Constant), position, educ				

ANOVA(a)

Model		Sum of Squares	df	Mean Square	F	Sig.
1	Regression	5.704	2	2.852	364.275	.000(b)
	Residual	1.997	255	.008		
	Total	7.701	257			
a. Dependent Variable: LogIncome						
b. Predictors: (Constant), position, educ						

Coefficients(a)

Model		Unstandardized Coefficients		Standardized Coefficients	t	Sig.
		B	Std. Error	Beta		
1	(Constant)	4.051	.027		147.666	.000
	educ	2.31E-002	.002	.398	10.960	.000
	position	.116	.007	.595	16.377	.000
a. Dependent Variable: LogIncome						

마지막으로 생성모형 뒤에 Table 노드를 연결시켜 수행해보면, 생성모형을 거쳐 LogIncome에 대한 기대점수 $E-LogIncome이 딸려 있는 것을 볼 수 있다. 점수화(scoring)는 예측 모델링에서 중요한 역할을 한다.

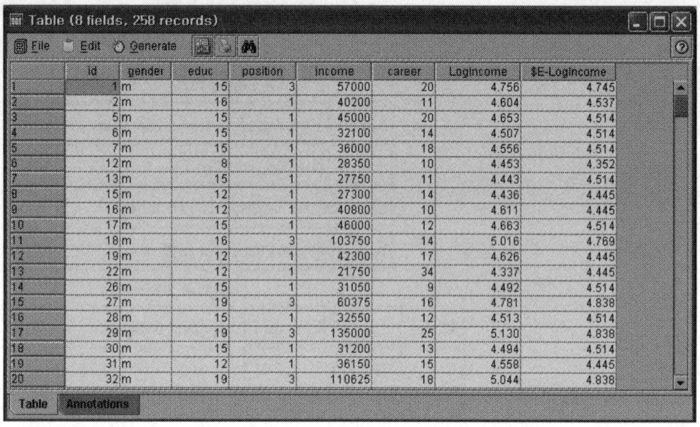
Table (8 fields, 258 records)

File Edit Generate

	id	gender	educ	position	income	career	LogIncome	$E-LogIncome
1	1	m	15	3	57000	20	4.756	4.745
2	2	m	16	1	40200	11	4.604	4.537
3	5	m	15	1	45000	20	4.653	4.514
4	6	m	15	1	32100	14	4.507	4.514
5	7	m	15	1	36000	18	4.556	4.514
6	12	m	8	1	28350	10	4.453	4.352
7	13	m	15	1	27750	11	4.443	4.514
8	15	m	12	1	27300	14	4.436	4.445
9	16	m	12	1	40800	10	4.611	4.445
10	17	m	15	1	46000	12	4.663	4.514
11	18	m	16	3	103750	14	5.016	4.769
12	19	m	12	1	42300	17	4.626	4.445
13	22	m	12	1	21750	34	4.337	4.445
14	26	m	15	1	31050	9	4.492	4.514
15	27	m	19	3	60375	16	4.781	4.838
16	28	m	15	1	32550	12	4.513	4.514
17	29	m	19	3	135000	25	5.130	4.838
18	30	m	15	1	31200	13	4.494	4.514
19	31	m	12	1	36150	15	4.558	4.445
20	32	m	19	3	110625	18	5.044	4.838

Table Annotations

모델링 노드 묶음에는 다음과 같은 노드들이 있다.

데이터 마이닝의 핵심은 주어진 자료를 이용하여 구하고자 하는 정보를 생성하는 모형화이다. Clementine 11에는 위에 주어진 바와 같이 모두 23가지의 모형화 노드가 있다. 각각의 모형들은 크게 다음과 같이 지도학습모형과 비지도 학습모형으로 분류할 수 있다. 이 책에서는 이러한 23개 모형화 방법들 중에서 대표적인 방법들에 대한 이론적 배경과 예제, 그리고 활용 방법들에 대하여 설명한다.

지도학습모형(supervised learning models):

1) Binary Classifier : 이항 분류
2) Neural Net : 신경망 모형
3) C5.0, C&R Tree, QUEST, CHAID : 나무형 분류 모형
4) Decision List : 반응집단 리스트
5) Feature selection : 중요 변수 선택
6) Regression : 회귀분석
7) Logistic : 로지스틱 회귀분석
8) Discriminant : 판별분석
9) Generalized Linear : 일반화 회귀모형
10) SLRM : 베이지안 분류

비지도학습모형(unsupervised learning models):

1) Kohonen: 자기조직화지도(Self-Organizing Map)
2) K-Means: K-평균 군집화
3) TwoStep: 2단계 군집화
4) Time Series : 시계열 분석
5) Anomaly : 이상치 탐지
6) Apriori: 연관성 규칙 1
7) GRI: 연관성 규칙 2
8) Carma : 연관성 규칙 3
9) Sequence: 연관성 규칙 3(순차형)
10) PCA/Factor: 주성분/인자분석

참고문헌

[1] Berry, M.J.A. and Linoff, G.(1997). *Data Mining Techniques for Marketing, Sales, and Customer Support.* Wiley, New York.

[2] SPSS Inc.(2002). *Clementine 7.0 User's Guide.* SPSS Inc., Chicago.

실습파일

- income.txt: 개인소득 자료
- income1.str: 〈그림 1〉의 클레멘타인 스트림

chapter_02

지도학습모형: 로지스틱 회귀, 신경망과 나무형 분류

예측 모델링(predictive modelling) 기법으로서 로지스틱 회귀, 신경망(neural network)과 나무형 분류 및 회귀(tree-structured classification/regression) 등을 설명하고자 한다. 이들은 목표가 되는 기준변수 값을 좇아 학습하는 방법이라고 할 수 있기 때문에 지도학습(supervised learning)이라고 한다. 데이터 마이닝 맥락에서 지도학습방법의 기본 틀을 소개하고 SPSS 클레멘타인을 활용하여 실습할 것이다.

주요용어 로지스틱 회귀, 신경망, 나무형 분류/회귀, 훈련 데이터, 테스트 데이터, 균형화, 이득 도표

차 례

Chapter 02

지도학습모형: 로지스틱 회귀, 신경망과 나무형 분류

2.1 지도학습

인간의 적응적 학습 능력은 대단하다. 어린아이가 엄마로부터 말을 배우는 과정을 살펴보자. 과일 중에서 처음으로 '사과' 를 알게 된 어린아이는 토마토를 보고도 '사과' 라고 할 것이다. 그러면 엄마는 그것은 사과가 아니고 토마토라고 말해 준다. 어린아이는 그것이 자기가 이제까지 알고 있던 사과와 어떻게 다른가를 생각해 보고 엄마의 지도 하에 여러 차례의 시행착오를 통해 토마토와 사과를 구별할 수 있게 된다. 이렇게 어린아이는 엄마로부터 온갖 사물의 개념과 분류를 경험적으로 배우는 것이다. 이런 학습방법을 지도학습(supervised learning)이라고 하는데 지도자(교사)를 필요로 하는 점이 본질적 특성이다.

데이터 마이닝의 맥락에서 지도자에 해당하는 것이 목표변수(target variable; 종속변수, 출력변수)이다. 그 외 다른 변수들로 목표 변수 값을 맞추고자 하는 것인데, 목표변수 값의 예측에 쓰이는 변수를 설명변수(explanatory variable; 독립변수, 입력변수)라고 한다. 그리고 목표변수와 설명변수간 관계를 예측 모델이라고 한다.

고객의 가구소득(household income)을 알고 싶다고 하자. 만약 이것을 쉽고 정확하게 알 수 있다면 기업에서는 매우 유용하게 쓸 수 있다. 예컨대 고품격의 금융 상품을 팔고자 한다면 고소득 가구를 선별하여 집중적인 캠페인을 전개할 필요가 있다. 가구소득을 어떻게 알 수 있을까? 가장 단순한 방법은 모든 고객들에게 그것을 직접 물어보는 것이다. 그러나 대부분의 고객들은 소득을 밝히는 데 주저할 것이기 때문에 이 방법은 실패하기 쉽다. 만약 그것을 가능하게 하려면 상당액의 보상금을 고객에게 인센티브로 제공해야 하므로 인센티브 제공으로 가구소득을 얻는 방법은 소수의 표본고객에 국한될 수밖에 없다. 비용 문제로 몇십만, 몇백만 전체고객에게 소득이 얼마냐고 직접 질문할 수 없는 것이다. 따라서 전체 고객의 소득 정보를 채워 넣어야 하는데 그 방안 중 하나가 가구소득을 목표로 예측 모델링을 하는 것이다. 표본자료를 써서 가구소득을 맞추는 좋은 규칙을 찾는 작업이 필요하다. 여기서 이슈가 되는 것은 다음 두 가지이다.

첫째, 무엇이 목표변수를 설명하는 데 좋은 변수이냐 하는 것이다. 가구소득의 경우, 승용차 대수, 직업 및 직급, 학력, 거주주택의 종류와 크기 등이 관련 있는 변수들일 것이다. 그러나 관련성이 있는 것만으로는 충분하지 않다. 어렵지 않게 측정 가능해야 한다. 이런 기준을 통과하여야 비로소 설명변수로 선택된다.

둘째, 이들 변수를 써서 어떻게 목표 값에 접근하는 규칙을 찾아내는가 하는 것이다. Y를 목표변수라고 하고 $X_1, \cdots, X_p$를 설명변수라고 하면, 예측모형은 Y가 연속형이냐 아니면 범주형이냐에 따라 다음과 같이 표현된다.

1) 목표변수가 연속형인 경우; $Y = f(X_1, \cdots, X_p) + \epsilon$ (ϵ은 오차항).

2) 목표변수가 범주형인 경우; $P = \{Y = j \mid X_1, \cdots, X_p\} = f(X_1, \cdots, X_p)$.

$j(=1, \cdots, k)$는 Y가 취하는 k개 범주 중 하나.

여기서 문제는 함수 $f(\cdot)$를 어떻게 찾아내느냐 하는 데 있다. 이 때 쓰이는 기법들이 바로 신경망, 나무형 분류/회귀 등 기계학습 방법과 선형회귀, 로지스틱 회귀 등 전통적 통계적 모형이다. 이 장에서 앞으로 주로 다룰 내용이다.

데이터 마이닝 분야에서 지도학습 방법론 활용 시에는 모형을 만드는데 그치지 않고 만들어진 모형에 대한 평가를 병행한다. 원칙적인 방법은 만들어진 모형을 써서 얼마나 잘 맞추는지 예측오류를 산출하는 것이다. 이 때에도 Y가 연속형이냐 아니면 범주형이냐에 따라 다음과 같이 평가기준이 달라진다.

1) 목표변수가 연속형인 경우;

평균제곱예측오차 MSPE(Mean Squared Prediction Error)

$$\text{MSPE} = E[(Y - f(X_1, \cdots, X_p))^2].$$

2) 목표변수가 범주형인 경우; 예측오류 확률(Miss-Prediction Probability)

$$P\{Y \neq j \mid f(X_1, \cdots, X_p) = j\}, j = 1, \cdots, k.$$

이와 같은 평가는 꼭 있어야 하지만, 미래 시점에서 이루어지고 현재 시점에서는 이루어지지 않는다. 현재 시점 평가는 불가능할까? 그렇지 않다. 다음과 같은 데이터 분할(data partitioning)로써 모형 적합과 평가를 동시에 할 수 있다.

전체 표본자료를 임의의 2개 부분으로 나눈다. 그 중 1개 표본을 훈련 자료(training data)라고 할 것이고 다른 1개 표본을 테스트 자료라고 할 것이다. 훈련 자료는 모형 적합을 위한 용도로 쓰인다. 다시 말하여 학습에 사용된다. 이렇게 일단 예측모형이 얻어지면 그것을 테스트 자료에 적용하여 평가한다. 그렇게 함으로써 공정한 모형 평가가 가능하다. 만약 전체자료를 훈련용으로 써서 예측모형을 만들어내고 다시 그 자료를 모형평가에 쓴다면, 동일 자료의 이중 사용으로 말미암아 당연히 예측오차가 과소하게 나타나게 될 것이다.

훈련 자료와 테스트 자료를 전체자료의 50%씩으로 하는 것이 보통이지만 반드시 그래야 하는 것은 아니다. 전체자료의 크기가 충분히 크지 않다면 훈련자료를 전체자료의 60%−75%로 하고 나머지 40%−25%를 테스트 자료로 하기도 한다.

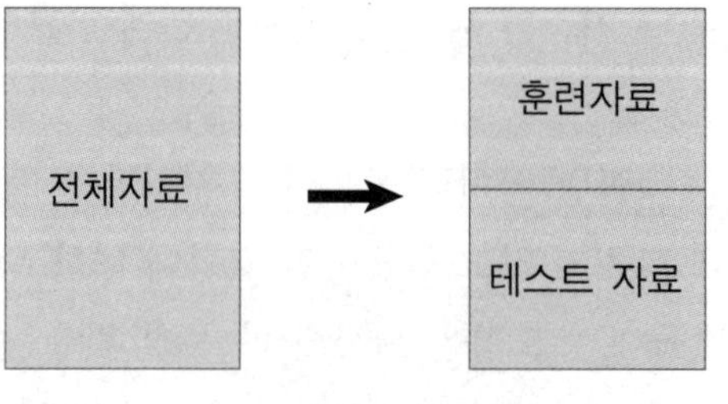

로지스틱 회귀: 독일 신용자료 사례

독일 신용자료(German Credit Data; http://mlearn.ics.edu/MLRepository.html 참조)는 1,000명에 대한 신용 관련 기록과 변수를 담고 있다. 종속 변수는 개인 신용 결과(1=good / 2=bad)이고, 설명 변수는 각종 인구사회적 속성과 금융상태를 보여주는 변수 20개로 구성되어 있다. 이들 중 7개는 연속형이고 나머지 13개는 범주형인데, 자세한 변수설명에 대하여는 〈표 1〉을 보라.

이와 같은 개인 신용 예측은 은행, 신용카드, 캐피털 등 개인 고객을 상대하는 모든 금융 기관의 관심사항이다. 왜냐하면 대금업의 핵심이 대출된 돈을 정해진 기간에 정확히 회수하는 데 있기 때문이다. 따라서 돈을 제때 되돌려줄 것이 확실해 보이는 사람들을 선별하여 내는 일이 매우 중요하다.

이제 자료를 열어 보겠지만, 이 안에는 결과적으로 대출금이 회수되지 않은 나쁜 신용자 300명에 대한 레코드와 대출금이 회수된 좋은 신용자 700명에 대한 레코드가 섞여 있다. 나쁜 신용자 자료만 분석하면 되지 않을까? 그 자료는 한 군데 모여 있을 터이므로 접근하기도 쉬울 텐데…. 언뜻 생각하면 그렇지만, 잘 생각해보면 그렇지 않다. 나쁜 신용자의 특성은 좋은 신용자와의 대비를 통하여 얻어져야 한다[통계적 방법론의 주 특성은 '비교' 이다].

〈그림 1〉은 이 자료에 대한 로지스틱 회귀 모형 구축과 평가를 하는 내용의 클레멘타인 스트림이다(파일명: logistic1.str).

〈표 1〉 독일 신용자료에서의 설명 변수 및 수준/값

□ Variable 1: (qualitative) Status of existing checking account

□ A11 : … < 0 DM

□ A12 : 0 <= … < 200 DM

□ A13 : … >= 200 DM

□ / salary assignments for at least 1 year

□ A14 : no checking account

□

□ Variable 2: (numerical) Duration in month

□

□ Variable 3: (qualitative) Credit history

□ A30 : no credits taken/all credits paid back duly

□ A31 : all credits at this bank paid back duly

□ A32 : existing credits paid back duly till now

□ A33 : delay in paying off in the past

□ A34 : critical account/

□ other credits existing (not at this bank)

□

□ Variable 4: (qualitative) Purpose

□ A40 : car (new)

□ A41 : car (used)

□ A42 : furniture/equipment

□ A43 : radio/television

□ A44 : domestic appliances

□ A45 : repairs

□ A46 : education

□ A47 : (vacation - does not exist?)

□ A48 : retraining

□ A49 : business

□ A410 : others

□

□ Variable 5: (numerical) Credit amount

□

□ Variable 6: (qualitative) Savings account/bonds

□ A61 : ... < 100 DM

□ A62 : 100 <= ... < 500 DM

□ A63 : 500 <= ... < 1000 DM

□ A64 : .. >= 1000 DM

□ A65 : unknown/ no savings account

□

□ Variable 7: (qualitative) Present employment since

□ A71 : unemployed

□ A72 : ... < 1 year

□ A73 : 1 <= ... < 4 years

□ A74 : 4 <= ... < 7 years

□ A75 : .. >= 7 years

□

□ Variable 8: (numerical) Installment rate in percentage of

□ disposable income

□

□ Variable 9: (qualitative) Personal status and sex

□ A91 : male : divorced/separated

□ A92 : female : divorced/separated/married

□ A93 : male : single

□ A94 : male : married/widowed

□ A95 : female : single

□

□ Variable 10: (qualitative) Other debtors / guarantors

- A101 : none
- A102 : co-applicant
- A103 : guarantor
-
- Variable 11: (numerical) Present residence since
-
- Variable 12: (qualitative) Property
- A121 : real estate
- A122 : if not A121 : building
- society savings agreement/life insurance
- A123 : if not A121/A122 : car or other, not in Variable 6
- A124 : unknown / no property
-
- Variable 13: (numerical) Age in years
-
- Variable 14: (qualitative) Other installment plans
- A141 : bank
- A142 : stores
- A143 : none
-
- Variable 15: (qualitative) Housing
- A151 : rent
- A152 : own
- A153 : for free
-
- Variable 16: (numerical) Number of existing credits at this bank
-

CRISP-DM

- Variable 17: (qualitative) Job
- A171 : unemployed/ unskilled - non-resident

□ A172 : unskilled - resident

□ A173 : skilled employee / official

□ A174 : management/

□ self-employed/highly qualified employee/ officer

□

□ Variable 18: (numerical) Number of people being

□ liable to provide maintenance for

□

□ Variable 19: (qualitative) Telephone

□ A191 : none

□ A192 : yes, registered under the customers name

□

□ Variable 20: (qualitative) foreign worker

□ A201 : yes

□ A202 : no

〈그림 1〉
독일신용자료에 대한
로지스틱 회귀분석:
logistic1.str

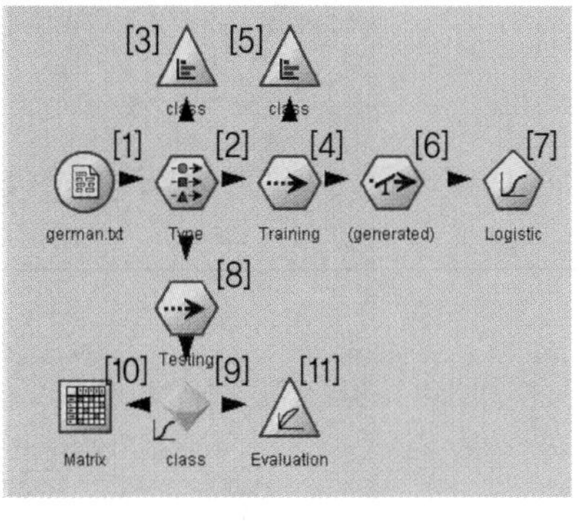

클레멘타인 스트림에서 각 노드에 붙여진 번호 순서대로 설명하기로 한다. 클레멘타인 노드 각각에 대한 자세한 설명은 Clementine User' s Guide를 보기 바란다.

[1] Variable File 노드: 데이터 파일 german.txt를 불러들인다. 다음 편집 창을 보라.

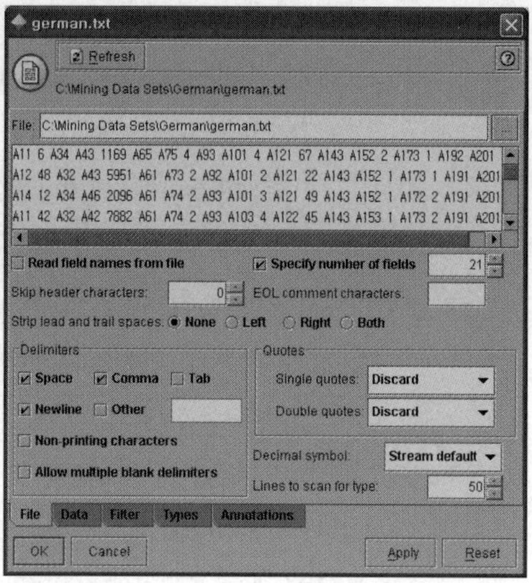

설명변수 명을 디폴트에 의존하는 것보다는 우리가 원하는 이름으로 지정하는 것이 앞으로 결과를 보고 해석하기에 편리할 것이다. 이를 위하여 편집 창의 Filter 탭을 열어 다음과 같이 변수명을 새로 지정한다.

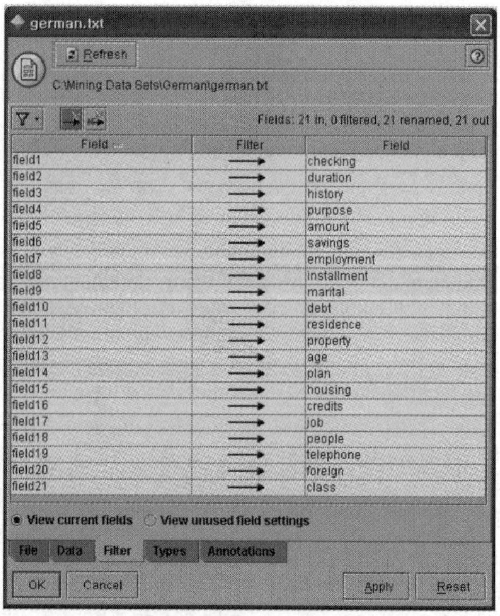

field1(=checking)부터 field20(=foreign)까지가 설명변수이고 field21

(=class)이 종속변수이다. 종속변수 class는 다음과 같이 코딩되어 있다.

class = 1 for good credit,

= 2 for bad credit.

클레멘타인에서 변수의 유형은 다음과 같이 실제로 5개가 있는데,

Range는 연속형 변수라고 생각하면 되고, Discrete는 정수값 변수, Flag는 이항 범주형 변수, Set는 다항 범주형, Typeless는 고유번호와 같이 유형화가 불필요한 변수를 말한다. 클레멘타인에서 변수 지정은 Variable File 노드내 Type 탭에서도 할 수 있지만 우리는 별도의 Type 노드 [2]에서 할 것이다.

[2] Type 노드: 변수 유형과 방향(=모형에서의 역할)을 지정한다. 다음을 보라.

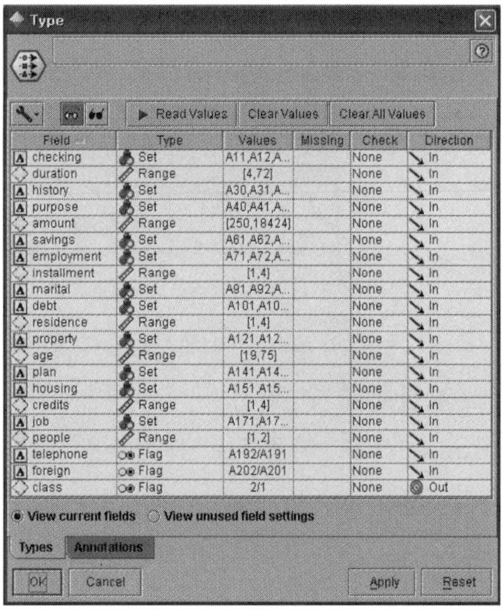

Field	Type	Values	Missing	Check	Direction
checking	Set	A11,A12,A...		None	In
duration	Range	[4,72]		None	In
history	Set	A30,A31,A...		None	In
purpose	Set	A40,A41,A...		None	In
amount	Range	[250,18424]		None	In
savings	Set	A61,A62,A...		None	In
employment	Set	A71,A72,A...		None	In
installment	Range	[1,4]		None	In
marital	Set	A91,A92,A...		None	In
debt	Set	A101,A10...		None	In
residence	Range	[1,4]		None	In
property	Set	A121,A12...		None	In
age	Range	[19,75]		None	In
plan	Set	A141,A14...		None	In
housing	Set	A151,A15...		None	In
credits	Range	[1,4]		None	In
job	Set	A171,A17...		None	In
people	Range	[1,2]		None	In
telephone	Flag	A192/A191		None	In
foreign	Flag	A202/A201		None	In
class	Flag	2/1		None	Out

이미 클레멘타인에서의 변수 유형에 대하여는 설명한 바 있다. 설명변수 20개 중에서 checking 등 11개는 'Set' 로, duration 등 7개는 'Range' 로, telephone 등 2개는 'Flag' 로 지정되어 있음을 볼 수 있다 [2항 범주형 변수를 Flag 대신 Set로 지정하여도 무방하다]. 종속변수 class도 'Flag' 로 지정되었는데 class=2(bad credit)가 'T' 로, class=1(good credit)이 'F' 임을 유의하여 보라.
변수의 방향(direction)에는 다음과 같이 4개가 있는데,

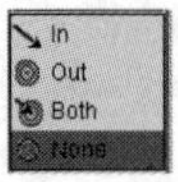

'In' 은 입력(설명) 변수임을, 'Out' 은 출력(종속) 변수임을, 'Both' 는 양쪽의 역할을 다하는 변수임을, 'None' 은 아무 역할도 하지 않는 변수임을 나타낸다[Both는 연관성 분석에서 활용된다]. 여기서는 처음 20개 변수를 'In' 으로, 마지막 변수 class는 'Out' 로 지정하였다.

[3] Distribution 노드: Set 변수 또는 Flag 변수의 분포, 즉 범주별 구성비율을 보기 위한 것이다. 여기서는 종속변수 class의 분포를 보기로 하는데 결과는 다음과 같다.

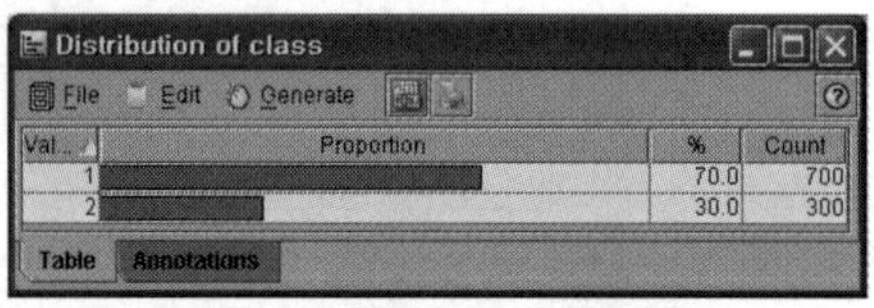

class1(=good credit)이 700건(70%)이고 class2(=bad credit)가 300건(30%)임을 볼 수 있다.

[4] Sample 노드: 전체자료 중 절반을 뽑아 훈련자료로 쓰기로 한다. 여기서는 레코드 순서에 따라 체계적으로 짝수 번째 것을 삭제하기로 한다. 다음 Sample 노드의 편집 창을 보라.

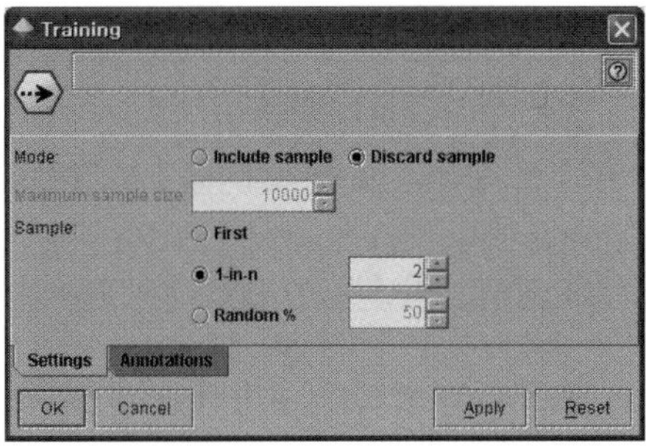

지도학습에서는 일반적으로 전체 자료를 두 그룹으로 나누어 [훈련자료]와 [테스트 자료]로 활용한다. 이렇게 자료를 둘로 나누는 경우, 위와 같이 인위적으로 (홀수번호 vs 짝수번호) 나눌 수가 있고, [Field Ops] 에 있는 Partition 노드 를 이용하여 랜덤하게 나눌 수가 있다. 여기에서는 전체 자료의 수가 1000개이므로 홀수번호 사례를 [훈련자료]로 선택하기로 한다.

[5] Distribution 노드: 훈련자료에서 class의 분포를 본 결과 다음과 같이 나타났다. 전체자료에서와 비슷하게, class1(=good credit)이 71.2%, class2가 28.8%였다.

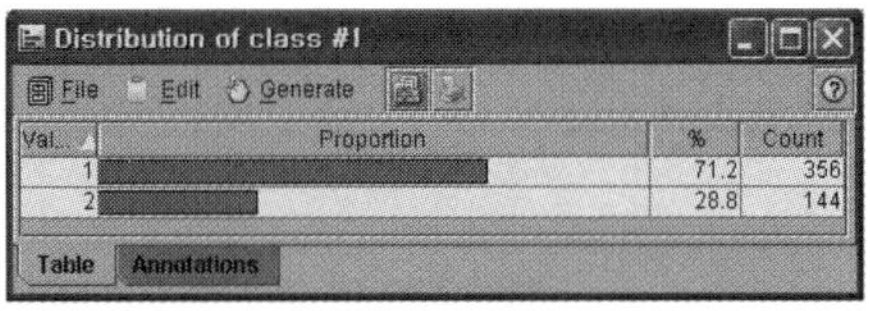

이와 같은 범주비율간 불균형성은 class에 대한 모형화에 있어 문제가 된다. 그 이유는 한 범주에 대한 비율이 50%를 훨씬 넘는 경우 모형화를 잘 하지 않아도 모든 예측을 가급적 최대비율 범주로 함으로써 그 비율만큼의 상대적 빈도로 성공할 수 있기 때문이다. 이를 쉽게 이해하기 위하여 다음 가상적인 경우를 생각해 보자.

만약 class1의 비율이 99%, class2의 비율이 1%라고 하자. 이 경우엔,

무조건 class1로 예측하는 규칙이 99% 정확한 결과가 될 것이다. 당연히 이것은 별 의미가 없다.

이런 문제점을 모델링에 앞서 해결하여야 한다.

균형화(balancing): Over/Under Sampling

작은 범주의 레코드를 일정비율 배가(boosting)하거나 큰 범주의 레코드를 일정비율 감축(reducing)함으로써 종속변수 분포를 균등하게 하는 전처리 작업을 말한다.

위 사례의 훈련자료에서 class1의 레코드가 356개, class2의 레코드가 144개이므로 class2 레코드를 356/144(=2.472)배로 증가시키거나, 아니면 class1의 레코드를 144/356(=0.404)배로 축소시킴으로써 균형화를 달성할 수 있다[각 레코드를 2.472배 증가시킨다는 것은 같은 레코드를 2번 넣고 0.472의 확률로 1번 더 넣는 것을 의미한다. 각 레코드를 0.404배로 감축시킨다는 것은 0.404의 확률로 잔류시키고 0.596의 확률로 삭제하는 것을 의미한다].

이 작업을 앞의 Distribution 노드의 출력 창이 자동 제공한다. 다음과 같이 Generate 메뉴에서 Balance Node(boost) 또는 Balance Node (reduce)를 선택하면 된다. 여기서는 'boost'를 하기로 한다. 그러면 [6]의 Balancing Node가 생성되는 것을 볼 수 있다.

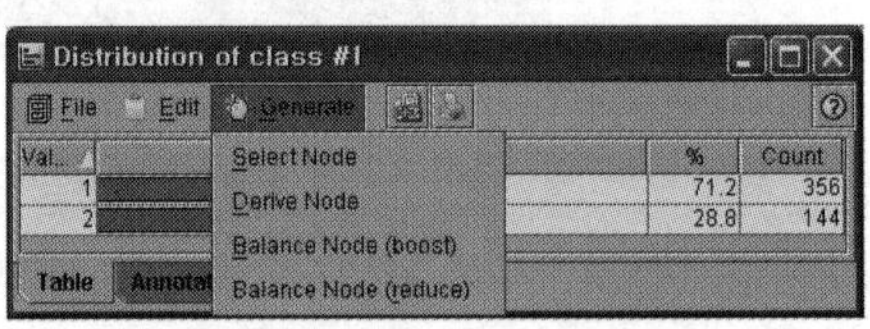

[6] Balancing 노드: 앞에서 자동 생성되었으므로 화살표로 Select 노드에 연결하기만 하면 된다. 그 안을 살펴보면 다음과 같다.

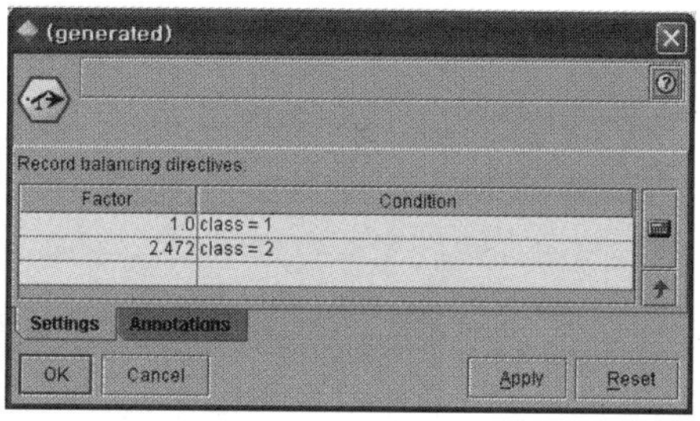

[7] Logistic 노드: 로지스틱 모형은 이항형 반응에 대한 통계적 모형 중 하나이다.

$Y(=1, 2)$를 종속변수라고 하고 $X_1, \cdots, X_p$를 설명변수라고 하면, 로지스틱 회귀 모형은 다음과 같이 표현된다. 여기서는, $X_1, \cdots, X_p$가 모두 연속형임을 가정하기로 한다. 단지 수리적 표현을 단순화하기 위함이다.

로지스틱 회귀 모형:

$$\log[P(Y=1 \mid X_1, \cdots, X_p)/P(Y=2 \mid X_1, \cdots, X_p)]$$
$$=\beta_0+\beta_1 X_1+\cdots\beta_p X_p$$

여기서 $\beta_0, \beta_1, \cdots, \beta_p$는 추정되어야 할 파라미터이다.

다음은 클레멘타인의 로지스틱 노드 편집 창이다.

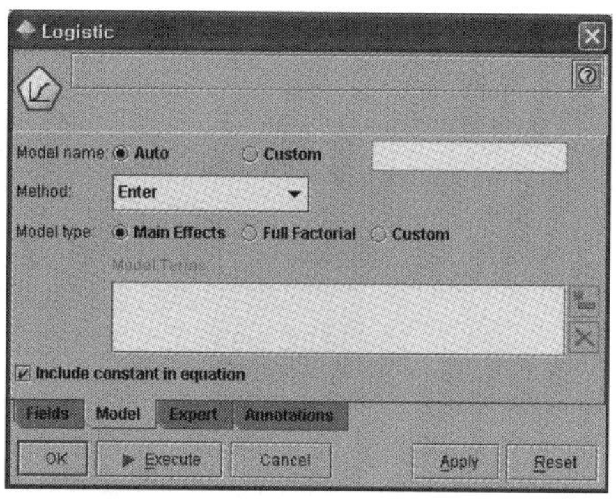

로지스틱 노드를 수행하면 [9]의 생성모형을 얻을 수 있다.

[8] Sample 노드: 로지스틱 모형을 평가하기 위한 테스트 자료를 확보하기 위하여 [4]와 유사한 Sample 노드를 사용하기로 한다. 훈련자료와 중복을 피하기 위하여 짝수 번째 레코드만 취하여 테스트 자료를 만들었다.

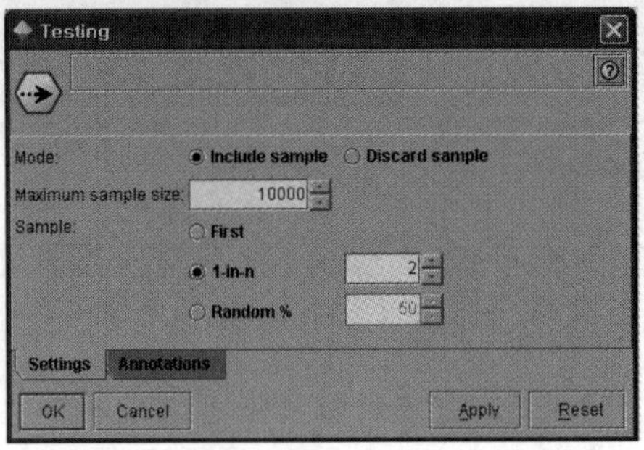

[9] 생성모형 노드: 생성된 로지스틱 모형을 테스트 자료에 적용하여 모형 평가에 들어간다. Table 노드를 뒤에 붙여 실행해보면 $L-class와 $LP-class 등 2개의 변수가 생성되어 있는 것을 볼 수 있다:

$L-class: 예측 class 범주(=1, 2),

$LP-class: 예측 class에 속할 확률(추정값).

또한, 생성모형을 browse 하거나 edit로 들어가면 추정된 로지스틱 모형을 볼 수 있다.

[10] Matrix 노드: 예측 범주와 실제 범주의 교차표

추정모형이 타당하다면 예측 범주와 실제 범주의 일치도가 높아야 할 것이다. 다음은 이를 테스트 데이터에 적용하여 살펴본 것이다.

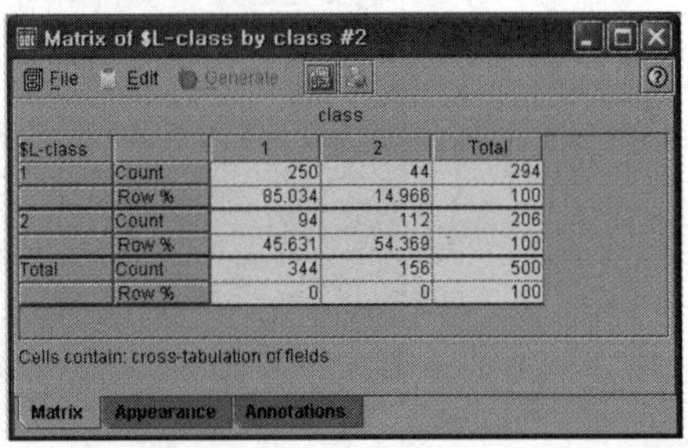

$L-class		class 1	2	Total
1	Count	250	44	294
	Row %	85.034	14.966	100
2	Count	94	112	206
	Row %	45.631	54.369	100
Total	Count	344	156	500
	Row %	0	0	100

Class1(=good credit)로 예측한 294 사례 중 실제 Class2(=bad credit)인

사례가 44 사례(15.0%)로 나타났고, Class2로 예측한 206 사례 중 실제 Class1인 사례가 94 사례(45.6%)로 나타났다. '좋은 신용' 으로 예측했다가 실제로 '나쁜 신용' 으로 나타나는 경우가 실제로 '좋은 신용' 이나 '나쁜 신용' 으로 잘못 예측되는 경우보다 기회비용이 클 것이므로 Class1 예측시 오류율이 Class2 예측시 오류율보다 작게 나타난 것은 좋은 징조이다.

만약 추정 모형을 훈련자료에 재적용하여 평가해보면 어떤 결과가 나올까? 예측 오류율이 작아질 것으로 예상할 수 있다. 다음이 그 결과이다[이 표는 〈그림 1〉의 클레멘타인 스트림에서 모형을 훈련자료에 연결시켜서 쉽게 얻을 수 있다].

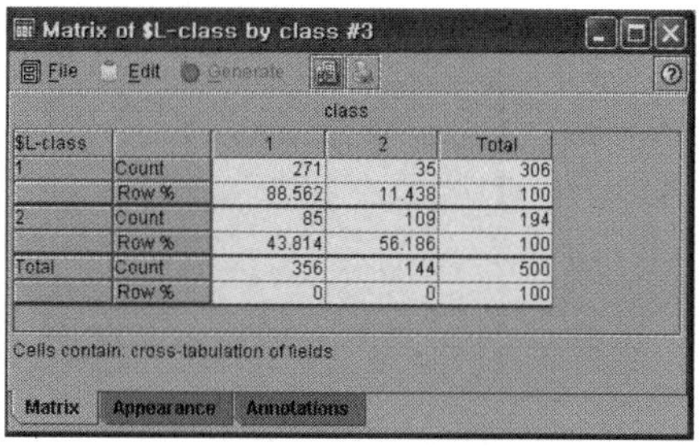
Matrix of $L-class by class #3

File Edit Generate

class

$L-class		1	2	Total
1	Count	271	35	306
	Row %	88.562	11.438	100
2	Count	85	109	194
	Row %	43.814	56.186	100
Total	Count	356	144	500
	Row %	0	0	100

Cells contain: cross-tabulation of fields

Matrix | Appearance | Annotations

Class1 예측시 오류율이 11.4%, Class2 예측시 오류율이 43.8%로서, 테스트 자료에 적용했을 때보다 약간씩 작게 나왔다. 당연할 결과이다. 그러나 테스트 데이터에 적용하였을 때 얻는 예측 오류율이 더 타당하다고 봐야 한다.

[11] Evaluation 노드: 이득 도표 작성

추정모형의 유효성을 보기 위하여 이득 도표(gain chart)를 보는 것이 좋다(이 밖에도 lift chart, response chart, profit chart, ROI chart 등이 있다).

이득 도표 (gain chart): 가로축에 0−100%까지 퍼센트 값을, 세로축에 그 퍼센트에 들어 있는 "hit" 사례 수 / 전체 "hit" 사례 수 * 100(%) 를 잡아 플롯한 그래프.

여기서 "hit"는 Flag 값이 'T' 인 경우를 말한다. 우리의 예에서는 Class2 (=bad credit)를 'T' 로 잡은 바 있다. 그리고 '그 퍼센트에 들어 있는 "hit" 사례 수' 란 예측 "hit" 점수를 기준으로 전체 사례들을 크기 순서로 정렬하였을 때 그 퍼센트에 드는 "hit" 사례 수를 말한다. 다음이 출력된 이득 도표이다.

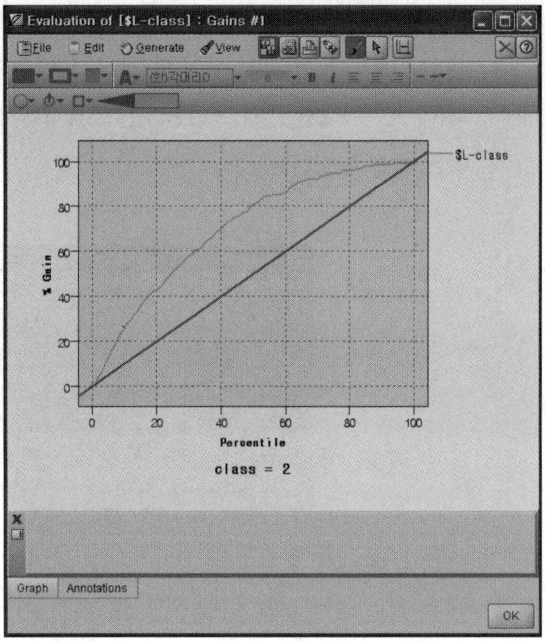

예컨대 30%에 해당하는 이득 퍼센트가 60%쯤으로 나타났는데, 이것의 의미는 다음과 같다: 데이터 마이닝 모형으로 '나쁜 신용' 점수를 산출하고 이것으로 전체 자료를 순서 정렬하여 상위 30%를 '나쁜 신용자' 로 예측하면, 전체 '나쁜 신용자' 의 60%를 걸러낼 수 있다.

이득도표는 항상 (0, 0)에서 (100, 100)으로 연결되는 증가함수 형태를 취하게 되는데, 구축 모형이 완전히 무의미한 경우는 45° 직선이 되고 성공적일수록 45° 직선에서 멀어진다.

이제 〈그림 1〉의 클레멘타인 작업을 모두 설명하였다. 모형의 평가에 대하여는 4절에서 계속 설명하도록 한다.

2.2 신경망

인공 신경망(artificial neural network)은 몇 개의 뉴런(neuron, 신경세포)과 이것들이 배열된 층(layer)으로 구성된다. 각 뉴런은 특정의 작업을 수행하고 신경망은 이들 뉴런을 연결함으로써 자극과 반응간의 관계를 학습한다. 〈그림 2〉는 전형적인 한 신경망을 간단하게 표현한 것인데, 입력 층(input layer), 은닉 층(hidden layer), 출력 층(output layer) 등 3개 층으로 구성되어 있고 각 층에 몇 개씩의 뉴런이 들어 있다. 그림에서 원으로 표시된 것을 앞으로 노드(node)라고 할 것이다. 신경망은 인간의 신경-두뇌 시스템을 흉내낸 것으로, 입력노드가 자극을 접수하면 은닉 노드가 이를 전달받아 중간 처리하게 되고 최종적으로 출력노드가 반응을 한다. 따라서 신경망을 예측 모델링에 쓰고자 한다면, 입력 층에 설명변수를 두고 출력 층에는 목표변수를 두어야 한다. 중간처리를 맡는 은닉 층은 숨겨진 부분이기 때문에 어떤 관측변수가 그 역할을 하는 것은 아니다. 은닉 층의 수와 층내 노드 수는 연구자가 지정한다.

〈그림 2〉
3개 층으로 구성된 신경망

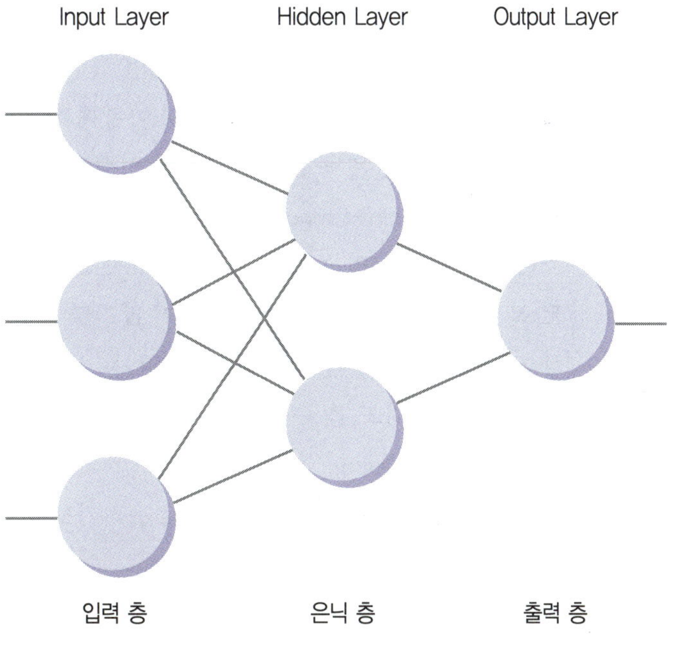

은닉 노드(뉴런)에서는 어떤 일이 벌어지는가? 신경망의 종류에 따라 다르지만 가장 대표적인 다층 퍼셉트론(Multi-Layer Perceptron, MLP) 방식에서는 다음과 같은 일이 발생한다[MLP외 다른 신경망으로는 RBFN(radial basis function network) 등이 있다].

- 각 입력 노드로부터 전달되는 신호들을 모아 선형결합(linear combination)한다. 즉, $X_1, \cdots, X_p$를 설명변수(입력노드)라고 할 때 은닉 노드 L은 다음과 같이 표현된다.

$$L = w_1 X_1 + \cdots + w_p X_p$$

은닉노드가 다수인 경우 가중치 $w_1, \cdots, w_p$는 노드에 따라 다르게 된다.

- L이 클수록 뉴런이 많이 활성화되고 작을수록 조금 활성화된다. 뉴런의 활성화 정도를 S라고 하자. S가 제한된 범위의 값을 취하도록, L로부터 S로의 변환 S=g(L)에 시그모이드(sigmoid curve)형 곡선이 개입된다. 대표적인 예는
  - 로지스틱(logistic): $S = e^L/(1+ e^L)$, $0 \le S \le 1$
  - 쌍곡 탄젠트(hyperbolic tangent): $S = (e^L - e^{-L})/(e^L + e^{-L})$, $-1 \le S \le 1$

  등이다.

출력노드는 은닉노드로부터 신호들을 전달받아 결합함으로써 최종 반응을 내보는데, 목표변수 값이 연속형인 경우에는 선형결합을 취하고 범주형인 경우에는 이것을 다시 변환한다[이에 대하여는 5장에서 다루도록 한다].

이렇듯 신경망은 복잡한데 그러면 어떻게 모형이 적합되는가? 첫째, 가능도 함수(likelihood function)를 세우고, 둘째, 그것을 최대화하기 위하여 소위 역전파 알고리즘(back-propagation algorithm)을 사용하는데, 기술적으로 복잡하므로 여기서는 설명을 하지 않기로 한다[이에 대하여는 5장을 참조할 것]. 개념적으로, 이 알고리즘은 다음 두 가지 요소를 고려하여 효율적인 계산을 추구한다고 볼 수 있다.

- 학습률(learning rate) : $\eta > 0$

  경사가 가장 높아지는 방향으로 올라가도록 한다. 적극성을 뜻한다.
- 모멘트(moment) : $\alpha > 0$

  이제까지 이동하던 방향으로 움직이도록 한다. 안정성을 위함이다.

임의의 위치에서 시작하되 처음에는 큰 학습률 η를 적용하여 적극적으로 학습시키지만 점차 작은 학습률을 채택한다. 그러면 결국 최대점이라고 생각되는 곳에 도달한다. 그리고 다시 다른 임의의 위치에서 시작하되 동일한 과정을 반복한다(큰 학습률에서 시작하여 작은 학습률로). 이런 과정을 수백 번 반복하여 가장 높은 최대점을 취함으로써, 최종 도달한 곳이 국소(local) 최대점이 아닌 대역(global) 최대점, 또는 그것에 가깝게 되도록 한다.[1)] 흔히 모멘트 α값은 고정된다.

이런 식으로 가능도(likelihood)가 최대가 되는 가중치 파라미터들을 찾아내기 때문에 훈련자료에서만 통하는 과다한 최대화가 추구되기 십상이다. 이것을 막기 위하여, 실제로 훈련자료의 일부만 최적 파라미터를 찾는데 쓰고 남은 일부는 가능도 값을 산출하는 데 쓴다. 뒷부분에 쓰이는 표본을 검토 표본(validation sample)이라고 한다. 흔히 주어진 훈련 자료의 50%를 파라미터 추정에 쓰고 나머지 50%는 타당성 검토에 사용한다. 물론 이 비율은 조정가능하다.

1) 이러한 최대화 과정은 눈가림 상태로 "등산"해야 하는 상황을 생각해 보면 이해하기 쉽다. 주어진 위치에서 최대 경사가 되는 방향과 이제까지 이동하던 방향을 균형 있게 절충하되, 도달 위치가 높아질수록 전자의 비중을 줄이는 것이 바람직할 것이다.

〈그림 3〉
독일신용자료에
대한 신경망 분석:
neural1.str

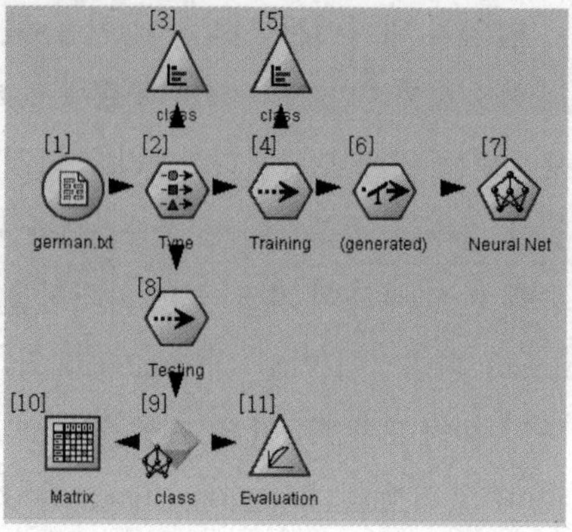

독일 신용자료 사례

〈그림 3〉은 독일 신용자료(German credit data)에 대한 신경망 구축과 평가를 하는 내용의 클레멘타인 스트림이다(파일명: neural1.str). 로지스틱 분석의 사례인 〈그림 1〉과 거의 동일하다. [7]의 모형화 노드만 차이가 있다.

다음은 Neural Net 노드의 Model 탭이다. 적합 방법에는 Quick, Dynamic, Multiple, Prune, RBFN 등이 있으나 여기서는 디폴트인 Quick을 쓰기로 한다.

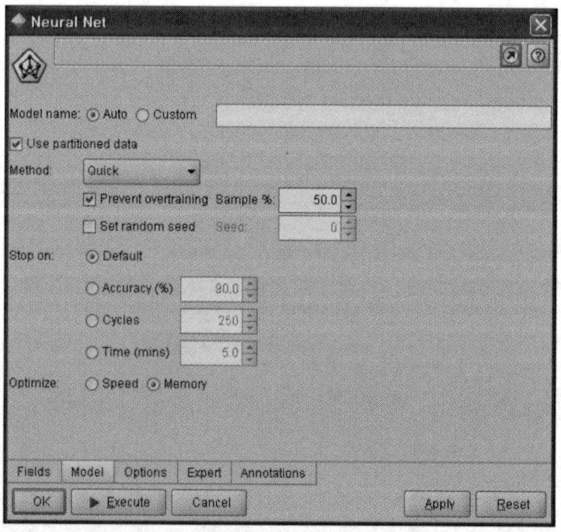

그리고, 설명변수가 총 20개인 점을 고려하여 은닉 층의 노드를 5개

(=설명변수의 1/4)로 하기로 하고 다음과 같이 Neural Net 노드의 Expert 탭을 조정하였다.

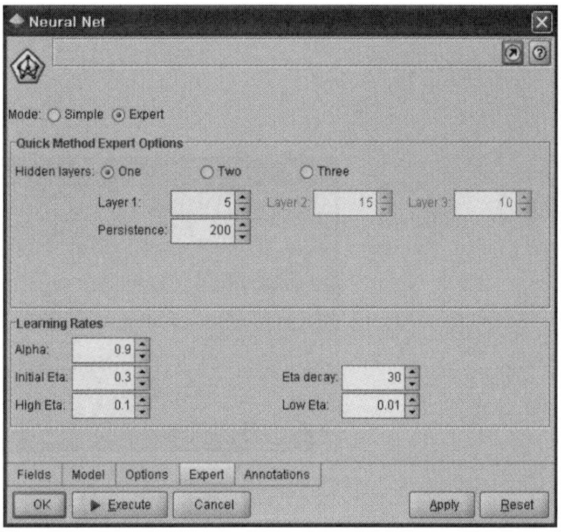

이제 Matrix 노드 [10]을 실행시켜 예측 오류율을 살펴보기로 한다. 테스트 자료에 적용하여 얻은 예측 범주와 실제 범주의 교차표가 다음과 같이 나왔다.

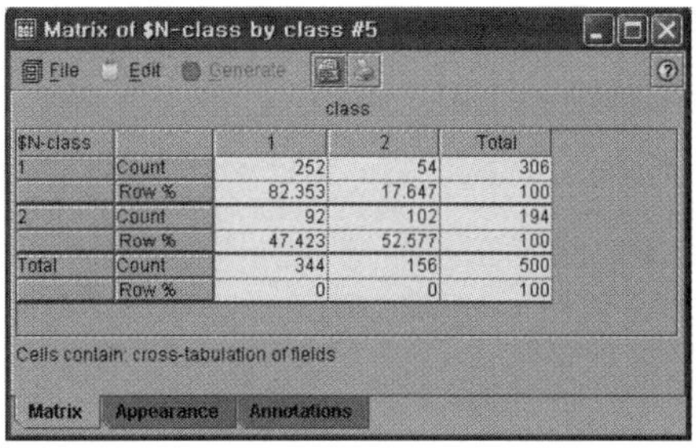

$N-class		1	2	Total
1	Count	252	54	306
	Row %	82.353	17.647	100
2	Count	92	102	194
	Row %	47.423	52.577	100
Total	Count	344	156	500
	Row %	0	0	100

Class1(=good credit)로 예측한 306 사례 중 실제 Class2(=bad credit)인 사례가 54 사례(17.6%)로 나타났고, Class2로 예측한 194 사례 중 실제 Class1인 사례가 92 사례(47.4%)로 나타났다. 양쪽 모두 로지스틱 회귀와 비교하여 비슷하거나 다소 좋지 않게 보이는 수치이다(로지스틱에서는

Class1 예측시 오류율이 15.0%, Class2 예측시 오류율이 45.6%였다).

만약 추정 모형을 훈련자료에 재적용하여 평가해보면 앞 절에서와 마찬가지로 오류율이 과소하게 나올 것이다. 어느 정도 차이가 있을까? 다음이 그 결과이다[이 표는 〈그림 3〉의 클레멘타인 스트림의 일부만 수정함으로써 쉽게 얻을 수 있다].

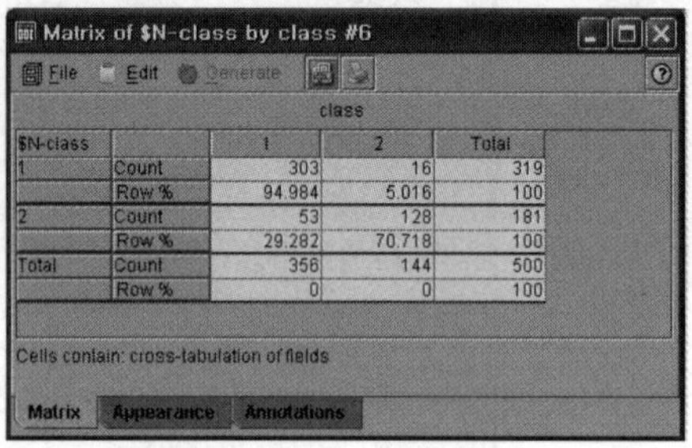
Matrix of $N-class by class #6

$N-class		1	2	Total
1	Count	303	16	319
	Row %	94.984	5.016	100
2	Count	53	128	181
	Row %	29.282	70.718	100
Total	Count	356	144	500
	Row %	0	0	100

Cells contain: cross-tabulation of fields

Class1 예측시 오류율이 5.0%, Class2 예측시 오류율이 29.3%로서, 테스트 자료에 적용했을 때와 비교하여 상당한 차이가 나왔다. 신경망이 많은 파라미터로 조정가능한 복잡한 모형이기 때문에 훈련자료에 재적용시 오류율이 상당히 과소평가되는 일은 보통이다. 이와는 관계 없이, 테스트 데이터에 적용하였을 때 얻는 예측 오류율은 타당하다.

이제 평가 그래프 [11]을 수행시켜 보도록 한다. 다음이 그 결과인데, 30% 선에서의 이득이 대략 50%인 것을 볼 수 있다. 로지스틱의 경우 30% 선에서의 이득이 60% 정도였던 것에 비하면 신경망이 다소 못하다는 것을 알 수 있다.

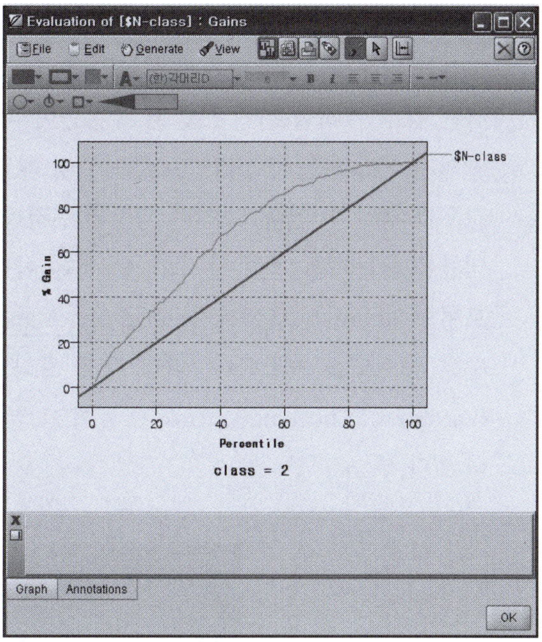

신경망이 이와 같이 때때로 로지스틱 모형과 같은 전통적인 방법에 비해 다소 못한 것으로 평가되는 경우가 있어서 많은 사람들이 처음에는 의아해한다. 이것은 최신 과학기술로 만들어진 신무기가 때때로 재래식 무기보다 못한 경우가 있는 것과 마찬가지인데, 어느 것이 나은지는 실제 상황에 적용해 봐야 알 수 있을 뿐이다.

신경망이 우수한 경우는 복잡한 비선형 구조가 내재된 경우인데, 예컨대 어떤 변수에 따라 "hit" 확률이 증가하다가 어느 정도 이후엔 다시 감소하는 경우이다. 예컨대 피자 외식 가능성은 가구소득이 오름에 따라 증가하다가 어느 수준을 넘어가면서부터는 감소할 것이다. 피자가 최고급 외식은 아니기 때문이다. 전통적 통계모형에서는 연구자가 통찰력을 갖고 일일이 모형을 설정해 넣지 않으면 내재된 비선형적 구조는 잘 드러나지 않는다.

신경망이 복잡하다고 해도 그 내부가 블랙박스인 것은 아니다. 클레멘타인에서는 신경망 생성모형 [9]를 더블 클릭하여 메뉴가 보이면 File → Export PMML... 기능을 택하여 생성모형의 코딩을 보거나 외부로 빼낼 수 있다. 물론, 신경망은 통계적 모형이나 다음 절에 나올 나무형 분류/회귀처

럼 쉽게 해석 가능한 것은 아니다. 바로 이 점 때문에 활용상에 제약이 뒤따르는 경우도 있다. 예를 들어, 대출신청 적부 판정을 신경망에 근거하여 하는 경우 부적합 판정을 받은 신청인이 이의를 청구하면 부적합 사유를 말해 주어야 하는데 신경망으로는 무엇 때문에 그런지 설명하기가 곤란한 경우가 생길 수 있다. 그러나 생성된 신경망에서 어느 입력 변수가 중요한 역할을 하는지를 전혀 알 수 없는 것은 아니다. 클레멘타인의 경우, 생성 모형의 Summary 탭에서 Relative Importance of Inputs를 보면 각 입력 변수의 중요도를 제공한다. 다음 창을 보라. Purpose(Variable 4), History (Variable 3), Checking(Variable 1) 등이 가장 중요한 3개의 설명변수로 나타나 있다.[2]

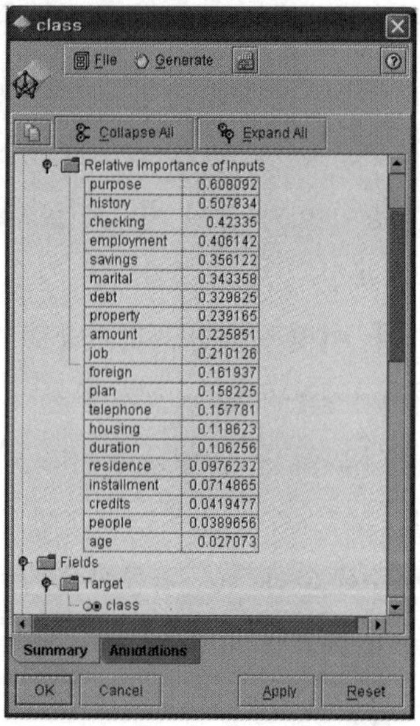

2) 클레멘타인의 입력변수 중요도는 개별 변수가 종속변수의 결정에 있어 어느 정도 진폭의 영향을 주는가를 보는 것인데 방법론이 다소 거칠다. 부록 A에 이에 대한 개선안을 제시하였으므로 참고하기 바란다.

2.3 나무형 분류/회귀

나무형 분류/회귀(tree-structured classification/regression)의 많은 부분은 통계학자들에 의하여 개발되었지만 흔히 기계학습(machine learning) 기법으로 간주되고 있다. 나무형 모형의 특징은

If A, then B. Else C

형식의 규칙으로 표현된다는 것이다. 예컨대

If GENDER = 'm', then RESPONSE = 'yes'. Else RESPONSE = 'no'

와 같은 모습이다. 너무 단순한 것이 아닌가 싶겠지만 그렇지 않다. 앞의 일반적 표현에서 B와 C가 다시 If-Then-Else의 구조를 가진 규칙일 수 있기 때문이다.

클레멘타인이 제공하는 나무형 모형에는 두 가지가 있는데 하나는 Quilan(1993)의 C5.0이고 다른 하나는 Breiman, Friedman, Olshen and Stone(1984)의 C&R Tree(Classification and Regression Tree, CART)이다. 목표변수가 범주형(flag/set type)인 경우에는 C5.0과 C&R Tree를 모두 활용할 수 있는 데 반하여, 목표변수가 연속형(range type)인 경우에는 C&R Tree만 활용할 수 있다. 여기서는 목표변수가 범주형인 경우인 분류 문제만을 다루기로 한다. 즉, 범주형 목표변수(종속변수) Y를 예측하는 데 있어 $X_1, \cdots, X_p$를 설명변수로 활용하고자 한다고 하자.

나무구조의 결정규칙을 생성하기 위하여 각 단계에서 p개의 설명변수 중 어느 것에 의하여 가지분리를 할 것인가를 선택해야 한다. 이 때 결정규칙들은 각기 다른 기준을 쓰는데, C5.0은 엔트로피 기준을 쓰고 C&R Tree는 지니 측도를 쓴다.

엔트로피 (entropy):

열역학에서 쓰는 개념으로 무질서도에 대한 측도이다. 자료셋 T가 Y에 의하여 k개의 범주로 분할되고 범주 비율이 $p_1, \cdots, p_k$라고 하자. T의 엔트로피는

$$\text{Entropy}\ (T) = -\sum_{l=1}^{k} p_l \log p_l$$

로 정의된다($0\log 0 = 0$으로 함. 편의상, 밑수가 $e=2.7182$인 로그로 함).

예컨대, 4개 범주가 (0.25, 0.25, 0.25, 0.25)의 비율로 섞여 있는 경우(T_0)는

$$\text{Entropy}(T_0) = -(0.25\log 0.25) * 4 = 1.39$$

이지만, 4개의 범주가 (0.5, 0.25, 0.25, 0)의 비율로 섞여 있는 경우(T_1)

$$\text{Entropy}(T_1) = -(0.5\log 0.5 + 0.25\log 0.25 + 0.25\log 0.25) = 1.04$$

로 T_1의 엔트로피가 T_0의 엔트로피보다 작다. 이것은 T_1이 T_0에 비해 덜 무질서하여 예측이 쉽기 때문이다.

<u>지니 측도</u> (Gini measure):

불순도(impurity)를 나타내는 것으로, 자료세트 T가 변수 Y에 의하여 k개의 범주로 분할되고 각 범주의 비율이 $p_1, \cdots, p_k$일 때, T에 대한 지니는 다음과 같이 정의된다.

$$\text{Gini}(T) = 1 - \sum_{l=1}^{k} p_l^{\,2}$$

예컨대, 4개 범주가 (0.25, 0.25, 0.25, 0.25)의 비율로 섞여 있는 경우(T_0)

$$\text{Gini}(T_0) = 1 - 0.25^2 * 4 = 0.75$$

이고, 4개의 범주가 (0.5, 0.25, 0.25, 0)의 비율로 섞여 있는 경우(T_1)는

$$\text{Gini}(T_1) = 1 - (0.5^2 + 0.25^2 + 0.25^2) = 0.625$$

로 T_1에 대한 지니 측도가 T_0에 대한 지니 측도보다 작다. 이것은 T_1이 T_0에 비해 불순도가 작기 때문이다.

자료가 k개의 범주로 분할되는 경우, 각 범주 비율이 같을 때, 즉

$$p_1 = \cdots = p_k \ (= 1/k)$$

일 때, 엔트로피가 최대가 되는데 지니 측도로도 마찬가지이다. 정반대로 어느 한 범주 비율이 1이고 나머지 범주들에 대한 비율이 0이 될 때, 엔트로피는 최소가 되고 지니 측도도 최소가 된다(두 측도 모두 최소값은 0이다). C5.0 모형은 엔트로피 기준에서 가장 엔트로피를 낮추는 분리 변수를 찾고자 하고, C&R Tree는 지니 측도를 기준으로 가장 성취도가 좋은 변수 및

수준을 찾고자 하는 나무형 규칙 생성 알고리즘이다.

실제로 나무형 규칙 생성에서 가지 분리 작업만 계속 하면 나무가 자라기만 할 뿐 적정 수준에서 멈추지 않는다. 모형은 간결해야 예측력이 좋기 때문에 (parsimony principle), 나무가 자라도록 내버려 둔 뒤 나중에 가지치기(pruning; 剪枝)를 한다[이에 대한 세부적 설명은 5장에서 하기로 한다]. 또는 나무가 적정 크기 이상 자라지 못하도록(즉, 새 가지가 나오지 못하도록) 정지 규칙을 적용하거나, 1개 가지에 배속되는 레코드 수가 어떤 최소값보다 커야 한다는 규제조건을 두기도 한다.

C5.0과 C&R Tree 사이에 설명변수 선택기준 외의 차이는 여러 가지가 있으나 사용자의 입장에서 보면 두 모형의 방법론에 별 차이가 없다. 특히 두 모형에서 공통적으로, 오분류비용(誤分類費用, miss classification cost)을 비대칭적으로 설정하는 것이 가능하여 균형화(balancing) 작업이 반드시 요구되지 않는다. 이 점이 나무형 분류가 신경망과 다른 중요한 한 가지이다. 물론, 균형화를 할 수도 있다. 다음 사례에서는 C5.0만 적용하기로 한다.

〈그림 4〉
독일신용자료에
대한 나무형 분류
분석: c50_1.str

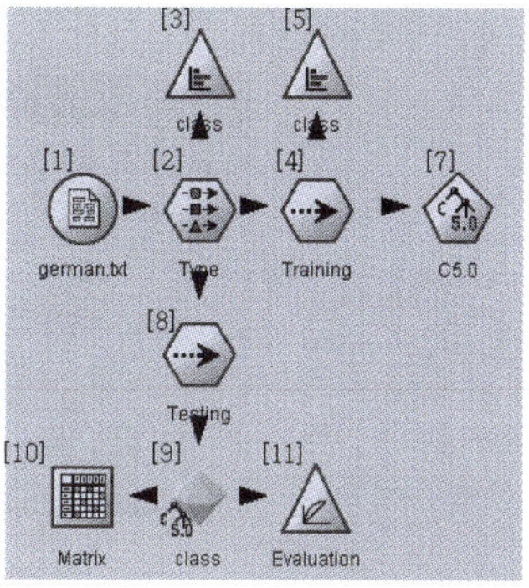

독일 신용자료에 대한 C5.0 모형

〈그림 4〉는 독일신용 자료(German credit data)에 C5.0 모형을 적용하고 평가하는 내용의 클레멘타인 스트림이다(파일명: c50_1.str). 신경망 분석의 사례인 〈그림 3〉과의 차이는 균형화 작업의 유무에 있는데, 여기서는 오분류 비용을 비대칭적으로 부여하기로 한다. 따라서 〈그림 3〉의 노드 [6]이 〈그림 4〉에서는 없다.

다음은 C5.0 노드 [7]의 Model 탭이다. 보다시피, 출력형태에 Decision tree와 Rule set이 있는데 나무형의 출력을 보여주는 전자를 택하기로 한다.

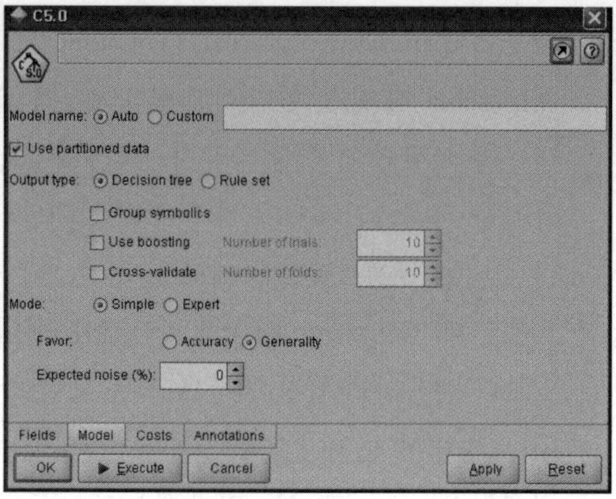

다음은 C5.0 노드의 Costs 탭이다. 실제(Actual)가 Class2(=bad credit)인데 Class1(=good credit)로 예측되는 경우 2.4의 비용을 부과하였다[반면, 실제가 Class1인데 Class2로 예측되는 경우의 비용은 1로 지정되었다].

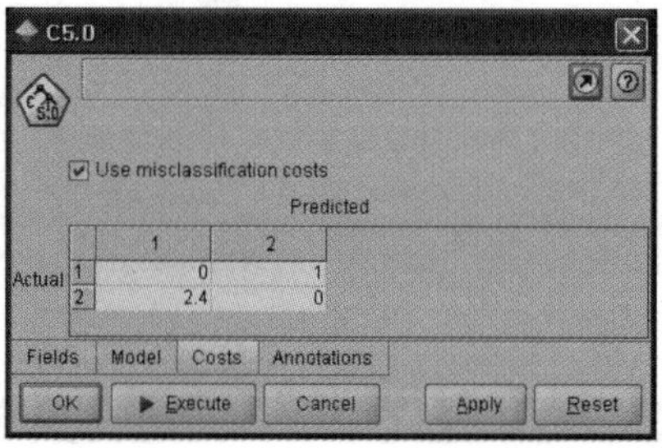

그 결과 형성되는 C5.0 나무는 다음과 같다. 모두 4개 수준에 걸쳐 가지 분리가 되었음을 볼 수 있다(지면의 제약상 작게 출력되어 여기서는 세부 내용을 보기 어려우나 클레멘타인에서는 생성모형의 Viewer 탭에서 자세히 보는 것이 가능하다).

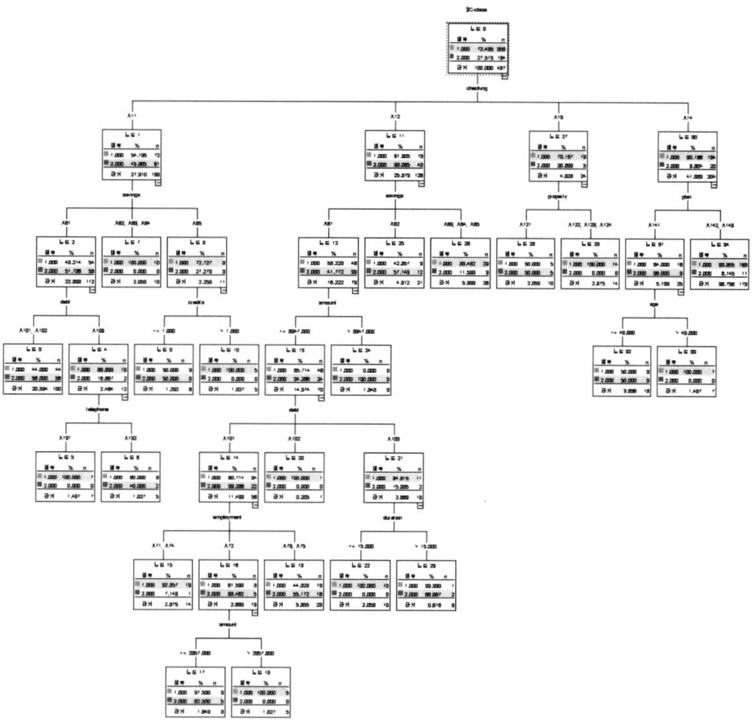

동일한 결과를 생성모형의 Model 탭에서 rule set의 형태로 볼 수 있는데 다음과 같다. Checking이 1단계 가지분리에서 나타나고, History, Property와 Plan 등이 2단계에서, People과 Savings 등이 3단계에서, Amount와 Age 등이 4단계에서 나타났다. 이 중에서 Checking과 History는 신경망에서도 중요한 입력변수로 꼽힌 바 있다. 그러나 신경망에서 가장 중요한 변수로 나타났던 Purpose가 여기서는 나타나지 않았다[나무형 모형에서 입력변수 중요도의 평가에 대하여는 부록 A를 보라].

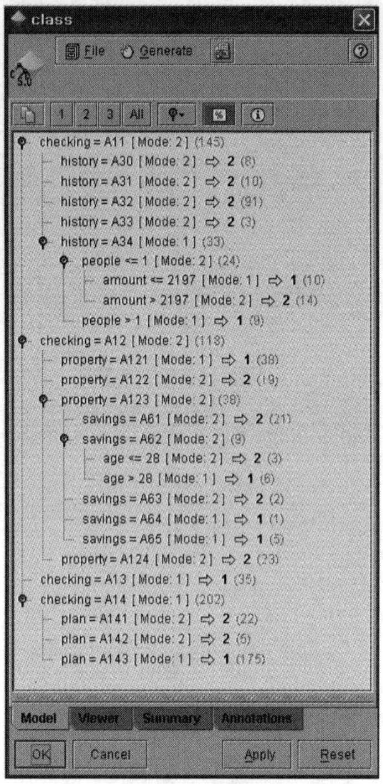

다음으로 Matrix 노드 [10]을 실행시켜 예측 오류율을 살펴보았다. 테스트 자료에 적용하여 얻은 예측 범주와 실제 범주의 교차표가 다음과 같이 나왔다.

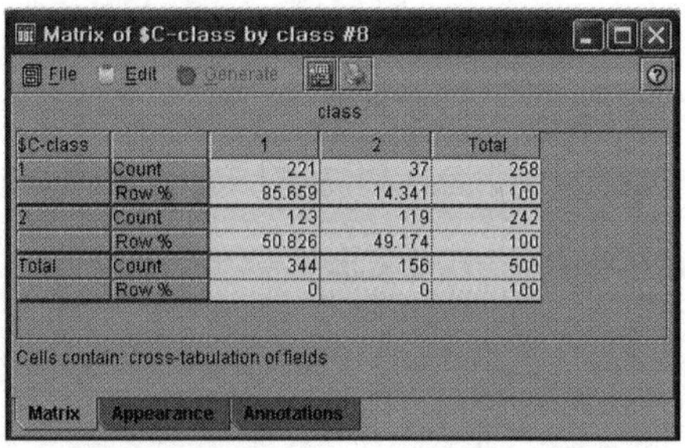

Matrix of $C-class by class #8

$C-class		1	2	Total
1	Count	221	37	258
	Row %	85.659	14.341	100
2	Count	123	119	242
	Row %	50.826	49.174	100
Total	Count	344	156	500
	Row %	0	0	100

Cells contain: cross-tabulation of fields

Class1(=good credit)로 예측한 258 사례 중 실제 Class2(=bad credit)인 사례가 37 사례(14.3%)로 나타났고, Class2로 예측한 242 사례 중 실제

Class1인 사례가 123 사례(50.8%)로 나타났다. 나무형 분류에서도 추정 모형을 훈련자료에 재적용하여 평가해 보면 당연하게 오류율이 과소하게 나타날 것이다(결과제시 생략).

이제 평가 그래프 [11]을 수행시켜 보도록 한다. 다음 이득 도표에서 볼 수 있듯이, 30% 선에서의 이득이 대략 55%인 것을 볼 수 있다. 신경망에서의 이득이 50% 정도였던 것을 상기하면, 나무형 분류가 신경망에 비해 다소 좋다는 것을 알 수 있다. 그러나 이것은 이 사례에서 그렇다는 것이지 결코 일반적인 결론은 아니다.

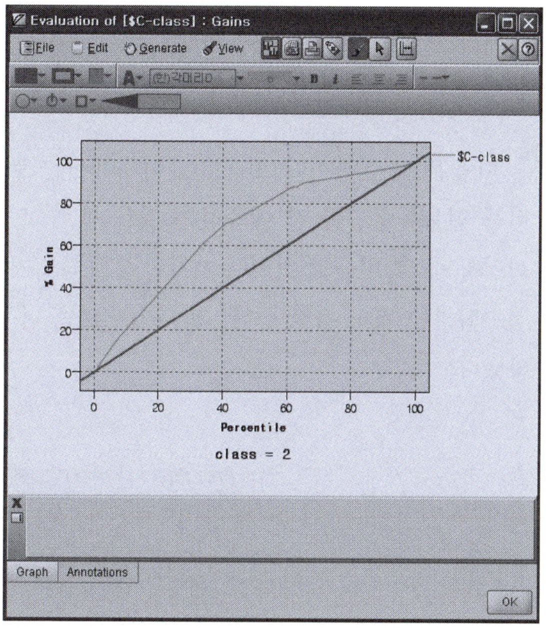

2.4 지도학습 모형의 평가

이제까지 로지스틱, 신경망, 나무형 분류 모형을 독일 신용 자료에 적용하였고 이득 도표로 각 모형을 개별적으로 평가한 바 있다. 3개의 그래프를 동시에 그린다면 한눈에 비교할 수 있을 것이다. 〈그림 5〉가 그것을 위한 클레멘타인 스트림인데 생성모형들이 일렬로 놓여진 뒤에 Evaluation 노드가 연결되어 있다.

〈그림 5〉
여러 개의 생성모형
에 대한 평가 그래프
작성: gains.str

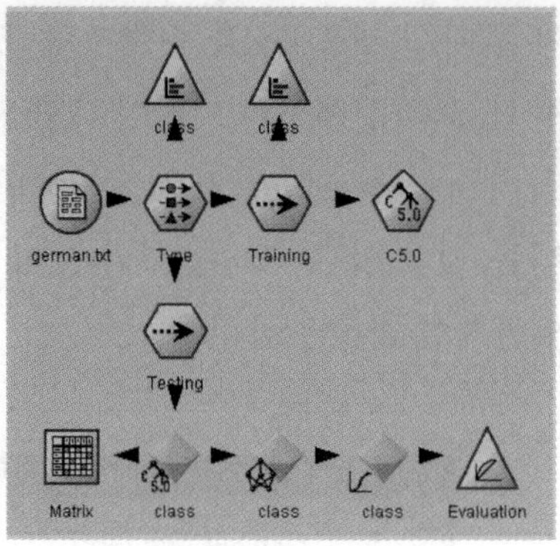

다음은 그 결과이다. 10-40% 이내에서는 로지스틱 모형이 다른 모형에 비해 신용불량자를 잘 예측하는 것을 볼 수 있다. 따라서, 전체 신용대출 신청자 중 그 비율 범위에서 기각판정을 하고자 한다면 로지스틱 모형으로 점수화하는 것이 가장 좋다. 그 다음으로는 나무형 분류가 좋은 것으로 나타났다.

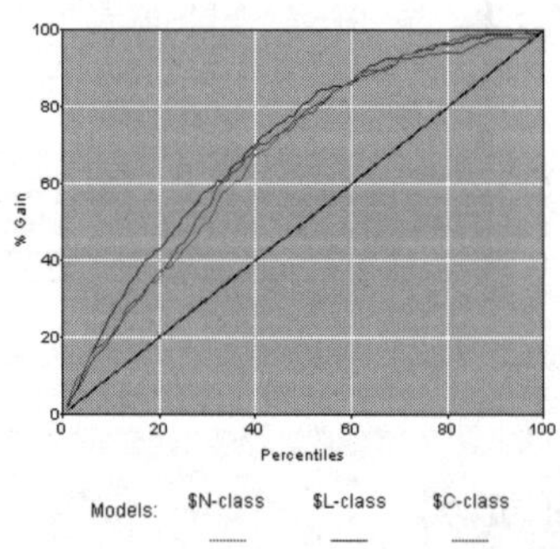

평가 그래프에는 Gain Chart(이득도표) 외에 Response, Lift, Profit, ROI Chart 등이 있으나 이에 대한 설명은 Clementine User's Guide로 넘기기로 한다.

비즈니스 분야의 데이터 마이닝에서는 모형 적용에 따른 손익을 명확히 하는 것이 바람직하므로 독일신용자료에 맞춘 한 전형을 제시하기로 한다. 이후 "What-If" 분석은 로지스틱 모형에 근거한 것이다.

만약, 대출 담당자가 데이터 마이너의 제안에 따라 전체 신청자의 30%를 모형에 의한 '나쁜 신용' 점수에 따라 기각 판정을 한다고 하자. 어떤 결과가 나올까? 〈그림 6〉은 이 계산을 위한 클레멘타인 스트림이다. 〈그림 1〉의 스트림에 [12]부터 [16]까지 5개 노드를 붙인 것이다.

〈그림 6〉
손익 산출을 위한 클레멘타인 스트림: logistic2.str

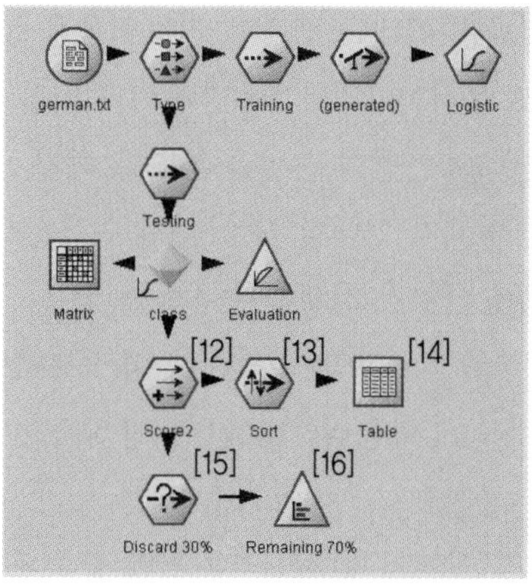

Derive 노드 [12]는 불량 신용도 점수(=Score2) 산출을 위한 것이다. 즉 로지스틱 모형에 의한 불량신용 확률을 말하는데 다음과 같이 $L-class와 $LP-class로부터 만들 수 있다.

Score2 = '$LP-class', if '$L-class' = 2,
= 1 − '$LP-class', if '$L-class' = 1.

Sort 노드 [13]은 Score2에 의한 순서 정렬을 하기 위한 것이고 Table 노드 [14]는 Score2의 백분위수를 보기 위한 준비 작업이다. 예컨대 30% 분위수는 0.640으로 나왔다.

Select 노드 [15]는 일정 퍼센트의 레코드를 제거하기 위한 것이고 Distribution 노드 [16]은 남은 레코드들의 Class 분포를 보기 위한 것이다. 이 작업을 거쳐 30% 레코드를 제거하고 남은 레코드의 Class 분포를 다음 표의 마지막 행이 보여 준다.

	좋은 신용	나쁜 신용	합　계
전체 테스트 자료	344	156	500
30% 제거 자료	59	91	150
70% 잔류 자료	285	65	350

30% 기각판정으로 '좋은 신용자' 59명을 잃었지만 '나쁜 신용자' 91명을 사전 선별해내는 성과를 거두었음을 볼 수 있다. 신용대출 업체는 좋은 신용자로부터는 1명당 100만원의 수익을 올릴 수 있고 나쁜 신용자로부터는 1명당 100만원의 손실을 본다고 하자. 그러면 500명 신용대출 신청자로부터 이 업체가 기대할 수 있는 순수익은 다음과 같을 것이다.

경우 0. 신청자 전체를 수용하는 경우

수익: 100만원/명 × 344명 = 34,400만원

손실: 100만원/명 × 156명 = 15,600만원

∴ 순수익: 18,800만원

경우 3. 신청자 30%를 로지스틱 점수에 따라 기각하는 경우

수익: 100만원/명 × 285명 = 28,500만원

손실: 100만원/명 × 65명 = 6,500만원

∴ 순수익: 22,000만원

따라서 신청자 전체를 수용하는 것보다는 신청자의 30%를 위험도 점수 순서에 따라 기각하는 것이 업체의 순수익을 높이는 데 기여할 것이다. 순수익 차이가 3,200(= 22,000−18,800)만원인데 이것은 500명에 적용하였을 때이므로, 매년 실제 적용해야 할 대상자 수가 5,000명이라면 업체의 추가이득은 3,200만원의 10배인 32,000만원, 즉 3.2억원이 된다.

이런 식으로 10%, 20%, 40%, 50%를 기각한다면 손익이 어떻게 될 것인가를 살펴보도록 한다. 〈그림 6〉의 스트림에서 Select 노드를 수정하여 얻을 수 있다(임계값 0.6420을 0.852, 0.7565, 0.521, 0.4225로 바꾸면 됨).

	좋은 신용	나쁜 신용	합　계
90% 잔류 자료	334	116	450
80% 잔류 자료	311	89	400
60% 잔류 자료	253	47	300
50% 잔류 자료	220	30	250

경우 1. 신청자 10%를 로지스틱 점수에 따라 기각하는 경우

수익: 100만원/명 × 334명 = 33,400만원

손실: 100만원/명 × 116명 = 11,600만원

∴ 순수익: 21,800만원

경우 2. 신청자 20%를 로지스틱 점수에 따라 기각하는 경우

수익: 100만원/명 × 311명 = 31,100만원

손실: 100만원/명 × 89명 = 8,900만원

∴ 순수익: 22,200만원

경우 4. 신청자 40%를 로지스틱 점수에 따라 기각하는 경우

수익: 100만원/명 × 253명 = 25,300만원

손실: 100만원/명 × 47명 = 4,700만원

∴ 순수익: 20,600만원

경우 5. 신청자 50%를 로지스틱 점수에 따라 기각하는 경우

수익: 100만원/명 × 220명 = 22,000만원

손실: 100만원/명 × 30명 = 3,000만원

∴ 순수익: 19,000만원

따라서 신청자의 20%를 로지스틱 점수에 따라 기각하는 것이 최고의 순이익인 2.22억원(500명당)을 기대할 수 있게 함을 알 수 있다.

2.5 맺음말

이제까지 로지스틱, 신경망, 나무형 분류 등 데이터 마이닝에서 자주 활용되는 지도학습방법을 설명하였다[만약 종속변수가 연속형인 경우에는 각각 선형회귀, 신경망, 나무형 회귀 등이 이에 상응한다]. 각 모형의 장단점을 정리하여 보자.

로지스틱/선형회귀:

[장점] 생성모형에 대한 해석이 쉽다.

[단점] 복잡한 상황에 유연하게 대처하지 못한다.

신경망:

[장점] 복잡한 상황에 유연하게 대처한다.

[단점] 생성모형에 대한 해석이 어렵다.

나무형 모형:

[장점] 생성모형이 단순하고 해석이 쉽다.

[단점] 설명(입력) 변수의 작은 변화가 출력을 크게 바꾸기도 한다.

신경망이나 나무형 모형이 새로운 모형이라고 해서 항상 좋기만 하지는 않으므로 과용은 금물이다.

데이터 마이닝에서는 모형 정립에 그치지 않고 모형을 활용하면 어떤 이득이 있을 것인가를 사전 평가하라는 것을 강조한다. 물론 사후 평가도 뒤따라야 한다. 이를 위하여 이득 도표, What-If 분석 등을 다각적으로 활용하여야 한다.

마지막으로, 훈련자료와 테스트 자료로의 자료 분할에 대하여 한 가지 팁을 제공하고자 한다. 자료를 50%-50%로 분할하였다고 하자. 이 중 한 부분에 기초하여 모형을 만들고 다른 한 부분으로 모형을 평가한다. 그 역할을 바꾸어 동일 작업을 반복해 재현성을 보는 것도 의미 있는 일이다. 그러면 2개의 모형을 얻었을 텐데 그 중에서 어느 모형을 쓸 것인가? 두 모형을 결합하여 쓰는 것을 강구하는 것이 좋다. 예컨대, 양쪽 모형으로부터 산출된 점수의 평균을 사용한다든지 하는 것이다.

참고문헌

[1] Breiman, L., Friedman, J.H., Olshen, R.A. and Stone, C.J.(1984). *Classification and Regression Trees.* Wadsworth, CA: Belmont.

[2] Quilan, J.R.(1993). *C4.5: Programs for Machine Learning.* Morgan Kaufmann. CA: San Mateo.

실습파일

- german.txt: 독일신용 자료(German credit data)
- logistic1.str: 〈그림 1〉의 클레멘타인 스트림
- neural1.str: 〈그림 3〉의 클레멘타인 스트림
- c50_1.str: 〈그림 4〉의 클레멘타인 스트림
- gains.str: 〈그림 5〉의 클레멘타인 스트림
- logistic2.str: 〈그림 6〉의 클레멘타인 스트림

별첨 2.A 변수 선택

데이터 마이닝 프로젝트의 가장 큰 특징은 분석에 이용되는 자료파일에서 관측된 변수와 사례(개체)의 수가 매우 크다는 것이다. 따라서 분석에서 활용할 적절한 수의 변수를 선택하는 것과 여러 과정에서 발생할 수 있는 이상치(특이치)를 탐지하는 것은 모델링을 수행하기 전에 시행하여야 할 중요한 분석과정이다. Clementine에서는 목적변수가 있는 경우인 지도학습모형에서 설명변수들을 중요도의 순서에 따라 순위를 부여하는 방법인 Feature Selection과 정상적인 관측치에서 벗어난 사례들(특이치 또는 이상치)을 탐지하는 방법인 이상치 탐지(Anomaly Detection)방법이 있다. 여기에서는 이 두 방법 중에서 지도학습 모형에 속한 변수선택(Feature Selection)에 대한 개괄적인 설명과 함께 간단한 예제를 제시한다. 보다 자세한 설명은 Clementine 11.1 Algorithms Guide(SPSS Inc.)와 Clementine 11.1 Applications Guide(SPSS Inc.)를 참고하기 바란다.

데이터 마이닝 프로젝트는 잠재적으로 수백에서 수천 개의 변수들이 예측변수로 고려될 수 있다. 따리서 모형을 구할 때 어느 변수 또는 요인을 모형에 포함시킬 것인가를 결정하는 데 많은 시간과 노력을 투자한다. 이러한 문제를 해결하기 위하여 Feature Selection은 주어진 분석에서 가장 중요한 변수들을 선택하는 방법을 제시한다. 이러한 Feature Selection 알고리즘은 다음과 같은 3단계로 구성되어 있다.

- 거르기(Screening) : 중요하지 않거나 문제가 많은 예측변수들을 제거한다. 즉 결측치가 많은 예측변수와 한 범주에 너무 많은 관측치가 있는 범주형 변수, 그리고 변화량(표준편차 등)이 너무 작거나 지나치게 큰 연속형 변수들을 제거한다.
- 순위화(Ranking) : 나머지 변수들을 중요도에 따라 순위를 부여한다.
- 선택(Selection) : 순서화된 예측변수들 중에서 모델링과정에서 이용할 일부 변수들을 선택한다.

이러한 변수선택 방법은 모형 구하는 과정을 보다 단순화하고, 중요한 변수들에게 집중할 수 있으며, 분석 시간을 단축할 수 있는 등 데이터 마이닝 프로젝트에서 매우 중요한 과제이다.

사례분석

다음 자료는 한 전화회사에서 특별한 프로모션에 대한 고객 5,000명의 반응을 관측한 자료이다. 이 자료에는 고객의 반응과 함께 고객 연령, 직업, 소득, 전화이용 관련통계 등 많은 수의 변수들이 포함되어 있다. 이 회사에서는 앞으로 유사한 캠페인에 대하여 반응할 가능성이 높은 고객을 예측하는 데 이 자료를 활용하고자 한다.

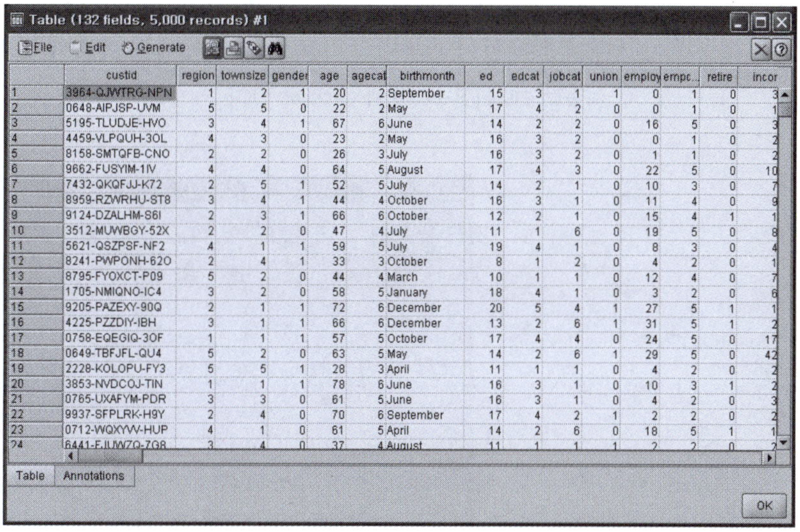
Table (132 fields, 5,000 records) #1

File Edit Generate

	custid	region	townsize	gender	age	agecat	birthmonth	ed	edcat	jobcat	union	employ	empc...	retire	incor
1	3964-QJWTRG-NPN	1	2	1	20	2	September	15	3	1	1	0	1	0	3
2	0648-AIPJSP-UVM	5	5	0	22	2	May	17	4	2	0	0	1	0	1
3	5195-TLUDJE-HVO	3	4	1	67	6	June	14	2	2	0	16	5	0	3
4	4459-VLPQUH-3OL	4	3	0	23	2	May	16	3	2	0	0	1	0	2
5	8158-SMTQFB-CNO	2	2	0	26	3	July	16	3	2	0	1	1	0	2
6	9662-FUSYIM-1IV	4	4	0	64	5	August	17	4	3	0	22	5	0	10
7	7432-QKQFJJ-K72	2	5	1	52	5	July	14	2	1	0	10	3	0	7
8	8959-RZWRHU-ST8	3	4	1	44	4	October	16	3	1	0	11	4	0	9
9	9124-DZALHM-S6I	2	3	1	66	6	October	12	2	1	0	15	4	1	1
10	3512-MUWBGY-52X	2	2	0	47	4	July	11	1	6	0	19	5	0	8
11	5621-QSZPSF-NF2	4	1	1	59	5	July	19	4	1	0	8	3	0	4
12	8241-PWPONH-62O	2	4	1	33	3	October	8	1	2	0	4	2	0	1
13	8795-FYOXCT-P09	5	2	0	44	4	March	10	1	1	0	12	4	0	7
14	1705-NMIQNO-IC4	3	2	0	58	5	January	18	4	1	0	3	2	0	6
15	9205-PAZEXY-90Q	2	1	1	72	6	December	20	5	4	1	27	5	1	1
16	4225-PZZDIY-IBH	3	1	1	66	6	December	13	2	6	1	31	5	1	2
17	0758-EQEGIQ-3OF	1	1	1	57	5	October	17	4	4	0	24	5	0	17
18	0649-TBFJFL-QU4	5	2	0	63	5	May	14	2	6	1	29	5	0	42
19	2228-KOLOPU-FY3	5	5	1	28	3	April	11	1	1	0	4	2	0	2
20	3853-NVDCOJ-TIN	1	1	1	78	6	June	16	3	1	0	10	3	1	2
21	0765-UXAFYM-PDR	3	3	0	61	5	June	16	3	1	0	4	2	0	3
22	9937-SFPLRK-H9Y	2	4	0	70	6	September	17	4	2	1	2	2	0	2
23	0712-WQXYVV-HUP	4	1	0	61	5	April	14	2	6	0	18	5	1	1
24	6441-FJUWZQ-7G8	3	4	0	37	4	August	11	1	1	1	2	2	0	2

Table Annotations

OK

이 자료를 이용하여 Feature Selection을 시행하는 Clementine 스트림이 다음과 같다.

〈그림 7〉
변수선택을 위한
Feature Selection
스트림 :
featureselection.str

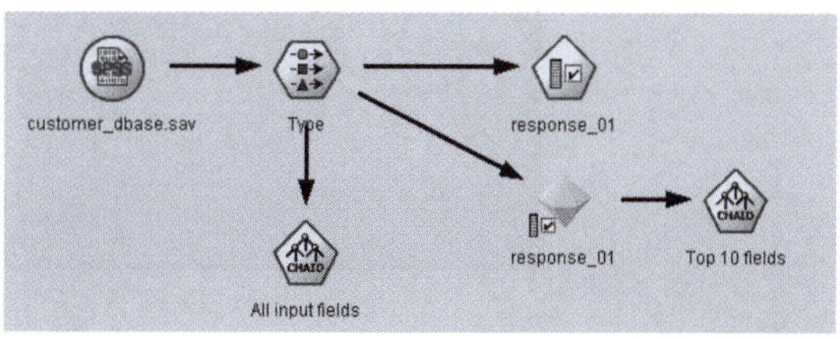

원래 자료에는 Response_01, Response_02, Response_03 등과 같은 3개의 반응변수들과 ID 변수, 그리고 129개의 설명변수들로 구성되어 있다. 분석에서는 설명변수 129개 모두를 이용하여 분석하는 것이 비효율적이므로, Feature Selection을 이용하여 적절한 수의 설명변수들을 선택해 보기로 한다. 3개의 반응변수들 중에서 여기에서는 반응변수 response_01을 기준으로 Feature Selection을 시행하기로 한다. 〈그림 7〉에서 Feature Selection 노드를 시행한 후에 [Browse]를 클릭하면 다음과 같은 화면이 나타난다(이 결과는 Feature Selection 시행 결과인 노드를 클릭하여 [Edit]하여도 나타난다). 이 화면에서 위 부분은 분석에서 이용될 수 있는 설명변수들이 순위화되어 나타나 있다. 즉 반응변수를 예측하는 가장 중요한 변수가 [ed]임을 알 수 있다. 이 결과를 이용하여 모형화 단계에서 적절한 수의 예측변수를 선택할 수 있다. 그리고 아래 부분에는 예측에 있어서 의미가 없는 변수들이 그 이유와 함께 주어져 있다.

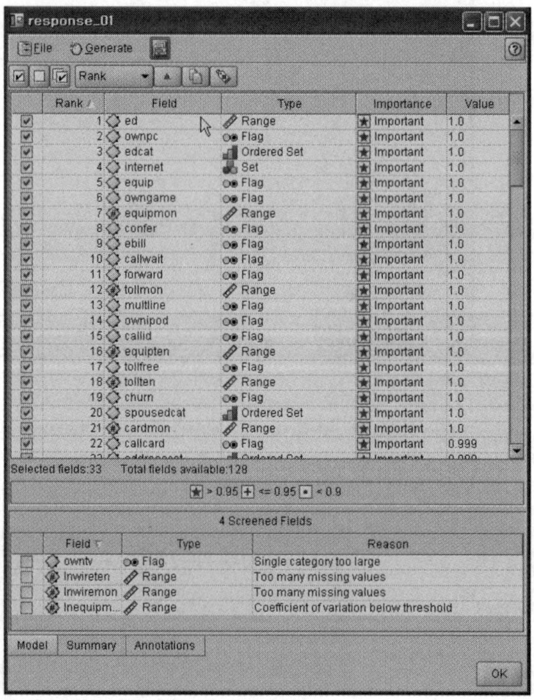

여기에서 분석에 이용할 상위 10개 변수들을 선택하는 방법은 위 그림에서 맨 왼쪽에 있는 체크 칸에서 순서대로 적절한 수의 변수에만 체크하여 선택한다. 즉 상위 10개 변수를 선택한 결과는 다음과 같다.

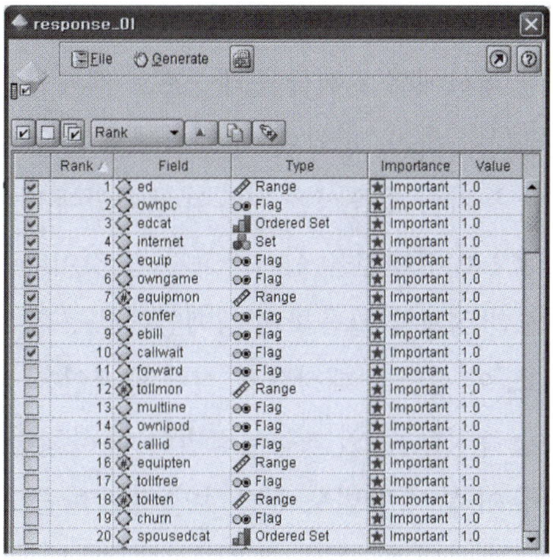

Rank	Field	Type	Importance	Value
1	ed	Range	Important	1.0
2	ownpc	Flag	Important	1.0
3	edcat	Ordered Set	Important	1.0
4	internet	Set	Important	1.0
5	equip	Flag	Important	1.0
6	owngame	Flag	Important	1.0
7	equipmon	Range	Important	1.0
8	confer	Flag	Important	1.0
9	ebill	Flag	Important	1.0
10	callwait	Flag	Important	1.0
11	forward	Flag	Important	1.0
12	tollmon	Range	Important	1.0
13	multline	Flag	Important	1.0
14	ownipod	Flag	Important	1.0
15	callid	Flag	Important	1.0
16	equipten	Range	Important	1.0
17	tollfree	Flag	Important	1.0
18	tollten	Range	Important	1.0
19	churn	Flag	Important	1.0
20	spousedcat	Ordered Set	Important	1.0

다음으로 원래 자료파일에 있는 모든 예측변수들을 이용한 모형과 Feature Selection을 이용하여 중요도 상위 10개 변수를 이용한 모형을 비교할 수가 있다. 여기에서는 [CHAID]모형을 이용하여 두 경우를 비교해 보았다. 〈그림7〉의 스트림에서 [All Input Fields]는 모든 예측변수들을, 그리고 [Top 10 Fields]에서는 상위 10개 예측변수만 이용한 CHAID모형을 구할 수 있다. 이 두 모형결과의 비교는 CHAID 모형에서의 모형비교와 같은 방법으로 접근할 수 있다. 이러한 비교 결과는 과제로 남긴다.

실습파일

- customer_dbase.sav
- featureselection.str

별첨 2.B 의사결정 리스트

의사결정 리스트(Decision List)란 고객들을 대상으로 특정한 캠페인 또는 마케팅 프로모션을 실시하였을 때 이에 대한 반응률이 높은 집단(또는 낮은 집단)을 찾아내어 차후의 마케팅에 활용하는 분석방법이다. 예를 들어 한 회사에서 고객들을 대상으로 캠페인을 한 후에 고객들의 반응을 측정하였다고 하자. 만약에 이 회사에서 다음에 또 캠페인을 하고자 하는 경우에는 투자의 효율성을 위하여 캠페인에 반응할 가능성이 높은 고객집단을 대상으로 캠페인을 실시하고자 할 것이다. 이와 같은 경우 고객들에 대한 다양한 정보를 활용하여 캠페인에 반응할 가능성이 높은 고객 집단을 파악하고, 이 집단을 대상으로 실제 캠페인을 실시하였을 때 기대되는 반응 수준을 측정할 수 있는 분석방법이 의사결정 리스트이다.

이 분석 방법도 일반적인 지도 학습 모형과 같이 목표변수와 이를 예측하는 설명변수들을 이용하는데, 이 방법에서는 목표변수값은 범주의 수가 2개인 이항 변수로 한정하며, 설명변수들은 구간/비율척도의 연속형 변수와 순서/명목척도의 이산형 변수를 모두 활용할 수 있다.

의사결정 리스트의 분석 알고리즘

의사결정 리스트의 분석 알고리즘은 기본적으로 범주형으로 측정된 목표변수에 대하여 범주형으로 측정된 설명변수들과의 관계를 밀접도에 따라 단계적으로 분석하여 목표변수를 가장 잘 예측하는 의사결정 규칙(decision rule)을 구하는 것이다. 따라서 이 분석방법의 기본적인 접근 방법은 의사결정 나무구조 방법들인 C&RT, C5.0, CHAID 등과 유사하다. 이 분석 방법에서는 우선 목표변수의 범주가 2개이므로 그 중에서 한 범주(예를 들면, "반응함/ 반응안함" 에서 "반응함", 또는 "구매함/ 구매안함" 에서 "구매함")를 택하여 이 범주(목표범주)를 가장 잘 예측하는 설명변수들의 조건을 찾는 것이다. 이 분석 방법에서는 한 가지 특이한 것이 연속형 설명변수들은 변수값들을 적절한 구간을 정하여 범주형으로 변환한다. 여기에서 범주형으로 변환하는 방법은 등구간(equal interval) 나누기, 또는 등관측수(equal count) 나누기 방법이 있으며, 이는 분석자가 정할 수 있다. 이와 같이 모든 설명변수들을 범주형화한 후에는 반응변수의 목표범주 비율의 크기에 따라 설명변수들에 의한 규칙을 만든다. 이와 같이 하여 목표범주에 대한 예측 수준을 기준으로 설명변수들의 규칙을 만드는 과정은 다음과 같다. 이에 대한 보다 구체적인 알고리즘은 Clementine Algorithms(SPSS Inc.)를 참고하기 바란다.

의사결정 리스트 알고리즘:

1. 전체 집단에서 반응변수 목표범주의 비율을 측정한다.
2. 각각의 설명변수들을 대상으로 목표범주의 비율이 전체 집단의 비율과 유의한 차이가 있는 범주집단을 구한다.
3. 이와 같이 각각의 설명변수들에 대하여 목표범주의 비율이 유의한 범주집단을 구한 후에는 최대 비율을 갖는 설명변수 범주에 속한 개체들을 대상으로 그 변수를 포함한 모든 변수들을 대상으로 목표범주의 비율이 높은 집단을 찾는다.
4. 이와 같은 과정을 반복한다.
5. 이 과정에서 정지규칙(stopping rule) (개체 비율, 개체 수, 규칙에 포함된 변수범주 규칙 수)을 충족하면 이 의사결정 규칙을 선택하고 반복과정을 끝낸다.
6. 위 과정에서 의사결정 규칙에서 선택된 개체들을 제외한 후에 나머지 개체들을 대상으로 위 과정 2-5를 반복한다.
7. 이러한 과정을 반복하여 지정된 수의 규칙들을 구한다.

이러한 의사 결정 규칙들에 의하여 목표범주의 반응률이 낮은 집단을 제외한 나머지 집단에 캠페인을 실시하거나, 반응률이 높은 집단을 찾아서 캠페인을 실시할 수 있다.

사례분석

다음 예제는 한 백화점에서 고객들을 대상으로 캠페인에 대한 반응 여부와 여러 가지 인구 사회학적 자료, 그리고 재정 형태에 대한 정보들을 구한 후에, 이 자료들을 이용하여 다음의 캠페인에서 좀더 효율적인 반응을 보일 집단을 구하는 과정을 Decision List를 이용하여 분석을 실시한 것이다.

〈그림8〉
백화점 자료를 이용한
Decision List 분석:
pm_decisionlist.str

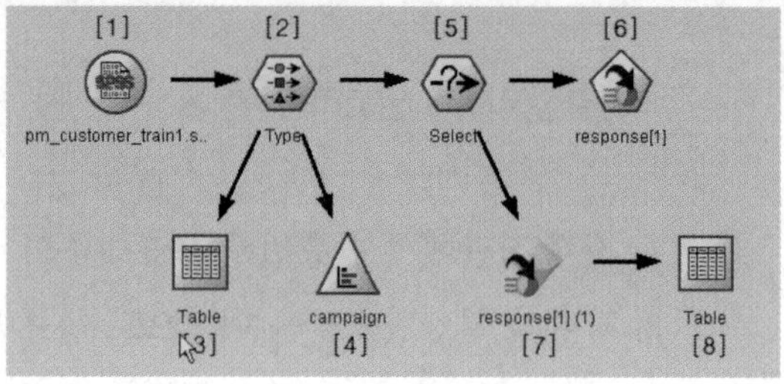

[1] 데이터 노드: 데이터는 모두 31개의 변수와 21,927 개의 케이스로 주어져 있으며, 이 데이터가 [3]의 결과로 다음 표와 같다.

File Edit Generate

	custom...	campai...	response	respon...	purchase	purchas...	product...	Rowid	age	age_yo...	average
1	7	2	0	$null$	0	$null$	$null$	1	19	0	
2	13	2	0	$null$	0	$null$	$null$	2	44	12	
3	15	2	0	$null$	0	$null$	$null$	3	45	12	7
4	16	2	1	05-7월-...	0	$null$	183	761	43	12	16
5	23	2	0	$null$	0	$null$	$null$	4	42	11	
6	24	2	0	$null$	0	$null$	$null$	5	39	7	52
7	30	2	0	$null$	0	$null$	$null$	6	23	0	
8	30	3	0	$null$	0	$null$	$null$	7	23	0	
9	33	2	0	$null$	0	$null$	$null$	8	24	0	
10	42	3	0	$null$	0	$null$	$null$	9	35	8	
11	42	2	0	$null$	0	$null$	$null$	10	35	8	
12	52	2	0	$null$	0	$null$	$null$	11	43	12	
13	57	2	0	$null$	0	$null$	$null$	12	51	19	
14	63	2	1	14-7월-...	0	$null$	183	1501	67	39	17
15	74	2	0	$null$	0	$null$	$null$	13	31	0	
16	74	3	0	$null$	0	$null$	$null$	14	31	0	
17	75	2	0	$null$	0	$null$	$null$	15	30	3	
18	82	2	0	$null$	0	$null$	$null$	16	32	4	69
19	89	3	0	$null$	0	$null$	$null$	17	46	11	66
20	89	2	0	$null$	0	$null$	$null$	18	46	11	66
21	90	2	0	$null$	0	$null$	$null$	19	70	38	7
22	90	3	0	$null$	0	$null$	$null$	20	70	38	7
23	94	2	0	$null$	0	$null$	$null$	21	28	1	22
24	95	2	1	19-7월-...	1	$null$	421	1939	39	11	74
25	96	2	0	$null$	0	$null$	$null$	22	38	7	
26	101	2	0	$null$	0	$null$	$null$	23	32	1	

Table Annotations

OK

[2] Type 노드: 여기에서는 반응결과(반응 있음/없음)를 반응변수(Out)로 하고, 기타 모형에 필요 없는 변수들을 'none' 으로 지정하였으며, 다른 모든 변수들을 설명변수(In)로 지정하였다.

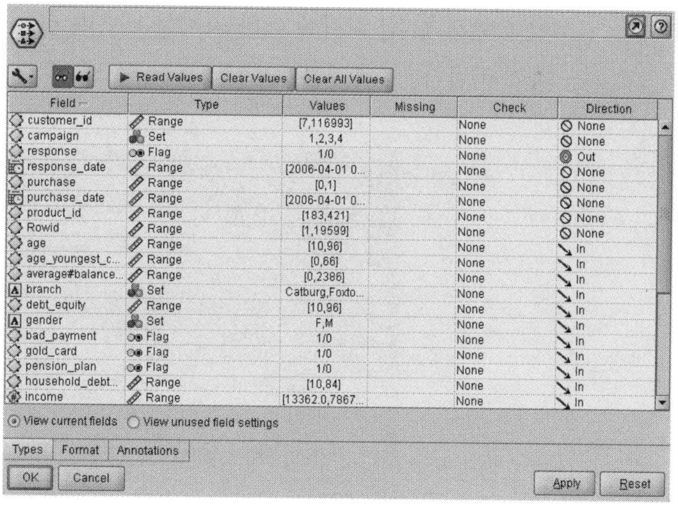

[4] Bar Chart 노드: Campaign 의 대상이 되는 고객들이 모두 4개 집단으로 구성되어 있는데, 여기에서는 그 중에서 가장 큰 집단인 집단2(= Premium account)를 대상으로 분석을 실시한다. 따라서 [5] 선택 노드에서는 campaign = 2인 사례들을 선택한다.

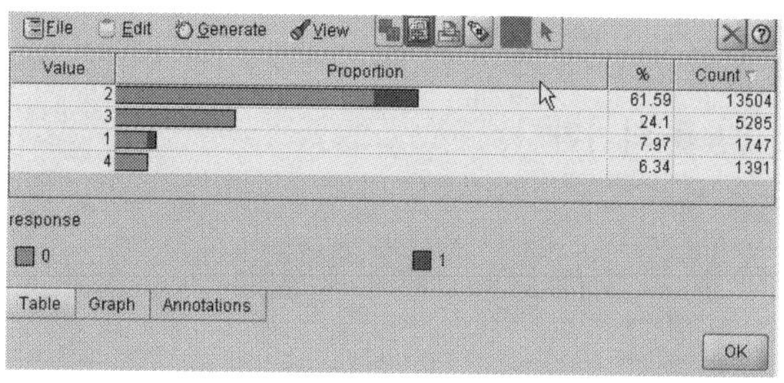

[6] Decision List 노드: Decision List 분석의 출발점으로 이 노드를 연결하여 [Edit]를 클릭하면 다음과 같은 창이 나타난다. 이 창에서는 분석에 필요한 여러 가지 파라미터들을 정할 수 있는데, 여기에는 이 창의 [Default] 값들이 주어져 있다. 여기에서 중요한 사항들은 (1) 반응변수 값 = 1에 대한 모형을 구하며(Target = 1), 1의 값이 높은 경우에 대한 모형을 구하고(Search direction = Up), 최대 분할 수, 그리고 분할집단의 크기, 각 모형에서의 최대 변수 수, 조건이 성립하기 위한 신뢰수준 등

이 주어져 있다. 각각에 대한 자세한 내용은 Clementine manual을 참고하기 바란다.

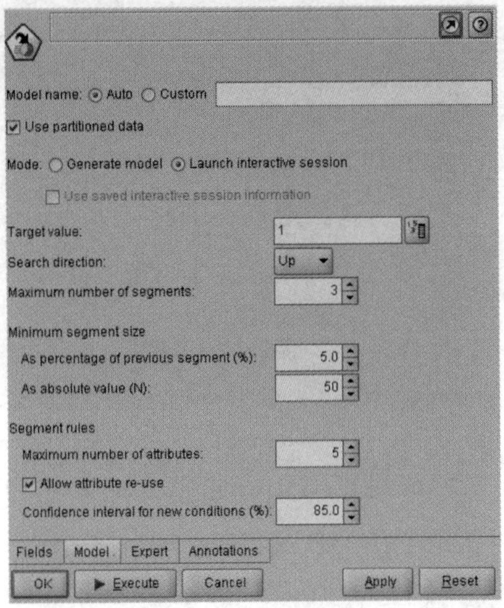

위 표에서 [Execute]를 실행하면 다음과 같은 결과가 나온다. 이 표는 원래의 자료가 모두 13,504 사례이며, 이 중 1,952 사례에서 반응변수 값이 1임을 의미한다.

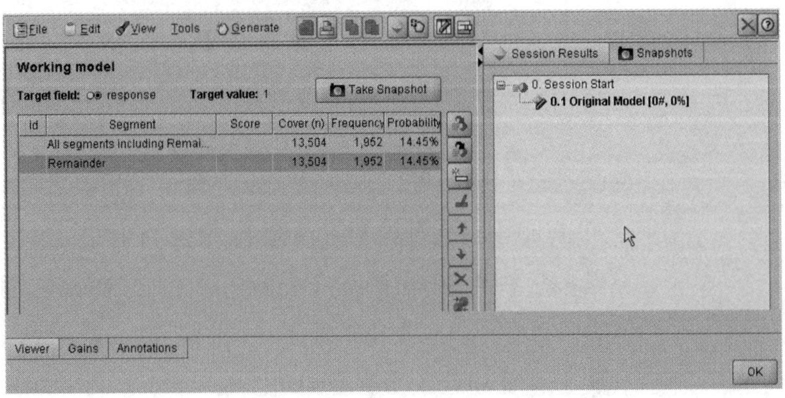

다음으로 Menu Bar에서

▽ Tools

Start Default Mining Task

를 클릭하면 다음의 결과가 나타난다. 여기에서는 모형화 과정에서 주어진 조건에 의하여 구한 3개의 대안모형 집단(Alternatives)이 주어져 있다. 또한 각각의 모형집단에서 1의 비율은 92% 정도가 됨을 알 수 있다.

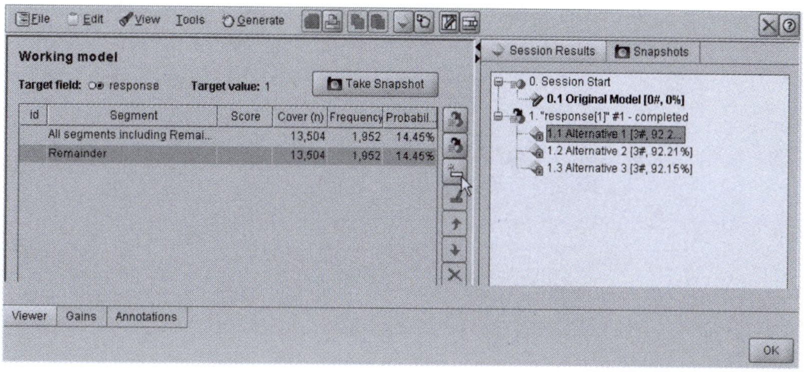

이 화면에서 모형집단 1.1을 선택하고 오른쪽 하단에 주어지는 [Preview]를 클릭하면 다음과 같은 화면이 나타난다. 즉 이 모형집단에서 구한 3개 모형 각각에 대하여 모형의 조건과 1의 비율이 주어져 있다. 이러한 결과는 3개의 모형집단 각각에 대하여서도 확인할 수 있다. 아래 그림의 결과에 의할 때, 모형집단 1은 반응변수 값 1의 비율이 92.2%로 매우 높은 것을 알 수 있다. 그러나 문제는 여기에 주어진 3개 모형 모두가 포함하고 있는 사례의 수가 693으로 전체의 5.1% 밖에 되지 않는다는 것이다. 따라서 이 모형 결과에 국한하여 캠페인을 실시하는 것은 너무 많은 자료의 손실을 초래한다고 할 수 있다.

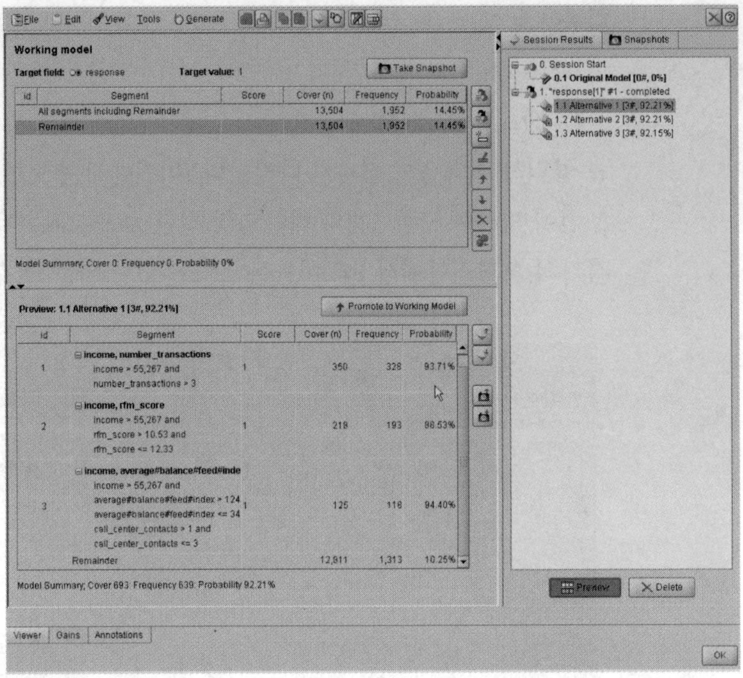

이 경우 또 다른 모형화 방법을 시도할 수 있다. 즉, 위 화면의 Menu Bar 에서

▽ Tools

Organize Mining Tasks

를 택하면 다음 화면이 나타난다.

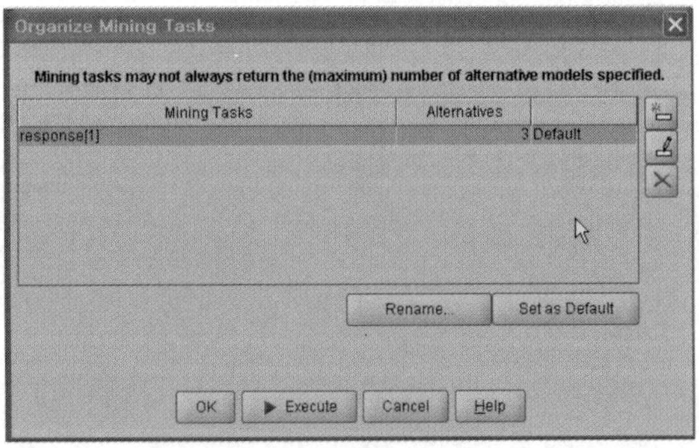

이 화면에서 오른쪽 맨 위에 있는 (create a new mining task)를 클릭하면, 아래와 같은 화면이 나타난다. 여기에서는 'Create mining task named' 를 Down Search로 바꾸었다(이는 관심의 대상이 되는 모형이 1을 가장 적게 포함하는 경우이기 때문이다).

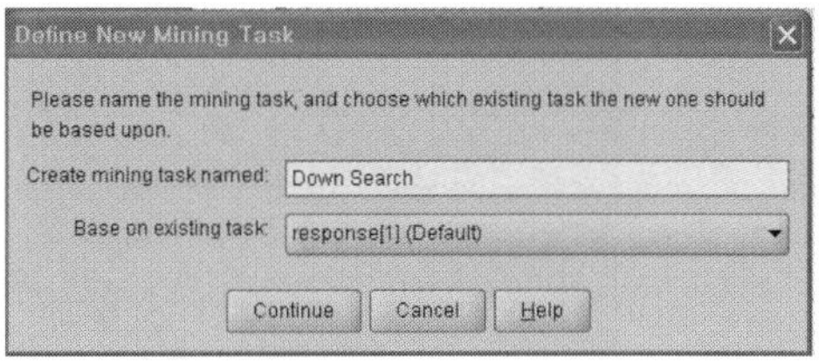

위 화면에서 [continue]를 선택하면, 아래 그림과 같이 모형의 조건을 지정하는 화면이 나타난다. 이 화면에서는 [default] 값에서 'search direction' 은 'Down' 으로, 최소 집단 사례 수는 1000으로, 그리고 신뢰수준은 95%로 지정한 결과가 다음 화면과 같다.

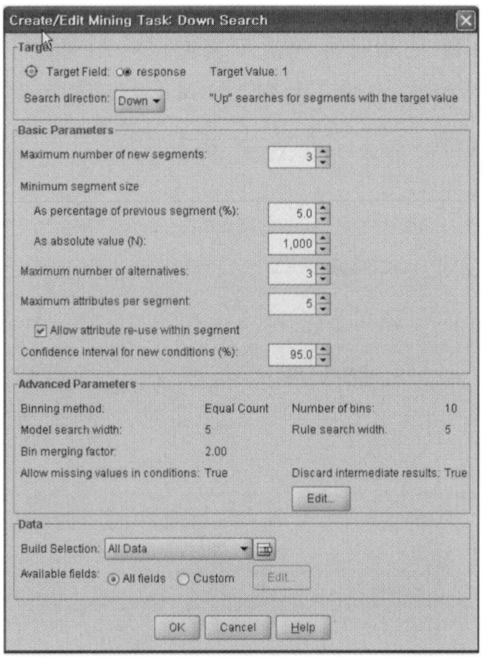

위 화면에서 [OK]를 클릭하면 다음 화면이 나타난다. 즉 앞의 모형에 더하여 또 다른 모형 집단을 생성하게 된다.

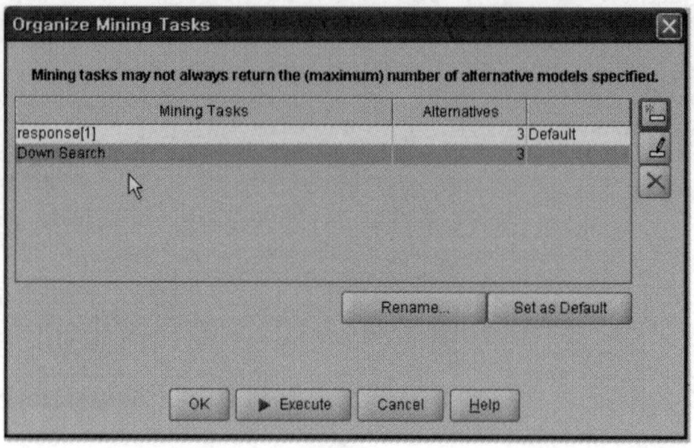

위 화면에서 [Execute]를 클릭하면 다음과 같은 화면이 나타난다. 즉 조건에 의하여 1의 비율이 가장 작은 대안모형 집단 3개가 주어져 있음을 알 수 있다. 각각의 대안 집단에서 1의 비율은 2.53%와 1.85% 정도임을 알 수 있다. 제1대안 집단을 보기로 한다. 여기에서는 전체적으로 1의 비율이 2.53%인데, 모형 1과 모형 2에서는 각각 1의 비율이 0임을 알 수 있다. 즉 이들 두 집단에 속한 고객들은 이 캠페인에 전혀 반응을 하지 않았음을 알 수 있다. 그러나 모형 3은 반응률이 16.19%로 전체 집단의 반응률 14.45%보다는 높은 것을 알 수 있다.

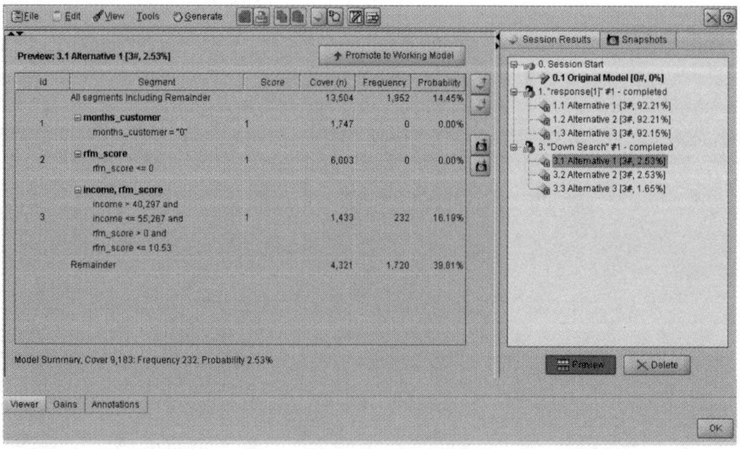

위 화면에서 [Promote to Working Model]을 클릭한 후에 나타나는 화면에서 id 1을 클릭한 후에 오른쪽 마우스 키를 이용하여 [Exclude Segment]를 선택한다. id 2에 대하여도 동일한 작업을 실시한다. 이는 모형 id 1과 2는 분석과정에서 제외하겠다고 지정하는 것이다. 다음에 모형 3을 클릭한 후에 오른쪽 마우스 키를 이용하여 [Delete Segment]를 선택한다. 이는 id 3은 현재 모형 집단에서 제외한다는 것을 의미한다. 즉 이 모형 결과는 분석과정에 포함시킨다는 것을 의미한다. 이 결과(즉 모형 id 1과 2인 집단을 제외한 결과) 나머지 집단에서는 전체 사례의 수가 5,745이고 1의 비율은 33.92%로 전체 집단의 비율보다 크게 향상되었음을 알 수 있다.

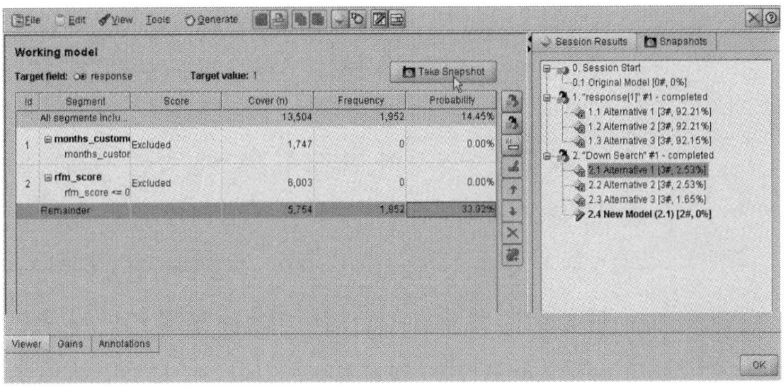

여기에서 'Remainder'에 있는 5,754 사례를 이용하여 또다시 모형집단을 구해보기로 한다. 여기에서는 모형을 1의 비율이 큰 경우에 대하여, 각 모형집단에 속한 모형의 수는 5로, 그리고 각 모형집단의 최소 수는 500으로 지정하였다. 이렇게 하여 구한 결과가 다음의 표에 주어져 있다. 여기에서 대안모형 집단1에 있어서 5개의 모형을 이용한 분석 결과는 이 집단에 속한 사례 수는 모두 3,456이며, 이 중에서 1의 개수는 1,577으로 45.63%가 된다. 즉 이 집단의 1의 비율은 전체 집단보다 3배 이상 높은 것을 알 수 있다.

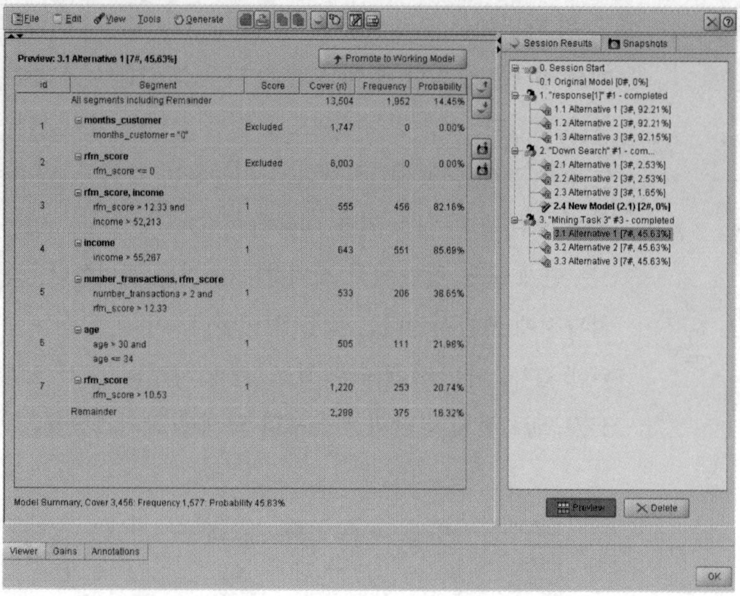

이 결과를 이용하여 이 모형집단에 속한 사례들을 대상으로 캠페인을 실시한다고 하자. 위 그림의 왼쪽 아래에 있는 [gains]를 클릭한 결과가 다음 그림과 같다. 이 gains chart에 의할 때 전체에서 약 25.6% 정도의 대상이 선택되며, 선택된 집단에서의 1은 전체 집단에 속한 1에 대하여 약 80% 정도 확보하고 있는 것을 알 수 있다. 이 모형집단을 최종 모형집단으로 선택할 때 Tool Bar에서 [Generate]를 클릭하여 [Generate Model]을 선택한 결과가 [7]이다. 따라서 [7]에는 실제 캠페인을 실시할 대상 사례들에 대한 정보가 포함되어 있으며, 그 결과는 원래의 변수들에 더하여 3개의 새로운 변수들이 추가되어 있다.

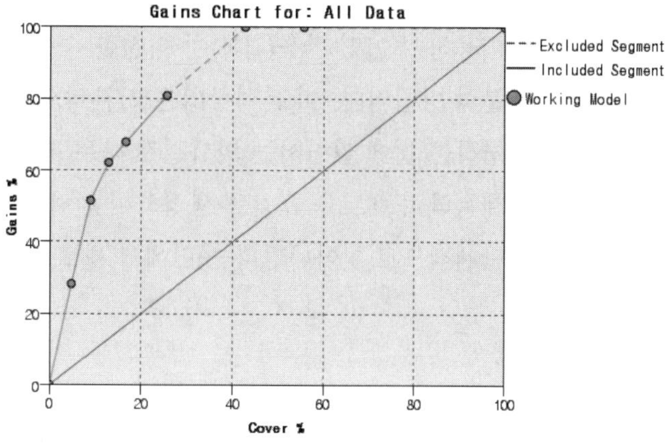

아래 테이블은 [8]의 결과로, 캠페인 모형 [7]에서 정의한 모형결과를 보여주는 자료파일이다. 여기에는 원래의 변수들에 더하여 각 사례별로 대상집단의 포함여부를 알려주는 $D-response, 각 집단에서 1의 비율을 의미하는 $DP-response, 그리고 각 사례가 속한 집단을 의미하는 $DI-response 등과 같은 3개의 변수가 추가되어 있다.

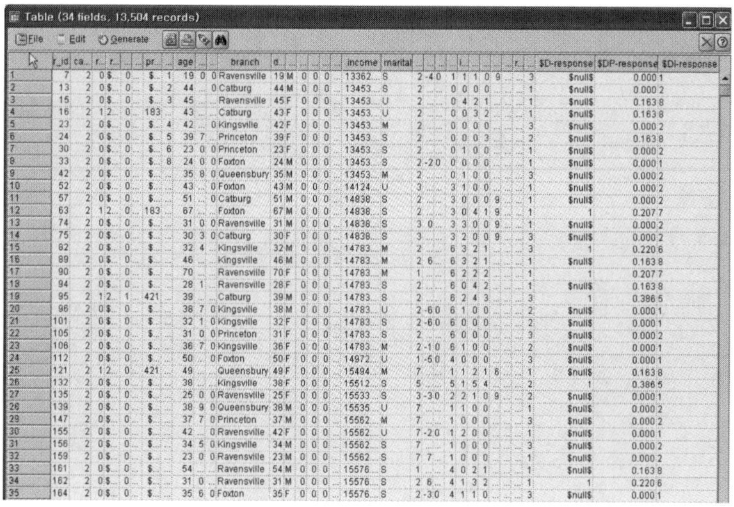
Table (34 fields, 13,504 records)

File Edit Generate

	r_id	ca...	r...	r...	...	...	pr...	...	age	...	...	branch	d...	...	...	...	...	...	income	marital	...	...	...	...	i...	...	...	...	...	r...	...	$D-response	$DP-response	$DI-response
1	7	2	0	$...	0...		$...	1	19	0	0	Ravensville	19	M	0	0	0	...	13362...	S	2	-4	0	1	1	1	0	9	...	...	3	$null$	0.000	1
2	13	2	0	$...	0...		$...	2	44	...	0	Catburg	44	M	0	0	0	...	13453...	S	2	...	...	0	0	0	0	...	...	...	1	$null$	0.000	2
3	15	2	0	$...	0...		$...	3	45	...	...	Ravensville	45	F	0	0	0	...	13453...	U	2	...	...	0	4	2	1	...	...	...	1	$null$	0.163	8
4	16	2	1	2...	0...		183	...	43	...	...	Catburg	43	F	0	0	0	...	13453...	U	2	...	...	0	0	3	2	...	...	...	1	$null$	0.163	8
5	23	2	0	$...	0...		$...	4	42	...	0	Kingsville	42	F	0	0	0	...	13453...	M	2	...	...	0	0	0	0	...	...	...	3	$null$	0.000	2
6	24	2	0	$...	0...		$...	5	39	7	...	Princeton	39	F	0	0	0	...	13453...	S	2	...	...	0	0	0	3	...	...	...	2	$null$	0.163	8
7	30	2	0	$...	0...		$...	6	23	0	0	Princeton	23	F	0	0	0	...	13453...	S	2	...	...	0	1	0	0	...	...	...	1	$null$	0.000	2
8	33	2	0	$...	0...		$...	8	24	0	0	Foxton	24	M	0	0	0	...	13453...	S	2	-2	0	0	0	0	0	...	...	...	1	$null$	0.000	1
9	42	2	0	$...	0...		$...	...	35	8	0	Queensbury	35	M	0	0	0	...	13453...	M	2	...	...	0	1	0	0	...	...	...	3	$null$	0.000	2
10	52	2	0	$...	0...		$...	...	43	...	0	Foxton	43	M	0	0	0	...	14124...	U	3	...	...	3	1	0	0	...	...	...	1	$null$	0.000	2
11	57	2	0	$...	0...		$...	...	51	...	0	Catburg	51	M	0	0	0	...	14838...	S	2	...	...	3	0	0	0	9	...	...	1	$null$	0.000	2
12	63	2	1	2...	0...		183	...	67	...	...	Foxton	67	M	0	0	0	...	14838...	S	2	...	...	3	0	4	1	9	...	...	1	1	0.207	7
13	74	2	0	$...	0...		$...	...	31	0	0	Ravensville	31	M	0	0	0	...	14838...	S	3	0	...	3	3	0	0	9	...	...	1	$null$	0.000	2
14	75	2	0	$...	0...		$...	...	30	3	0	Catburg	30	F	0	0	0	...	14838...	S	3	...	...	3	2	0	0	9	...	...	3	$null$	0.000	2
15	82	2	0	$...	0...		$...	...	32	4	...	Kingsville	32	M	0	0	0	...	14783...	M	2	...	...	6	3	2	1	...	...	...	3	1	0.220	6
16	89	2	0	$...	0...		$...	...	46	...	...	Kingsville	46	M	0	0	0	...	14783...	M	2	6	...	6	3	2	1	...	...	...	1	$null$	0.163	8
17	90	2	0	$...	0...		$...	...	70	...	...	Ravensville	70	F	0	0	0	...	14783...	M	1	...	...	6	2	2	2	...	...	...	1	1	0.207	7
18	94	2	0	$...	0...		$...	...	28	1	...	Ravensville	28	F	0	0	0	...	14783...	S	2	...	...	6	0	4	2	...	...	...	1	$null$	0.163	8
19	95	2	1	2...	1...		421	...	39	...	...	Catburg	39	M	0	0	0	...	14783...	S	2	...	...	6	2	4	3	...	...	...	3	1	0.386	5
20	96	2	0	$...	0...		$...	...	38	7	0	Kingsville	38	M	0	0	0	...	14783...	U	2	-6	0	6	1	0	0	...	...	...	2	$null$	0.000	1
21	101	2	0	$...	0...		$...	...	32	1	0	Kingsville	32	F	0	0	0	...	14783...	S	2	-6	0	6	0	0	0	...	...	...	2	$null$	0.000	1
22	105	2	0	$...	0...		$...	...	31	0	0	Princeton	31	F	0	0	0	...	14783...	S	2	...	...	6	0	0	0	...	...	...	3	$null$	0.000	2
23	106	2	0	$...	0...		$...	...	36	7	0	Kingsville	36	F	0	0	0	...	14783...	M	2	-1	0	6	1	0	0	...	...	...	2	$null$	0.000	1
24	112	2	0	$...	0...		$...	...	50	...	0	Foxton	50	F	0	0	0	...	14972...	U	1	-5	0	4	0	0	0	...	...	...	3	$null$	0.000	1
25	121	2	1	2...	0...		421	...	49	...	...	Queensbury	49	F	0	0	0	...	15494...	M	7	...	...	1	1	2	1	6	...	...	1	$null$	0.163	8
26	132	2	0	$...	0...		$...	...	38	...	...	Kingsville	38	F	0	0	0	...	15512...	S	5	...	...	5	1	5	4	...	...	...	2	1	0.386	5
27	135	2	0	$...	0...		$...	...	25	0	0	Ravensville	25	F	0	0	0	...	15533...	S	3	-3	0	2	2	1	0	9	...	...	2	$null$	0.000	1
28	139	2	0	$...	0...		$...	...	38	9	0	Queensbury	38	M	0	0	0	...	15535...	U	7	...	...	1	1	0	0	...	...	...	1	$null$	0.000	2
29	147	2	0	$...	0...		$...	...	37	7	0	Princeton	37	M	0	0	0	...	15562...	M	7	...	...	1	0	0	0	...	...	...	3	$null$	0.000	2
30	155	2	0	$...	0...		$...	...	42	...	0	Ravensville	42	F	0	0	0	...	15562...	U	7	-2	0	1	2	0	0	...	...	...	1	$null$	0.000	1
31	156	2	0	$...	0...		$...	...	34	5	0	Kingsville	34	M	0	0	0	...	15562...	S	7	...	...	1	0	0	0	...	...	...	3	$null$	0.000	2
32	159	2	0	$...	0...		$...	...	23	0	0	Ravensville	23	M	0	0	0	...	15562...	S	7	7	...	1	0	0	0	...	...	...	1	$null$	0.000	2
33	161	2	0	$...	0...		$...	...	54	...	...	Ravensville	54	M	0	0	0	...	15576...	S	1	...	...	4	0	2	1	...	...	...	1	$null$	0.163	8
34	162	2	0	$...	0...		$...	...	31	0	...	Ravensville	31	M	0	0	0	...	15576...	S	2	6	...	4	1	3	2	...	...	...	1	1	0.220	6
35	164	2	0	$...	0...		$...	...	35	6	0	Foxton	35	F	0	0	0	...	15576...	S	2	-3	0	4	1	1	0	...	...	...	3	$null$	0.000	1

이와 같은 Decision List 모형 분석은 반복과정을 통한 다양한 접근 방법을 이용하여 어떤 반응(결과)이 적절한 수준 하에서 높은 부분 집단을 구하는 분석 방법이다. 이 분석방법은 기본적으로 의사결정 규칙(Decision Rule)을 구하는 것에 있어서는 의사결정 나무구조와 유사하나, 일정한 조건하에서 계속하여 새로운 규칙을 생성하여 원하는 반응률을 갖는 부분 사례집단을 단계적으로 찾아나간다는 면에서 새로운 분석방법이라고 할 수 있다.

실습파일

- pm_customer_train1.sav
- pm_decisionlist.str

chapter_03

K-평균 군집화, 2단계 군집, 코호넨의 SOM, 그리고 연관성 규칙

고객세분화의 개념을 소개하고 그 통계적 방법으로서 K-평균 군집화와 2단계 군집, 그리고 코호넨의 SOM(Self-Organizing Map; 자기조직화지도)을 설명한다. 이 외에 대규모 거래이력 자료에 묻혀 있는 연관성 규칙(association rule)의 발견과 이를 교차판매에 활용하는 방법을 다룬다[별첨으로 순차성 규칙과 이상치 탐색을 넣었다].

주요용어 K-평균 군집화, 자기조직화 지도, 연관성 규칙, 지지도, 신뢰도. [순차성]

차 례

Chapter 03

K-평균 군집화, 2단계 군집, 코호넨의 SOM, 그리고 연관성 규칙

3.1 고객세분화와 CRM

인간은 사물을 분류함으로써 대상에 대한 이해를 점진적으로 높인다. 예컨대, 우리가 어떻게 개(dog)를 알게 되었는지 생각해 보자. 그 동안 접해본 다수의 개들을 크기에 따라 나누고, 털의 색깔과 길이에 따라 나누고, 성격에 따라 나누고, 용도에 따라 나누어 봄으로써 다양한 개들을 분별해 내게 된 것이다. 기업이 고객들을 이해하는 것도 이와 마찬가지이다. 기업은 고객을 알게 될수록 보다 효과적으로 마케팅 활동을 할 수 있다.

기업이 관계하는 고객들을 일정한 기준에 따라 몇 개의 동질적인 그룹으로 나누는 것을 고객세분화(customer segmentation)라고 한다. 이를 통하여 기업은 고객을 평균적으로가 아니라 개별적인 개체에 가깝게 이해할 수 있고 이들 집단에 적절한 마케팅 조치를 취하는 일이 가능하다. 예를 들어, A 홈쇼핑에서 여성 고객들을 대상으로 세일 캠페인을 계획하고 있다고 하자. 고객들에게 어떤 물건을 어느 가격에 제공할 것인가? 그것을 정하기 위하여 자사 여성고객들의 나이, 소득, 직업, TV 시청량 등의 자료를 확보하였다고 하자. 그러나 그것을 단순히 평균으로 요약하는 것보다는 이들 자료를 기반으로 전체 여성고객을 몇 개의 그룹으로 나누는 것이 마케팅 기획에 도움이 된다는 것이 고객세분화를 하는 이유이다.

왜 고객세분화가 마케팅 기획에 도움이 되는가? 첫째는, 고객의 욕구에 근접한 마케팅 믹스를 구사할 수 있기 때문이다. 모든 고객이 동일한 욕구를 가졌던 시기는 이미 지났다. 이제는 개별 고객이 각기 다른 욕구를 가지고 있기 때문에 그들을 상호 동질적인 그룹으로 묶어 그룹별로 욕구를 파악하여야 한다. 그 욕구에 맞는 제품과 서비스를 적절한 가격에 효율적인 방식으로 유통시키고 유효한 커뮤니케이션 채널을 확보해야 한다. 이에 따라 기업은 자사 고객의 충성도(loyalty)를 유지 · 제고할 수 있다. 또는 세분화된 고객 그룹들에 우선순위를 부여하여 기업의 자원을 투입함으로써 유한한 마케팅 자원을 효과적으로 사용할 수 있다. 다시 말하여 고객세분화는 고객관계관리(CRM, customer relationship management)를 포함한 마케팅 프로세스의 기초이다.

기업의 입장에서 고객세분화가 의미 있으려면 세분화된 시장이 경제적 가치를 가져야 한다. 동질적인 고객들이 한 그룹에 모였다고 하더라도 그 그룹이 경제적 가치를 가질 만한 질적 · 양적 수준이 되지 못한다면 그 세분화 그룹을 마케팅에 활용할 수 없는 것은 자명하다. 세분화의 수준이 깊을수록 형성되는 세분화 그룹의 양적 규모가 작아질 것이다. 그렇다고 해서 세분화의 수준을 낮게 하면 세분화 그룹이 내부적 동질성을 갖기 어렵다. 이와 같이 세분화의 깊이와 세분화 그룹의 경제적 가치는 위로 볼록한 이차함수 관계에 있기 때문에 적절한 수준의 세분화가 바람직하다.

고객세분화는 고객들을 단순히 여러 그룹으로 나누어 놓는 것이 아니다. 세분화는 어떤 확실한 기준에 의하여 이루어져야 하는데 여기서 기준은 고객들의 특성을 나타내는 제 변수들로 구성된다. 따라서 세분화를 하고 이를 실제 활용하기 위해서는 이러한 특성 변수들이 어렵지 않게 측정되고 관리되어야 한다. 그러나 어떤 변수의 경우엔 측정 자체가 어렵다. 예를 들어, 대부분의 고객세분화 사례에서 고객의 개인 및 가구 소득이 중요한 변수이지만 고객들로부터 소득에 관한 응답을 얻어내기는 쉽지 않다.

어떤 변수를 세분화를 위한 고객 특성으로 볼 것인가? 크게 보아 기업이 수집할 수 있는 고객 특성변수에는 다음과 같은 것들이 있다.

1) 인구적 변수 – 성, 나이, 가구원 수 등
2) 지리적 변수 – 거주지
3) 사회적 변수 – 소득, 직업, 교육수준, 종교 등
4) 심리적 변수 – 의견, 가치기준, 라이프스타일 등
5) 행태적 변수 – 거래(구매) 이력

여기서 최근 많은 관심이 되고 있는 부분은 거래(구매) 이력 등 행태적

변수이다. 사회적 · 심리적 변수가 고객의 태도(attitude)에 영향을 주는 정도인데 행태적 변수는 고객의 행태(behavior)를 직접 보여주는 것이기 때문이고 최근 정보기술의 발달로 개인에 관하여 방대한 거래(구매) 이력의 측정과 관리가 가능해졌기 때문이기도 하다.

예를 들어 회원제로 운영되는 대형 할인점의 경우를 보자. 고객카드 발급시 인구적, 지리적 변수는 기본적으로 확보된다. 그리고 조금만 노력하면 일부 사회적 · 심리적 변수의 측정도 가능할 것이다. 이에 덧붙여 POS(Point-of-Sale) 시스템이나 웹(Web)상에서 고객과 거래가 이루어진다면 구매품목, 수량, 가격, 일시 등이 전자적으로 자동 기록된다. 게다가 이런 변수들은 방대하고도 정확하다. 이에 따라 새로운 기업에서는 고객세분화를 위한 행태적 변수가 넘쳐난다. 그러므로 자료분석이 잘 되면 매우 유용한 마케팅 정보가 될 수 있다. 이런 황금의 기회는 각종 금융회사(신용카드사, 은행, 보험사, 증권사), 유 · 무선 통신 서비스사와 각종 e-비즈니스 (포탈 웹사이트, 홈쇼핑) 등에서 쉽게 찾을 수 있다.

고객세분화 작업을 단계별로 보면 다음과 같다.

1) 고객의 행태적 특성을 기초로 고객 모집단을 몇 개의 세분화된 집단, 즉 군집(cluster)으로 나눈다. 군집화 방법은 2절과 3절에서 설명한다.
2) 각 군집의 행태적 특성을 대비시키고 인구 · 사회적 속성을 살펴본다. 그리고 각 고객 집단의 니즈(needs)와 함께 잠재 가치를 탐색한다.
3) 각 군집에 어떤 마케팅 전략을 구사할 것인가를 궁리한다. 또는 어떤 군집부터 공략할 것인지 우선순위를 정한다.

3.2 K-평균 군집화

K-평균 군집화(K-means clustering)는 대량 자료의 군집화 기법으로 가장 널리 활용되는 통계적 방법이다.

우선 다음과 같은 사전 작업이 필요하다.

1) 군집화에 사용할 변수들을 정한다. 군집화 변수들은 원칙적으로 연속적

척도이어야 한다. 군집화 변수가 이항형인 경우엔 0과 1(또는 1과 2)로 코딩하고 명목 범주형인 경우 더미(dummy) 코드화한다.

2) 군집화 변수들은 본 알고리즘의 적용에 앞서 표준화되어야 한다. 대표적인 표준화 방법은 다음 두 가지이다[개체 i의 한 군집화 변수값을 x_i라고 하자.].

① 범위 표준화 : $x_i \rightarrow (x_i - x_{min}) / (x_{max} - x_{min})$.

범위 표준화를 하게 되면 각 변수는 최소값 0, 최대값 1 사이에 놓인다. 클레멘타인은 이 방식을 취한다.

② 편차 표준화 : $x_i \rightarrow (x_i - \overline{x}) / S_x$,

여기서 $\overline{x}$ 와 S_x는 변수 x의 평균과 표준편차임.

편차 표준화를 하게 되면 각 변수는 평균 0, 표준편차 1을 갖는다.

3) 군집의 수 k를 정한다. 원칙적으로는 k는 자료 탐색을 통하여 알아내야 하지만 대량 자료의 경우엔 그것이 현실적으로 쉽지 않으므로 이해와 관리 가능한 수준, 예컨대 3에서 10 사이 정도로 고정시키는 것이 보통이다. 여러 값의 k를 시도해 볼 생각으로 일단 k = 5에서 시작하여도 좋다.

K-평균 군집화의 주 알고리즘은 다음과 같다. 〈그림 1〉을 함께 보라.

① 가능한 한 서로 떨어진, 또는 임의로, 관측개체들을 k개 확보하여 각 군집의 첫 씨(seed)로 간주한다. 이 상태에서는 각 군집에 1개씩의 개체만 있기 때문에 각 관측개체가 스스로 각 군집의 중심(cluster centroid)이기도 하다.

② 모든 개체를 각각 가장 가까운 중심의 군집에 배속시킨다. 여기서 거리의 개념이 필요한데 흔히 유클리드(Euclidean) 거리가 사용된다.

③ 군집별로 중심을 새로 계산한다. 여기서 군집 중심은 한 군집에 배속된 모든 개체들의 평균점이다.

④ 단계 2와 단계 3을 변화가 거의 없을 때까지 계속한다. 따라서 관측개체들은 소속 군집이 바뀌는 이합집산(離合集散)을 수렴시까지 거듭한다.

〈그림 1〉
K-평균 군집화의 제 단계 : 5개 군집으로 나누는 경우

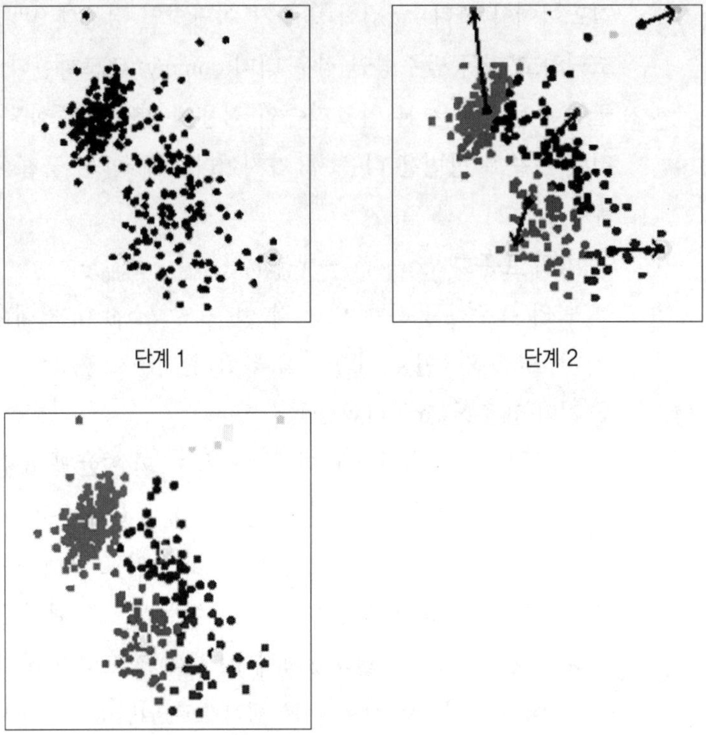

단계 1

단계 2

단계3

K-평균 군집화 알고리즘을 개념적인 예를 들어 설명해 보기로 한다. 한 학급의 학생들을 5(=k)개 그룹으로 나누어보자. 제 1단계로 가장 특징적인 5명의 학생을 고른다. 예컨대 모범적이고 학업이 우수한 K, 학업이 보통이면서 원만한 성격의 L, 조폭 스타일의 친구 M, 노는 데 뛰어난 N, 아무와도 어울리지 못하는 O 등을 꼽았다고 하자. 제2단계에서는 각 학생을 K, L, M, N, O 중 누구의 타입과 가장 유사한지 변별하면 K, L, M, N, O의 그룹이 생성된다. 제3단계에서는 각 그룹의 대표적 특성, 즉 각 그룹내 소속 학생들의 중심을 구한다. 그리고는 앞의 두 단계를 반복하여 시행한다.

사례분석

사례로서 Telco-CAT이라는 통신회사 자료를 군집화 분석하기로 한다. 이 자료의 원천은 Clementine 프로그램 디렉터리 내에 있는 Cust_Call_Plus.dat

인데 여기서는 실습의 편의상 이것을 1/10로 줄인 자료셋 Customer2001.dat을 다루기로 한다.

Customer2001.dat에 실린 고객 정보는 다음과 같다.

1) 신원 및 인구정보: ID 번호, 성, 나이 등
2) 계좌 기록: Churn(이탈여부), Tariff(요금제), Tariff_OK(요금제의 적절성 여부) 등
3) 통화 정보: Peak(주간 통화), Off-Peak(야간 통화), Weekend(주말 통화) 관련 통화 횟수 및 통화시간, International(국제 통화) 통화시간 등

〈그림 2〉는 실습할 내용을 담은 클레멘타인 흐름도(stream)이다.

〈그림 2〉 고객통화자료의 K-평균 군집화 분석을 위한 클레멘타인 스트림 (Kmeans 6.str)

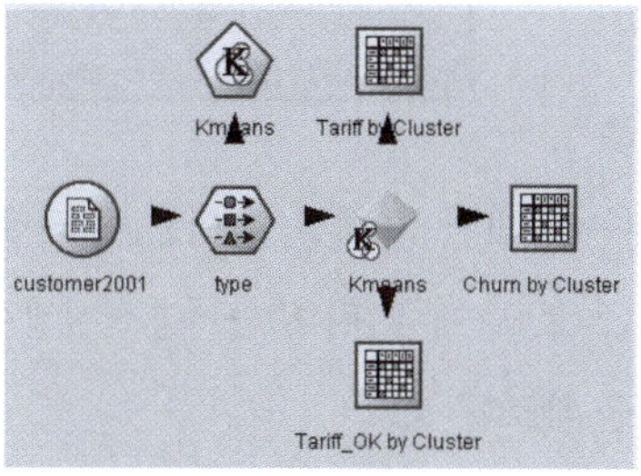

자료 읽기

텍스트 파일을 클레멘타인으로 읽어 들이는 과정이다.

① 클레멘타인의 Source 노드 메뉴 창에서 "Variable File"을 찍어 팔레트에 옮겨온다. Variable File 노드는 텍스트 데이터 파일을 읽는 Source 노드이다.

② 자료 읽기를 위하여 Variable File 노드를 적절히 편집(Edit)한다. 다음 편집 창은 File을 지정한 후의 화면이다.

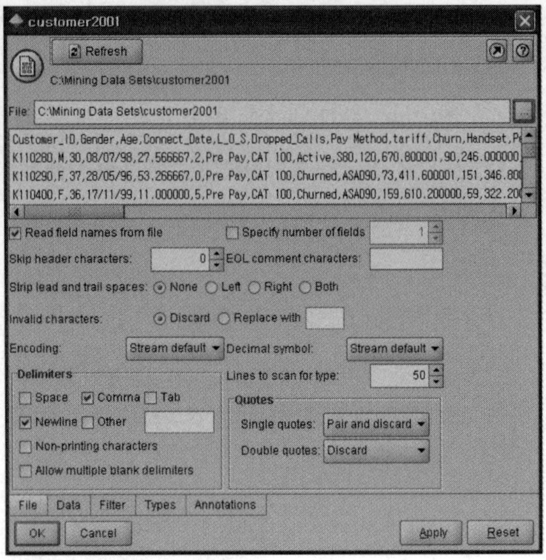

변수에 대한 자세한 정의는 클레멘타인 디렉터리 내 Telecommunications CAT. pdf 안에 있다[또는 「통신시장에서의 데이터 마이닝 Telco-CAT」(허 준, 2001)을 참조할 것].

군집화 변수 지정

무엇을 군집화 변수로 쓰느냐는 고객세분화를 어떻게 활용할 것인가에 달려 있다. 여기서는 고객의 통화 관련 행태(behavior)를 보여주는 다음 7개 변수에 근거하여 군집화를 하기로 한다.

- Peak_calls_Sum (주간 총 통화 횟수)
- AvePeak (주간 평균 통화시간(분), 통화 1건당)
- OffPeak_calls_Sum (야간 총 통화 횟수)
- AveOffPeak (야간 평균 통화시간(분), 통화 1건당)
- Weekend_calls_Sum (주말 총 통화 횟수)
- AveWeekend (주말 평균 통화시간(분), 통화 1건당)
- International_min_Sum (국제통화 총 통화시간(분))

– 국제통화에 대하여도 총 통화회수 a와 평균통화시간(분) b로 자료가 준비되었다면 더욱 좋았을 것이다. 여기서는 국제통화에 대하여는 총 통화시간(분)인 a*b만 가용하다.

이런 작업을 위하여

① 클레멘타인의 Field Operations 노드 메뉴에서 "Type"를 찍어 팔레트에 옮겨 놓는다.

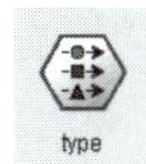

② Type 노드를 편집(Edit) 한다. 군집화 변수들에 대하여만 Direction을 IN으로 놓고 나머지 변수들의 Direction은 NONE이어야 한다(그렇게 되도록 바꿔 놓아야 한다). 그리고 군집화 변수의 유형은 Range(Real 또는 Integer)여야 한다.

K-평균 군집화

여기서는 군집 수가 6인 K-평균 군집화를 해보기로 한다.

① K-평균 군집화를 위해 클레멘타인 Modeling 노드 메뉴 창에서 Kmeans 노드를 찍어 팔레트로 옮긴다.

② 다음은 Kmeans 노드 창의 편집 화면이다.

- Number of clusters 칸에 군집의 수 k를 입력한다. 여기서는 k=6으로 한다.
- 나머지는 디폴트로 남겨 둔다.

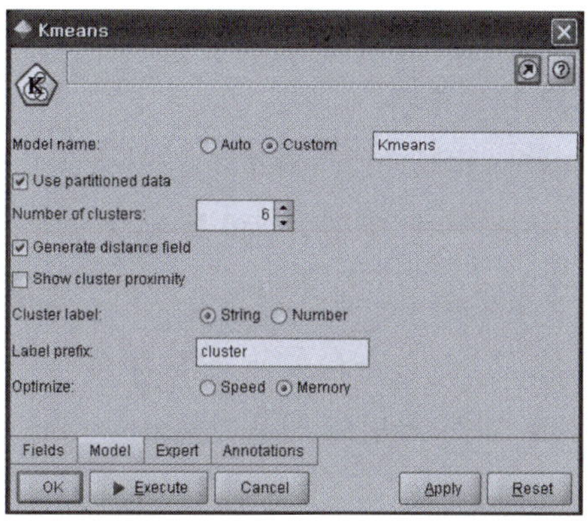

③ 이제까지의 3개 노드를 연결하고 K-means 노드를 실행(Execute)한다. 그러면 결과물이 클레멘타인 Generated Models 창에 오른쪽 그림과 같은 광석 덩어리로 모습을 나타낸다.

④ 그것을 살펴보는데 (Browse) Expand All을 클릭하면 자세한 출력이 나온다. 다음을 보라. 모두 6개의 군집이 나타났고 각 군집별 중심을 볼 수 있다.

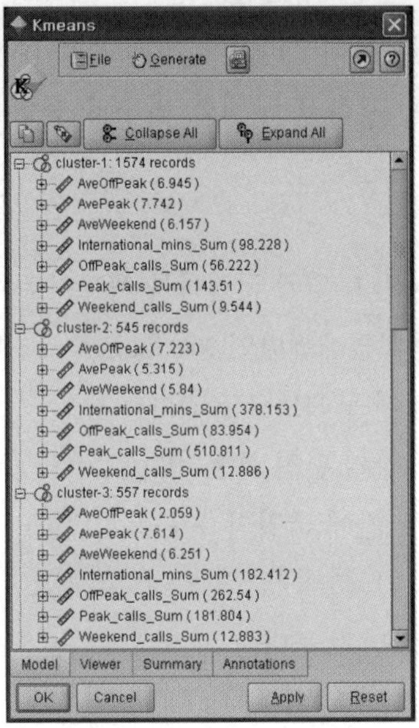

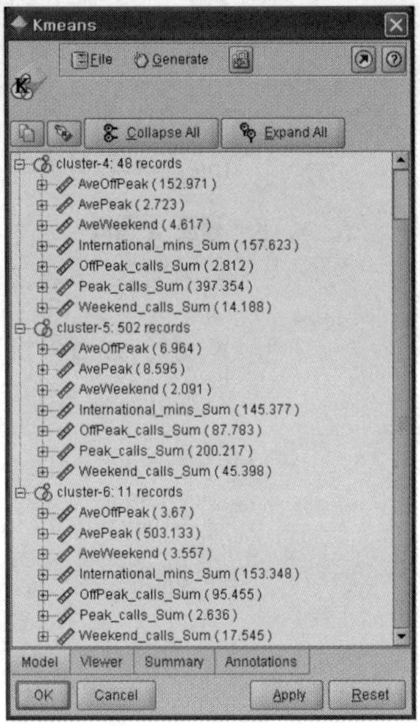

군집의 내적 특성

앞의 창에 개체 수가 1413개인 군집 1부터 개체 수가 381개인 군집 6까지 나타났는데 각 군집들의 특성을 이해하기 위해서는 각 군집화 변수별로 군집 평균을 정리해서 꼼꼼하게 비교해 볼 필요가 있다.

- 군집 1 : 주간 통화횟수, 주말 통화횟수, 국제통화시간 등이 가장 작은 것으로 봐서 저빈도 사용자(low-frequency user) 그룹이다. 군집 규모는 가장 크다.
- 군집 2 : 주간 통화횟수와 국제통화시간 등이 큰 고빈도(high-frequency) 사용자 그룹이다. 야간 통화횟수도 보통 이상이다.
- 군집 3 : 군집 1과 마찬가지로 저빈도 사용자 그룹이다. 단, 주말의 1 통화당 시간이 매우 크다. 군집의 크기는 상당히 작다. 학생일 가능성이 있다.

- 군집 4 : 야간 통화횟수가 큰 사용자 그룹이다. 국제통화시간도 큰 편이다.
- 군집 5 : 주말 통화횟수가 큰 사용자 그룹이다. 그러나 주말의 1 통화당 시간은 매우 작다.
- 군집 6 : 주간 통화횟수가 매우 크나 1 통화당 시간은 매우 작은 특성을 보인다. 업무용일 가능성이 있다.

군집의 외적 특성

군집의 내적 특성을 살피는 외에 군집화에 쓰이지 않았던 다른 변수와 교차시켜 봄으로써 생성된 군집들의 여러 특성을 볼 수 있다. 클레멘타인에서 교차분류표를 만드는 데 쓰이는 노드는 Output 노드 메뉴 중 하나인 Matrix이다. 아래 편집 창에서 표의 행에 Kmeans의 군집($KM-Kmeans)을, 열에 이탈(Churn)을 잡았다.

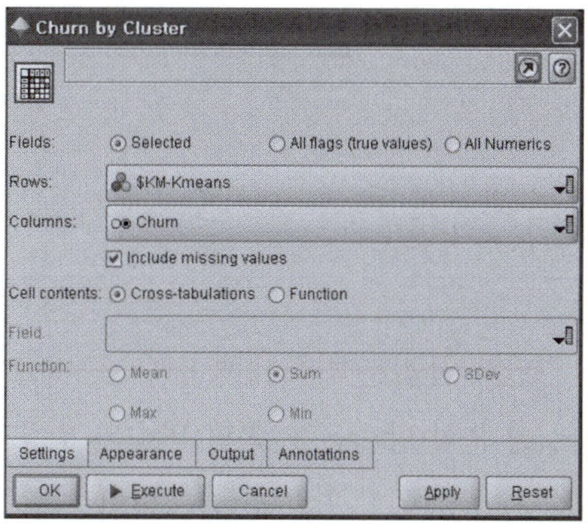

〈그림 2〉의 클레멘타인 스트림에서 오른편을 보도록 하라. 다음과 같은 교차표 작업을 하고 있다.

- 군집분류와 요금제(Tariff)와의 교차표 분석
- 군집분류와 요금제 적절성(Tariff_OK)과의 교차표 분석
- 군집분류와 이탈여부(Churn)와의 교차표 분석

여기서는 이 중에서 이탈여부와의 교차표를 보도록 한다. 다음 Matrix

출력을 보라. 군집 1과 군집 2의 이탈률이 50%대로 다른 군집들에 비해 높게 나왔는데 앞에서 군집 2는 고빈도 사용자 집단으로 꼽힌 바 있다. 이 집단의 불만 요인이 무엇인지, 욕구와 니즈를 좀더 알아볼 필요가 있다.

이 외에도 인구사회적 특성과 군집분류를 넣은 교차표를 보는 등 다양한 통계적 자료 탐색을 해 볼 수 있다. 다음 절에 유사한 예가 나올 것이다.

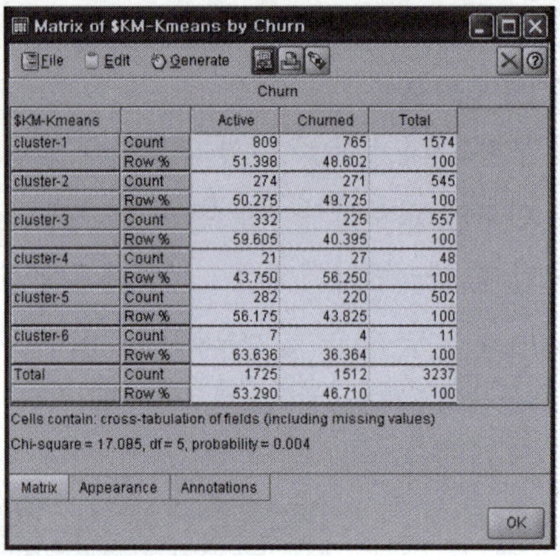

$KM-Kmeans		Active	Churned	Total
cluster-1	Count	809	765	1574
	Row %	51.398	48.602	100
cluster-2	Count	274	271	545
	Row %	50.275	49.725	100
cluster-3	Count	332	225	557
	Row %	59.605	40.395	100
cluster-4	Count	21	27	48
	Row %	43.750	56.250	100
cluster-5	Count	282	220	502
	Row %	56.175	43.825	100
cluster-6	Count	7	4	11
	Row %	63.636	36.364	100
Total	Count	1725	1512	3237
	Row %	53.290	46.710	100

Cells contain: cross-tabulation of fields (including missing values)

Chi-square = 17.085, df = 5, probability = 0.004

3.3 2단계 군집화

2단계 군집분석은 개체 수가 큰 자료의 군집화에 매우 효율적인 방법이다. 이 분석 방법은 연속형 변수와 범주형 변수 모두를 이용하여 군집화를 할 수 있으며, K-평균 군집분석이 자료를 반복하여 읽는 데 비하여 2단계 군집분석은 한 번만 읽기 때문이다. 2단계 군집분석은 1) 각각의 개체들을 여러 개의 예비-군집(sub-clusters)으로 나누는 사전군집화 단계와, 2) 이러한 예비-군집들을 원하는 수로 군집화 하는 것 등, 2 단계로 구성되어 있다. 또한 이 방법에서는 군집의 수를 자동적으로 결정할 수 있다.

1) 사전 군집화

이 단계는 순차적으로 개체(unit)들을 사전에 정한 수만큼의 예비-군집(sub-cluster)으로 만드는 과정이다. 즉 하나의 개체를 읽어서 이 개체와 기존의 군집들과의 거리를 측정한 후에 이 거리가 사전에 정한 기준보다 작으면 이 개체를 그 군집과 병합하고, 그보다 크면 이 개체를 새로운 군집으로 정의한다. 그러다가 군집의 수가 분석자가 사전에 정한 수보다 커지게 되면 거리 기준을 상향 조정하여 군집간 거리가 새 기준에 미달하는 군집들을 병합하여 총 군집수를 조정한다. 이러한 과정을 단계적으로 시행하는데, 각 단계에서는 군집화조건에 따라 노드(node)를 만들고 최종단계에 있는 노드를 나뭇잎 노드(leaf node)라고 한다. 이와 같이 하여 구한 나뭇잎노드들이 예비-군집을 형성한다. 이렇게 단계적으로 노드를 형성하여 최종적인 나뭇잎노드를 만드는 나무구조 시스템을 'CF(Cluster Feature) Tree'라고 한다. 또한 나뭇잎 노드에서 더 이상의 개체를 받아들을 수 없게 되면, 가장 거리가 먼 두 개체를 기준으로 이 노드를 2개의 노드로 분리하기도 한다. 이와 같은 과정을 통하여 최종적으로 CF Tree 나무구조가 형성되면, 다음 단계를 위하여 CF Tree의 노드들에 대한 정보만 기억한다. 이는 각각의 개체에 대한 정보 모두를 기억하는 것보다 훨씬 더 효율적이 된다. 이러한 CF Tree 구조모형은 개체들의 입력순서에 따라 다른 결과가 나타난다. 따라서 개체들을 랜덤하게 입력하는 것이 더 좋다. CF Tree를 만드는 알고리즘은 BIRCH Algorithm(Zhang, Ramakrishnon, and Livny, 1996)을 참고하기 바란다.

2) 군집화

이 단계에서는 전 단계에서 구한 예비-군집들을 이용하여 적절한 수의 군집을 구한다. 기본적으로 사전 군집화 단계에서 이미 적절한 수의 예비-군집을 구하였으므로 여기에서는 이들에 대하여 전통적인 군집화방법인 계층적 군집화방법을 이용하여 군집화를 실시한다. 즉 가장 가까운 예비-

군집들을 단계적으로 연결하여 최종적으로 전체를 하나의 군집으로 연결해 나가는 방법이다.

3) 거리 측정

2단계 군집분석에서는 연속형 변수와 함께 범주형 변수를 이용하여 군집화를 실시한다. 여기에서는 개체간(또는 군집간) 거리의 측정에 '유클리디안(Euclidean)' 또는 '로그-우도(Log-likelihood)' 거리를 이용한다. 그러나 자료가 범주형 변수를 포함하는 경우에는 로그-우도 거리를 이용하는 것이 더 바람직하다. 로그-우도의 경우 연속형 변수는 정규분포를, 그리고 범주형 변수는 다항분포를 따르는 것으로 가정하며, 각각의 변수들은 상호 독립인 것으로 가정한다. 로그-우도 거리를 측정하는 알고리즘에 대하여는 SPSS In.의 Clementine 11.1 Algorithms Guide를 참고하기 바란다.

4) 군집 수 결정

2단계군집화에서는 제2단계에서 계층적 군집화 방법을 이용하므로 적절한 수의 군집을 결정할 수 있다. 즉 계층적 군집분석에서는 군집의 수가 1, 2, 3, …, K와 같이 하나의 군집에서 전체 개체의 수만큼 정의할 수 있으므로, 각각의 군집의 수에서 'Schwarz's Bayesian Criterion(BIC)' 통계량을 구할 수 있다. 이 통계량을 이용하여 두 군집단계에서 차이가 가장 작은 단계의 군집화를 선택한 후에 그 군집화를 기준으로 바로 다음 단계의 군집화와 '최소 군집내 거리(Inter-Cluster Distance)'를 계산하여 최적의 군집 수를 결정한다. 이에 대한 자세한 알고리즘은 SPSS Inc.의 Clementine 11.1 Algorithms Guide를 참고하기 바란다.

분석 예

아래에 주어진 통신회사 고객자료 Telco.sav에서 Clementine의 2단계 군집분석이 어떻게 시행되고 어떤 결과가 나오는지를 살펴보기로 한다.

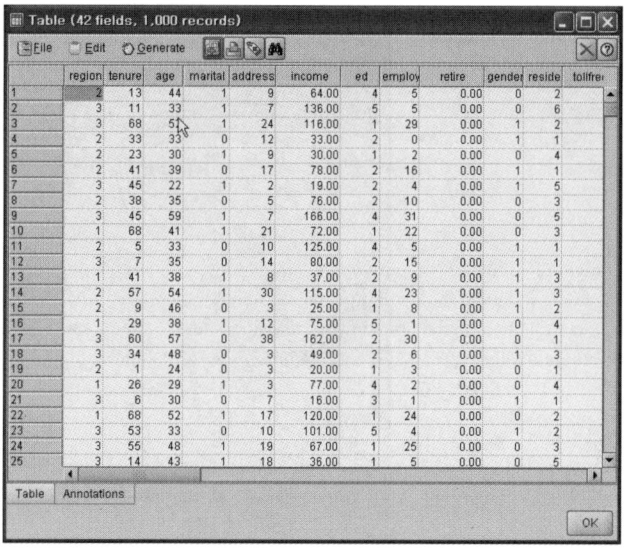

Table (42 fields, 1,000 records)

	region	tenure	age	marital	address	income	ed	employ	retire	gender	reside	tollfre
1	2	13	44	1	9	64.00	4	5	0.00	0	2	
2	3	11	33	1	7	136.00	5	5	0.00	0	6	
3	3	68	51	1	24	116.00	1	29	0.00	1	2	
4	2	33	33	0	12	33.00	2	0	0.00	1	1	
5	2	23	30	1	9	30.00	1	2	0.00	0	4	
6	2	41	39	0	17	78.00	2	16	0.00	1	1	
7	3	45	22	1	2	19.00	2	4	0.00	1	5	
8	2	38	35	0	5	76.00	2	10	0.00	0	3	
9	3	45	59	1	7	166.00	4	31	0.00	0	5	
10	1	68	41	1	21	72.00	1	22	0.00	0	3	
11	2	5	33	0	10	125.00	4	5	0.00	1	1	
12	3	7	35	0	14	80.00	2	15	0.00	1	1	
13	1	41	38	1	8	37.00	2	9	0.00	1	3	
14	2	57	54	1	30	115.00	4	23	0.00	1	3	
15	2	9	46	0	3	25.00	1	8	0.00	1	2	
16	1	29	38	1	12	75.00	5	1	0.00	0	4	
17	3	60	57	0	38	162.00	2	30	0.00	0	1	
18	3	34	48	0	3	49.00	2	6	0.00	1	3	
19	2	1	24	0	3	20.00	1	3	0.00	0	1	
20	1	26	29	1	3	77.00	4	2	0.00	0	4	
21	3	6	30	0	7	16.00	3	1	0.00	1	1	
22	1	68	52	1	17	120.00	1	24	0.00	0	2	
23	3	53	33	0	10	101.00	5	4	0.00	1	2	
24	3	55	48	1	19	67.00	1	25	0.00	0	3	
25	3	14	43	1	18	36.00	1	5	0.00	0	5	

이 자료에 대하여 Clementine 를 이용하여 2단계 군집분석을 실시하는 스트림은 다음과 같다.

〈그림 3〉
2단계 군집분석
스트림 :
twostep_1.str

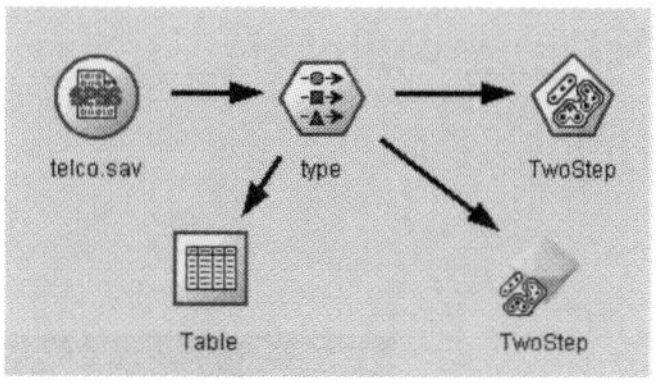

Type 노드를 이용하여 다음과 같이 인구 사회학적인 변수 9개를 이용하여 2단계 군집분석을 실시한다. 여기에서는 군집화에 3개의 범주형 변수와 6개의 연속형 변수 등 9개의 변수를 이용한다.

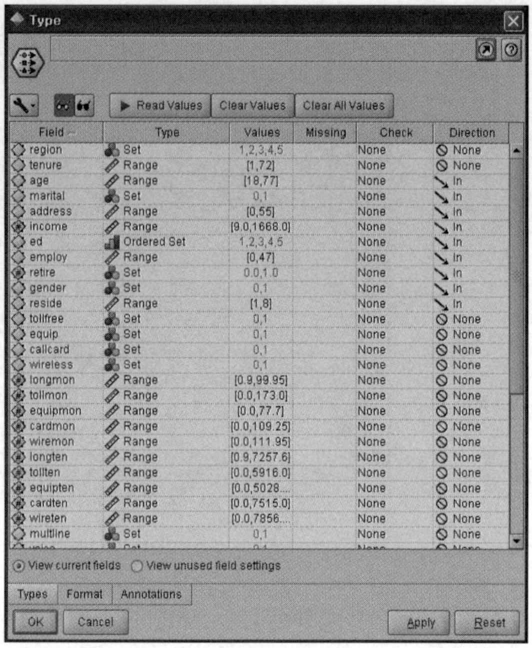

2단계 군집분석을 시행하는 노드에서 [Edit]를 클릭하면, 다음과 같은 창이 나타나는데, 여기에서는 적절한 군집의 수 범위 등 다양한 조건들을 정할 수 있다.

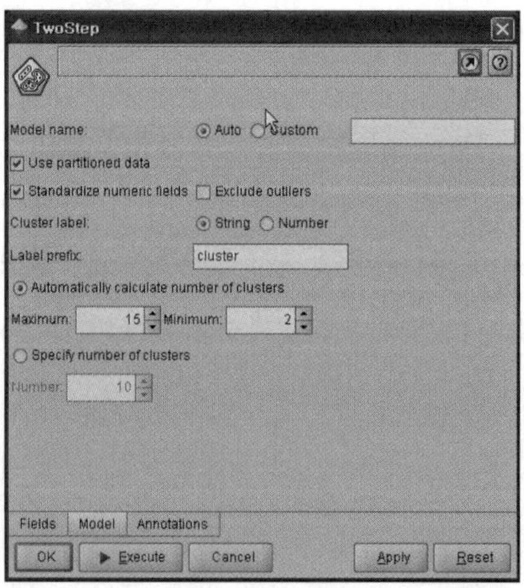

군집분석 결과는 노드의 [Browse]를 이용하여 각 군집에 속한 개체 수, 그리고 각 군집에서 각각의 변수들에 대한 통계량(연속형 변수의 경우 평균, 표준편차 등, 범주형 변수의 경우 각 범주별 관측치의 비율 등)을 관측할 수 있다. 여기에서는 모두 5개의 군집이 관측되었는데, 다음 결과에서는 제1군집에 대한 통계량을 보여주고 있다.

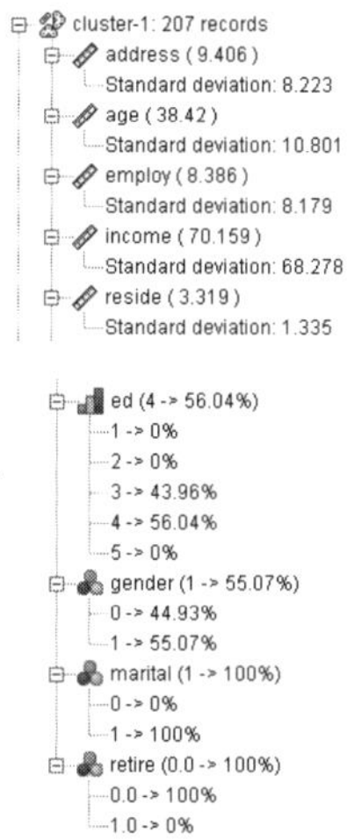

각각의 군집에 대한 막대그림표 결과가 다음 그림에 주어져 있다. 이 그림에서는 각각의 군집에 이탈[Churn]을 고려한 결과가 주어져 있다.

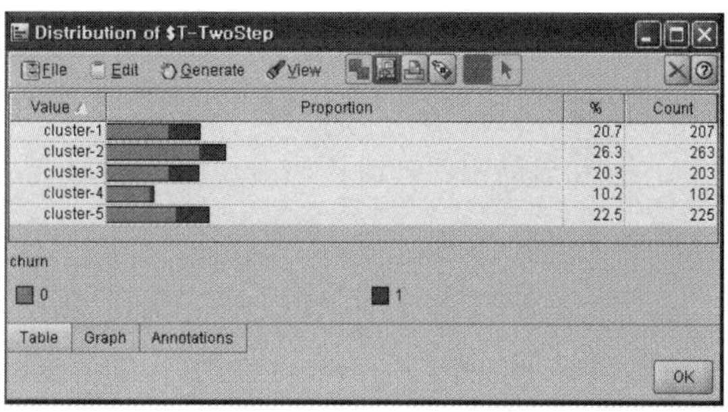

이와 같은 2단계 군집분석 결과에 의하여 자료파일에 $T-Twostep이라는 변수가 생성된다. 이 변수는 다른 군집분석 방법들과 마찬가지로 각각

의 사례가 속한 군집에 대한 정보를 제공해 준다. 2단계 군집분석 결과도 K-평균 군집분석과 동일하게 군집의 내적 특성과 군집의 외적 특성 등 다양한 사후 분석을 실시할 수 있다. 위 2단계 군집분석 결과를 이용하여 이러한 사후 분석을 실시하는 것은 과제로 남긴다.

3.4 코호넨의 자기조직화지도

핀란드의 전자공학교수 코호넨(T. Kohonen)의 SOM도 군집화에 종종 활용된다. 원래 SOM(Self-Organizing Map)은 자기조직화지도라는 것으로 관측개체들을 '스스로' 조직화하여 지도의 형태로 뿌려주는 신경망 기법이다. 여기서 '스스로'는 외적 기준, 즉 지도(supervisor) 변수 없이 일을 수행한다는 의미이므로, 코호넨의 SOM을 기계학습 분야에서는 비지도 학습(unsupervised learning)의 하나로 분류한다.

K-평균 군집화와 마찬가지로 몇 가지 사전 작업이 필요하다.

1) SOM에 사용할 변수들을 정한다. SOM 변수들은 원칙적으로 연속적 척도여야 한다. 즉 변수가 이항형인 경우엔 0과 1(또는 1과 2)로 코딩하고 명목 범주형인 경우 더미(dummy) 코드화한다.
2) SOM 변수들은 주 알고리즘의 적용에 앞서 표준화되어야 한다. 이 부분은 K-평균 군집화에서와 같다.
3) [2차원 SOM의 경우] 그리드의 크기 $r \times c$를 결정한다. 여기서 r은 가로선(씨줄)의 수이고 c는 세로선(날줄)의 수이다. 이에 따라 $r \cdot c$개의 격자점이 만들어지는데 각각을 군집이라고 생각하면 된다.

2차원 SOM의 주 알고리즘은 다음과 같다.

1) 2차원 공간상에 $r \times c$ 그리드를 깔아놓는다. 따라서 $r \cdot c$개의 격자점이 만들어진다.
2) 각 격자점에 (임의로) 잠정적으로 1개의 가상 개체(SOM 변수벡터)를 넣는다. 그것을 각 격자점의 중량 벡터(weight vector)라고 부르기로 한다[때

문에, 코호넨 노드의 시행 결과는 매번 다르게 된다].

3) 각 관측개체 x에 대하여 가장 유사한 중량 벡터를 찾는다. 그 중량 벡터의 소속 노드를 승자 노드(winner node)라고 한다. 이어서, 승자 노드와 그 부근(neighbor) 노드의 중량 벡터 w를 다음과 같이 업데이트한다.

$$w_{\text{new}} = (1-\alpha)\, w_{\text{old}} + \alpha x\ ,$$

여기서 α는 0과 1 사이의 실수로서 학습률(learning rate) η와 승자노드와의 거리에 반비례하는 상수의 곱으로 주어진다. 부근 노드는 승자 노드와 $\pm d$ 거리 이내의 있는 노드들을 말한다(d=1, 2, 3, …). 부근의 정의에 대하여는 〈그림 4〉를 보라.

4) 학습률 η를 천천히 줄여가면서, 그리고 승자노드의 '부근'을 점차 좁혀가면서, 단계 3을 반복 수행한다. 〈그림 5〉처럼 반복이 증가하면서 SOM은 차츰 정돈된 모습을 드러낸다.

〈그림 4〉
코호넨 부근의 정의

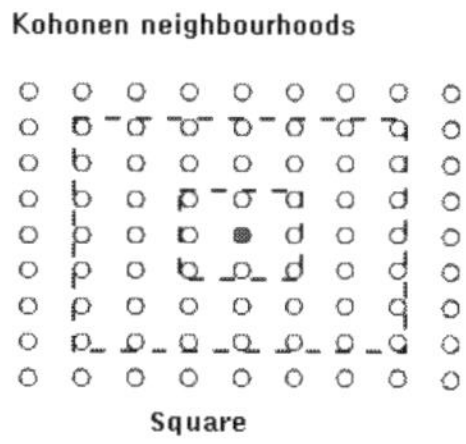

〈그림 5〉
알고리즘 진행에 따른 코호넨 SOM의 변화

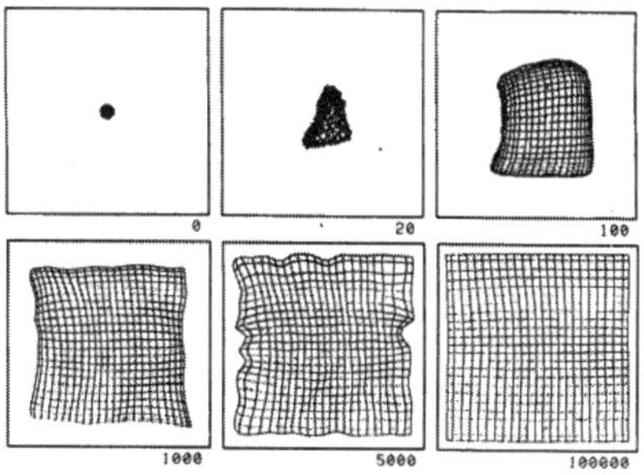

단계 3에서 관측개체 x가 승자 노드뿐만 아니라 부근의 노드들에 영향을 미치기 때문에 코호넨 SOM은 자기조직화 성질을 갖는다. 즉 각 노드는 가까운 이웃들과 유사하지만 상대적으로 먼 이웃들과는 상당히 다른 모습

이 되어 가는 것이다. 이런 것을 위상적 순서화(topological ordering)라고 한다. 따라서 코호넨 SOM은 개체들을 저차원(2차원) 공간의 격자점에 배치하는 방식의 군집화 방법이라고 할 수 있다.

사례분석

사례로서 앞의 Telco-CAT 자료를 다루기로 한다. 〈그림 6〉의 클레멘타인 스트림을 보라. 자료읽기 과정과 군집화 변수 지정은 앞의 K-평균 군집화에서와 같다.

〈그림 6〉
코호넨 SOM을 위한
클레멘타인 스트림
(Kohonen SOM.str)

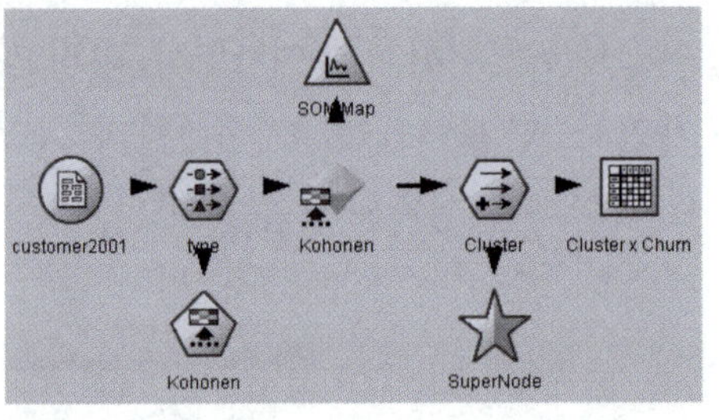

코호넨 SOM

여기서는 그리드 크기가 3×3인 SOM을 만들어보기로 한다.

① 클레멘타인 Modeling 노드 메뉴 창에서 Kohonen 노드를 찍어 팔레트로 옮긴다.

② 다음은 Kohonen 노드 창의 편집 화면이다.

– Expert Option 탭에서 Width를 3, Length를 3으로 놓는다.

– 나머지는 디폴트로 남겨 둔다.

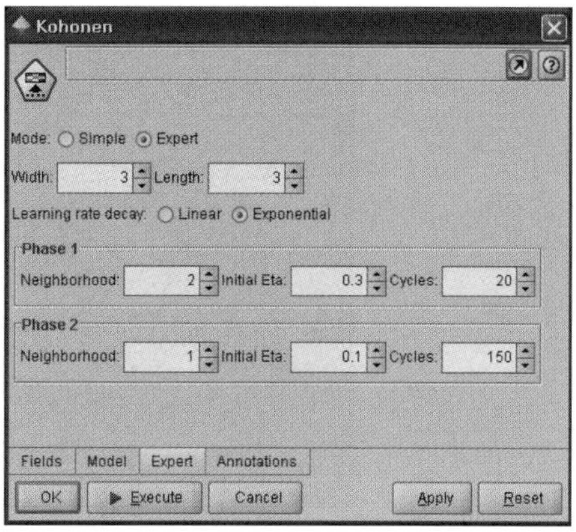

③ Execute를 누르면 한참 계산한 뒤 클레멘타인 Manager Window 창의 Models 탭에 결과물이 나타난다.

④ 그 결과를 플롯하기 위하여 클레멘타인 그래프 작업을 해 보자. 여기서 사용할 노드는 'Plot' 이다.

- X 필드에 $KX-Kohonen을, Y 필드에 $KY-Kohonen을 명시한다.

- 아래 그림에서 X 좌표와 Y 좌표를 정한 후에 Jitter를 체크한다. Jitter는 각 점에 있는 관측치를 일정정도 흐트러 놓는 기능을 하여 각 좌표점에 얼마만큼의 관측치가 있는가를 보여 준다. 이를 시행하지 않으면 모든 관측치가 각각의 죄표점에 하나의 점으로 나타나게 된다.

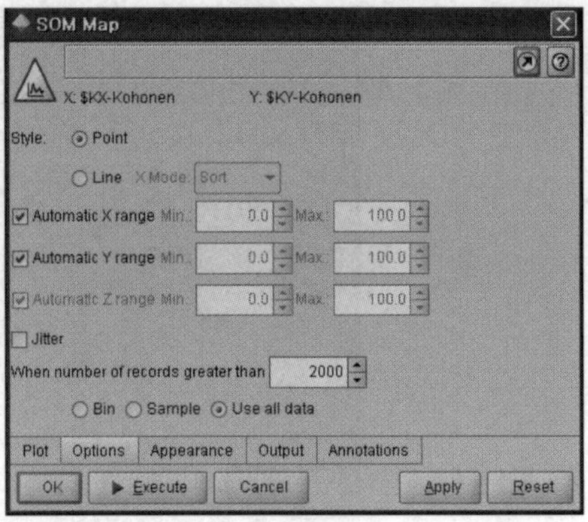

그 결과는 다음과 같다. (0, 0), (0, 1), (0, 2), (1, 0), (1, 1), (1, 2), (2, 0), (2, 1), (2, 2) 등 9개 격자점을 중심으로 자료점들이 찍힘으로써 각 노드의 상대적 크기를 짐작할 수 있게 되었다. 아래 플롯에서 (2, 0) 격자 군집이 가장 크고 그 다음으로 (0, 0), (0, 2), (2, 2) 격자 군집이 상대적으로 크게 나타나 있다.

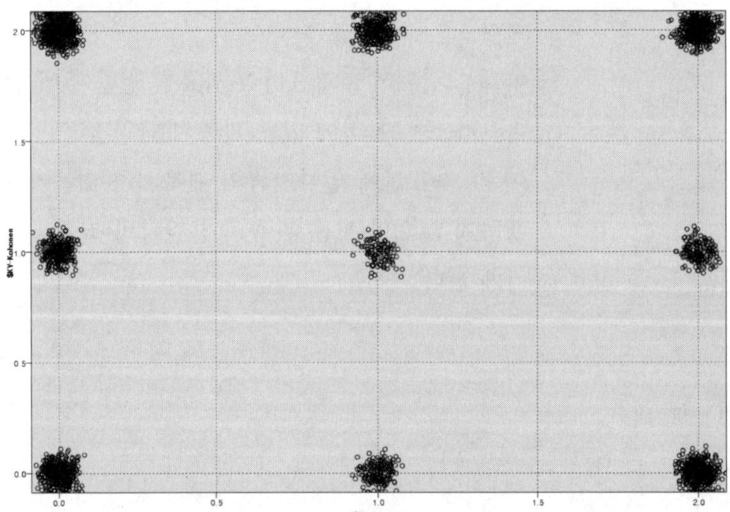

⑤ 각 그리드 점에 몇 개씩의 개체가 모였는지를 보고 또한 외적 평가로서 이탈(Churn)과의 관계를 보기로 하자. 이를 위해서 Derive 노드를 사용,

Cluster라는 변수를 만든다. 아래 창에서 코호넨 실행 결과로 생성되는 $KX-Kohonen(X 좌표)과 $KY-Kohonen(Y 좌표)을 결합하여 새로운 군집변수를 만든다.

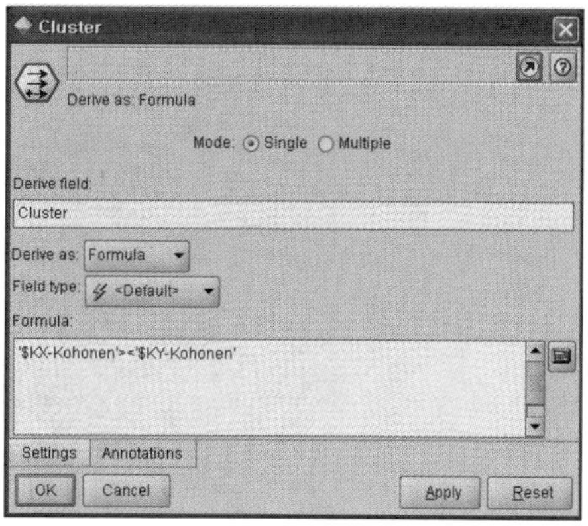

⑥ 각 그리드 점에 몇 개씩의 개체가 모였는지를 보고 또한 외적 평가로서 이탈(Churn)과의 관계를 보기로 하자. Matrix 노드를 사용하면 다음 결과가 얻어진다. 격자점 (0, 2)와 (2, 1)에서 이탈율이 50%대로 높은 것을 볼 수 있다. 이들 격자점에 어떤 개체들이 모여 있는지를 살펴볼 필요가 있다.

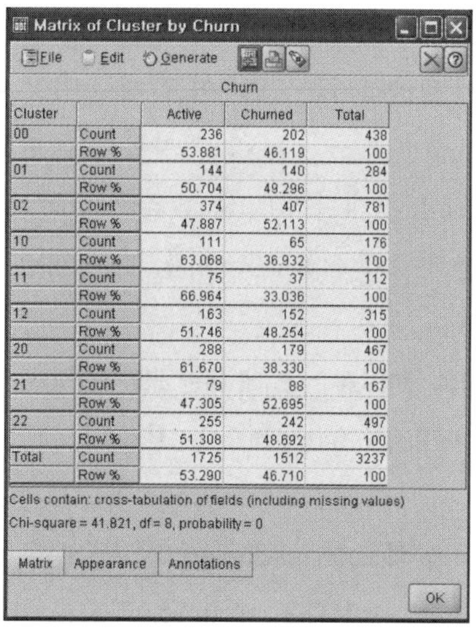
Matrix of Cluster by Churn

Cluster		Active	Churned	Total
00	Count	236	202	438
	Row %	53.881	46.119	100
01	Count	144	140	284
	Row %	50.704	49.296	100
02	Count	374	407	781
	Row %	47.887	52.113	100
10	Count	111	65	176
	Row %	63.068	36.932	100
11	Count	75	37	112
	Row %	66.964	33.036	100
12	Count	163	152	315
	Row %	51.746	48.254	100
20	Count	288	179	467
	Row %	61.670	38.330	100
21	Count	79	88	167
	Row %	47.305	52.695	100
22	Count	255	242	497
	Row %	51.308	48.692	100
Total	Count	1725	1512	3237
	Row %	53.290	46.710	100

Cells contain: cross-tabulation of fields (including missing values)

Chi-square = 41.821, df = 8, probability = 0

⑦ 〈그림 7〉은 〈그림 6〉 스트림 내 슈퍼노드를 Zoom-In 해서 본 것이다. 이를 수행하면 각 격자점의 내적 특성을 살펴볼 수 있다. 특히cluster02와 cluster21로 명명된 Statistics 노드를 실행해 보라.

〈그림 7〉
클레멘타인 스트림
Kohonen SOM.str
내 슈퍼노드

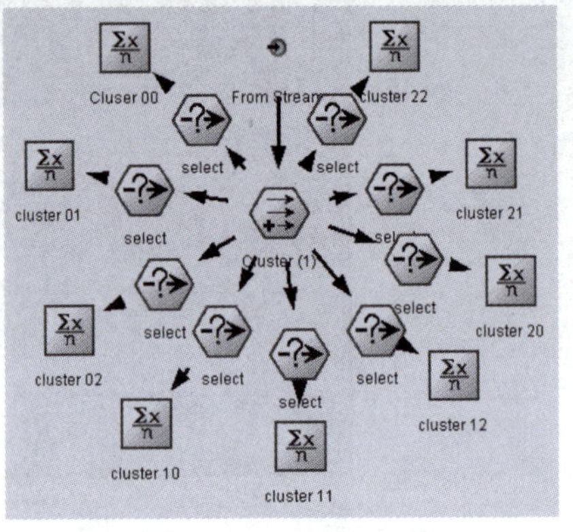

3.5 연관성 규칙

슈퍼마켓 출구에서 고객 카트에 무엇이 들어 있는지를 살펴보자. 예컨대 식빵, 아기 기저귀, 샴푸, 과자, … 이런 것들이 있다. 이 중에서 동시구매 성향이 높은 물품들이 있는가를 Modeling해 보고 그런 규칙을 비즈니스에 활용하자는 것이 이 절에서 다룰 내용이다. 이와 같이 연관성 규칙은 장바구니(market basket) 자료에 국한되는 것이 아니라 구매패턴(buying pattern), 거래이력(transaction records), 웹 사용행태(Web-use behavior) 등 다양한 자료에 적용 가능하다. 기본 개념은 다음과 같다.

통계적 규칙 「A ⇒ B」에 대한 평가 (정의)

- 지지도 (support) $:= P\{A\}$,
  - 포괄도(coverage)라고도 함.
- 신뢰도 (confidence) $:= P\{A \cap B\} / P\{A\}$,
  - 정확도(accuracy)라고도 함.

- 신뢰도 비(confidence ratio) := $P\{A \cap B\} / [P\{A\} \cdot P\{B\}]$,
  - 향상도(lift)라고도 함.

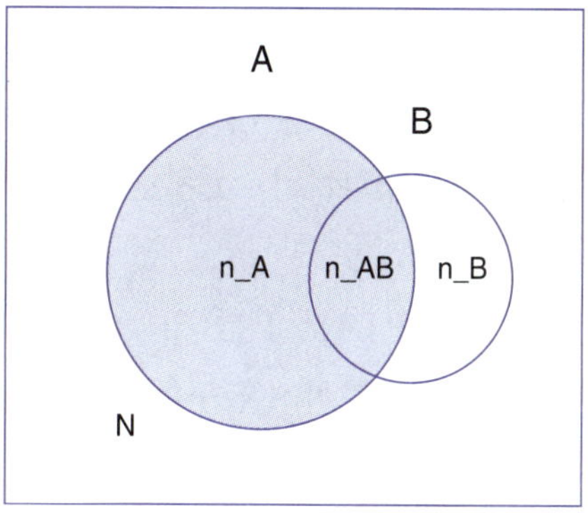

여기서 기호와 확률은 다음과 같다.

- n_A=A가 포함된 레코드의 수, n_B=B가 포함된 레코드의 수
  n_{AB}=A와 B가 모두 포함된 레코드의 수, N=총 레코드의 수
- $P\{A\} = n_A / N$, $P\{B\} = n_B / N, P\{A \cap B\} = n_{AB} / N.$

표1 거래기록

거래기록 번호	구매품목
20011231-001	A, B, C
20011231-002	A, D
20011231-003	A, C
20011231-004	B

예를 들어 거래기록이 〈표 1〉과 같다고 하자. 연관성 규칙 「A ⇒ B」와 「A ⇒ C」에 대하여 지지도, 신뢰도, 신뢰도 비 등을 계산하여 두 규칙을 비교하여 보자.

연관성 규칙 「A ⇒ B」에 대하여

- 지지도 (support) : $P\{A\} = 3/4 = 0.75$

  : 총 4건의 거래 중 A가 포함된 거래는 3건이다.

  그러므로 75%의 거래에 이 규칙을 적용할 수 있다.

- 신뢰도 (confidence) := $P\{A \cap B\} / P\{A\} = 1/3 = 0.33$

  : A가 포함된 거래는 3건의 거래 중 1건이 B를 포함하고 있다.

  그러므로 이 규칙은 33% 정확하다. 그 정도로 신뢰할 수 있다.

  정확도라고도 한다.

- 신뢰도 비 := $P\{A \cap B\} / [P\{A\} \cdot P\{B\}] = (1/4) / (3/4 \cdot 2/4) = 0.67$

  : 앞의 신뢰도는 A에 조건화하여 B를 구매할 확률이다. 이것은 B를 구매할 단순확률의 0.67배이다. 그러므로 A에 조건화함으로써 향상도가 떨어진다[향상도의 기준값은 1이다].

다른 계산 예를 보자. 연관성 규칙 「A ⇒ C」에 대하여

- 지지도 (support) := $P\{A\} = 3/4 = 0.75$

  : 총 4건의 거래 중 A가 포함된 거래는 3건이다.

  그러므로 75%의 거래에 이 규칙을 적용할 수 있다.

- 신뢰도 (confidence) := $P\{A \cap C\} / P\{A\} = 2/3 = 0.67$

  : A가 포함된 거래는 3건의 거래 중 2건이 C를 포함하고 있다.

  그러므로 이 규칙은 67% 정확하다. 그 정도로 신뢰할 수 있다.

- 신뢰도 비 := $P\{A \cap C\} / [P\{A\} \cdot P\{C\}] = (2/4) / (3/4 \cdot 2/4) = 1.33$

  : 앞의 신뢰도는 A에 조건화하여 C를 구매할 확률이다. 이것은 C를 구매할 단순확률의 1.33배이다. 그러므로 A에 조건화함으로써 향상도가 좋아진다.

따라서 두 규칙의 지지도는 동일하지만 「A ⇒ B」에 비하여 「A ⇒ C」가 지지도, 신뢰도, 신뢰도 비 측면에서 나은 규칙임을 알 수 있다. 연관성 분석의 목적은 좋은 규칙을 찾아내는 것이다.

그러면 좋은 규칙을 찾아 어디에 응용할 수 있을까?

첫째로는 교차판매(cross-selling)에 활용할 수 있다. 연관성 규칙 「A ⇒ B」가 괜찮은 것으로 생각된다고 하자. 이 규칙은 A를 구매한 고객이 B를 구매할 가능성이 많다는 것이므로 만약 고객이 A를 구매하고도 아직 B를

구매하지 않았다면 그 고객에게 B를 권해볼 수 있기 때문이다. 예를 들어 온라인책방에서 고객구매 파일을 분석한 결과

「스펜서 존슨의 '누가 내 치즈를 옮겼을까?'」⇒「최인훈의 '상도'」

가 유용한 연관성 규칙임이 밝혀졌다면 '누가 내 치즈…' 를 구매한 고객에게 '상도' 를 추천해 볼 수 있을 것이다(아직 그 책을 구입하지 않았다면).

둘째로는 매장의 상품진열에 응용할 수 있다. 오프라인 책방인 교보문고에서 '누가 내 치즈…' 와 '상도' 를 나란히 놓음으로써 책방 방문고객들이 1권의 책이 아니라 2권을 동시에 사도록 유도할 수 있다[또는 이와 반대로 두 상품을 멀리 놓는 전략을 쓸 수도 있다. 고객의 동선(動線)을 길게 하고 체류시간을 늘림으로써 그 사이에 제3의 상품을 구매하도록 유도한다].

셋째로는 부정탐지(fraud detection)에 활용할 가능성도 있다. 만약 어떤 규칙이 상당히 높은(낮은) 신뢰도를 갖는다고 하자. 그런데 어떤 특정 고객에게는 그 규칙이 적용되지 않는다면(적용된다면) 그 사람은 "수상한" 고객일 수 있다. 신용카드회사와 같은 금융기관에서는 이런 규칙을 카드 도용과 같은 부정행위를 적발하는 데 활용한다.

사례분석

사례로서 S-마켓의 고객 786명의 장바구니 자료를 분석해 보기로 한다. 여기서는 고객이 구매한 품목을 다음과 같이 분류하여 해당 품목의 구매여부를 코딩하였다[괄호 안의 0과 1은 해당 품목의 없음과 있음을 나타냄].

1) Ready made (0:51%, 1:49%)
2) Frozen foods (0:60%, 1:40%)
3) Alcohol (0:61%, 1:39%)
4) Fresh vegetables (0:92%, 1: 8%)
5) Milk (0:81%, 1:19%)
6) Bakery goods (0:57%, 1:43%)
7) Fresh meat (0:97%, 1: 3%)
8) Toiletries (0:90%, 1:10%)

9) Snacks (0:52%, 1:48%)

10) Tinned goods (0:54%, 1:46%)

또한 다음과 같이 각 고객별로 5개 인구사회적 변수가 관측되었다.

1) Gender (Female:54%, Male:46%)

2) Age (18−30:30%, 31−40:25%, 41−50:17%, 51−60:16%, 61+:12%)

3) Marital status (Single:25%, Married:24%, Separated:19%, Widowed:19%, Divorced:13%)

4) Children (No:65%, Yes:35%)

5) Working status (No:17%, Yes:83%)

〈그림 8〉은 연관성 규칙을 끌어내는 클레멘타인 흐름도이다.

〈그림 8〉
연관성 규칙 발견을 위한 클레멘타인 흐름도: association rules.str

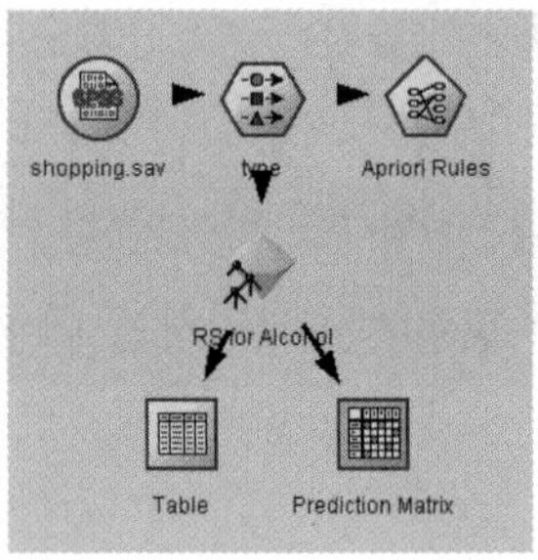

자료 읽기

SPSS 자료 파일을 클레멘타인으로 읽어 들이는 과정이다.

① 클레멘타인의 Source 노드 메뉴 창에서 "SPSS Import"를 찍어 팔레트에 옮겨 온다. SPSS Import 노드는 SPSS 데이터 파일(*.sav 파일)을 읽는 데 쓰이는 Source 노드이다.

② 자료 읽기를 위하여 SPSS Import 노드에서 파일과 디렉터리 이름을 입력한다. 변수와 자료값에 대한 레이블이 있으면 체크 표시한다.

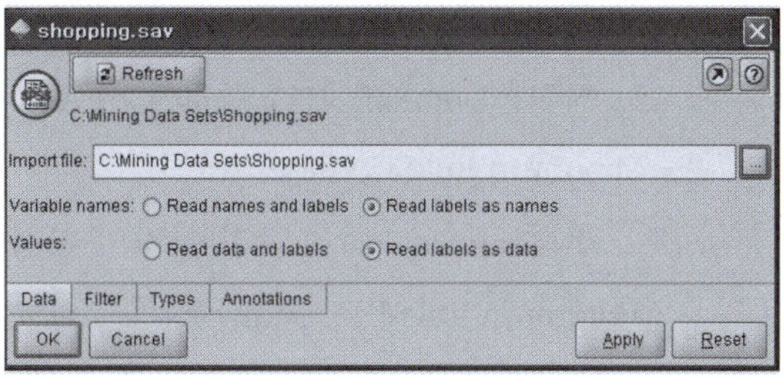

변수 지정

"Type" 노드를 써서 연관성 규칙 유도에 사용될 변수들을 지정한다. 이 때 변수의 Direction을 'BOTH'로 고쳐놓아야 한다. 왜냐하면 연관성 규칙에서는 각 변수가 규칙의 전제조건에 올 뿐만 아니라 결과에도 올 수 있어야 하기 때문이다.

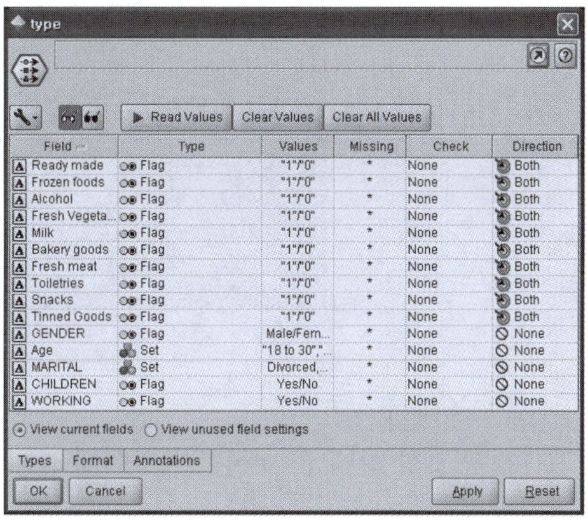

규칙 생성

① 연관성 규칙 생성을 위해 클레멘타인의 Modeling 노드 메뉴창에서 Apriori 노드를 찍어 팔레트로 옮긴다. Apriori는 연관성 규칙을 찾아내는 알고리즘 이름이다.

② Apriori 노드에서 다음 몇 가지 옵션을 지정한다:

– Minimum Rule Support:

지지도(support) 값이 여기서 지정한 값 이상인 규칙만 찾는다.

– Minimum Rule Confidence:

신뢰도(confidence) 값이 여기서 지정한 값 이상인 규칙만 찾는다.

– Maximum Rule Preconditions:

전제조건에 지정된 최대 품목 수를 지정한다. 예컨대 이것을 2로 지정하면

$$A \& B \& C \Rightarrow D$$

는 고려대상에서 제외된다. 위 규칙의 전제조건 품목 수는 3이기 때문이다.

아래에서 노드 이름을 'Association Rules' 로 바꾸었다. 그리고 OK를 누른다.

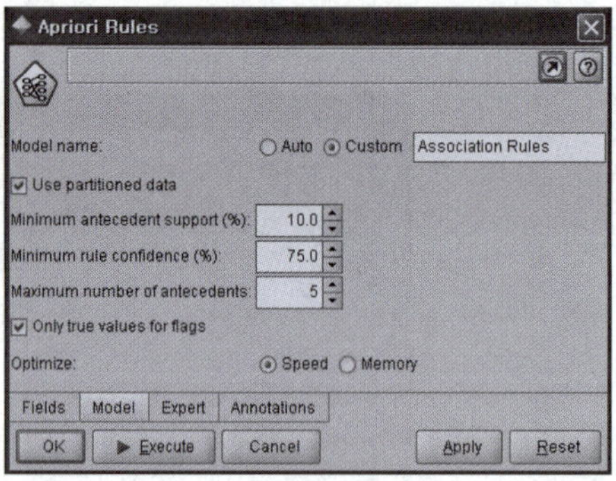

<u>생성 모형 (출력) 보기</u>

① 생성 모형 창에 금 덩어리가 광석에 싸여 있음을 볼 수 있다. 그것을 훑어 보자(Modeling!).

② 다음과 같이 규칙들이 생성되어 있는 것을 볼 수 있다.

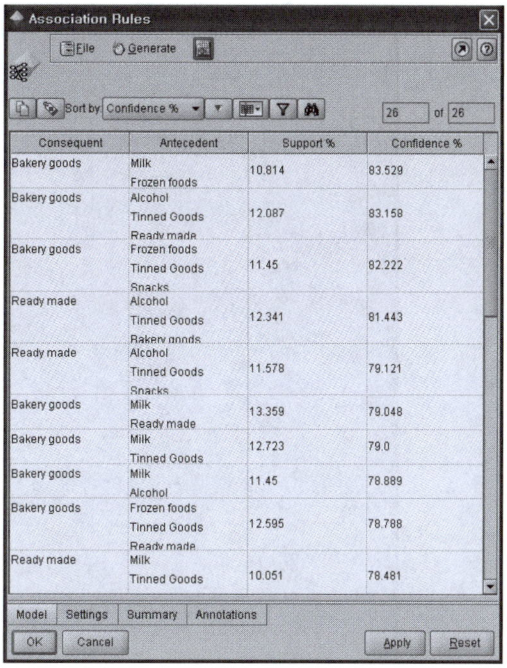

여기서, 규칙의 형태가 「A ⇒ B(A이면 B이다)」가 아닌 「B⇐A(B는 A로부터)」로 되어 있음에 유의하자.

③ Browse 창에서 Show/Hide criteria를 클릭한다. 그러면 전체 사례수(Instances)와 지지도(Support), 그리고 신뢰도(Confidence) 등이 추가로 나타난다.

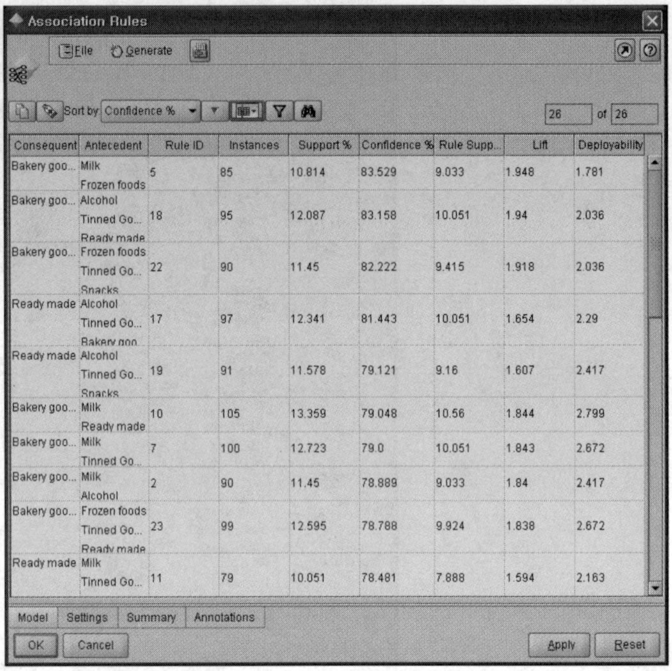

이 중에서 결과에 Alcohol이 포함된 규칙에 관심이 있다면 그것을 찾아 본다. 다음과 같은 규칙들이 그런 예들이다.

(1) Alcohol ⇐ Frozen foods & Milk (85:10.8%, 0.776)

(2) Alcohol ⇐ Ready made & Snacks & Frozen foods (100:12.7%, 0.76)

(3) Alcohol ⇐ Ready made & Bakery goods & Frozen foods (109:13.9%, 0.752)

이 규칙들을 읽는 요령은 설명하자면, 예컨대 규칙 (3)은 Ready made, Bakery goods, Frozen foods를 구입한 총 109명의 고객(전체의 13.9%)에 적용된다. 그리고 이 규칙의 신뢰도(confidence)는 75.2%이다. 즉 이들 고객 중 4명 중 3명꼴인 75.2%가 알코올을 구입한다. 전체고객 중 알코올 구입 비율이 39%임을 상기한다면 이 수치는 상당히 높다. 즉 규칙으로서 상당히 정확한 것이다.

⑤ 이와 같은 연관성 규칙들이 유용하다고 생각하면 생성 모형을 노드로 만들어 클레멘타인 흐름도에 추가해 넣을 수 있다. Browse 창에서

Generate Rule Set...를 선택한다. 아래 창은 Alcohol에 대해 예측 규칙을 만드는 보기이다.

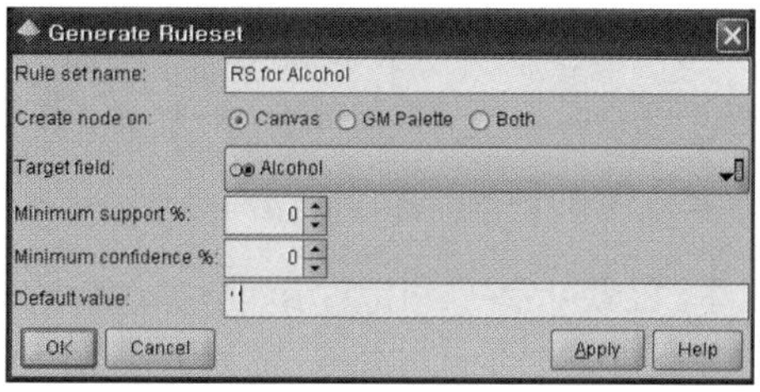

그러면 다음과 같이 금 덩어리가 정제되어 나온다. 〈그림 7〉과 같이 이것을 활용하고자 하는 데이터 세트에 화살표로 연결해 놓는다.

⑥ Alcohol에 대한 앞의 규칙이 실제 예측에 어느 정도 유효할지를 보기 위하여 RS for Alcohol 뒤에 Matrix 노드를 이어 놓는다. 그리고 $A-Alcohol(Apriori 출력)과 Alcohol로 분류해 본다. 다음이 그 결과이다.

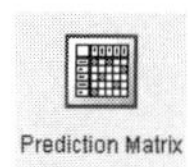

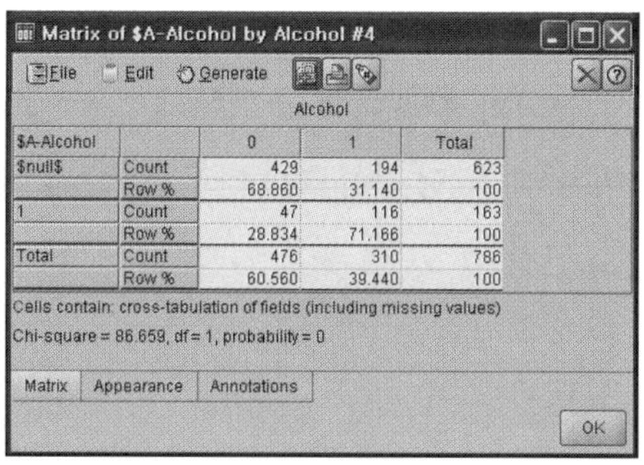

		Alcohol		
$A-Alcohol		0	1	Total
$null$	Count	429	194	623
	Row %	68.860	31.140	100
1	Count	47	116	163
	Row %	28.834	71.166	100
Total	Count	476	310	786
	Row %	60.560	39.440	100

Alcohol 구입으로 예측된 총 163건 중에서 실제 Alcohol 구입 건은 116건으로 71%의 정확도를 갖는다. 그러나 이 평가는 훈련 자료에 재적용하여 나온 것이기 때문에 다소 과다할 것으로 예상해야 한다.

정리 및 주의사항

이상으로써 연관성 규칙을 설명하였다. 정리하자면, 연관성 규칙은 "If-Then"의 형식으로 표현되므로 누구나 결과를 쉽게 해석 가능하고 비즈니스에서 구체적인 행동을 취할 수 있다. 예컨대 교차판매(cross-selling) 및 상승판매(up-selling)에 연관성 분석 결과를 활용할 수 있다[상승판매는 가격 또는 부가가치가 높은 품목을 고객에게 판매하는 것이다]. 또한 연관성 분석은 스스로 학습하는 비지도학습(unsupervised learning) 기법이므로 대부분의 거래 자료에 적용 가능하다. 다시 말하여 지도변수(종속변수)가 없어도 된다.

사용상의 문제로서 두 가지 주의점을 말하고 싶다. 첫째, 거래 이력간 순서가 있고 그것을 고려할 필요가 있는 경우에는 순차적 연관성 규칙(sequential association rule)을 생성하여야 한다는 점이다. 예컨대 A가 자동차 구입이고 B가 자동차 보험 가입이라는 품목이라고 하자. 사람들은 자동차를 구입하고 나서 보험에 가입하기 때문에 당연히 「A ⇒ B」라는 관계가 생성되어 나올 것이다. 동시에, 「B ⇒ A」도 상당히 유용한 규칙인 것처럼 출력되어 나올 수 있다. 그러나 이것은 시간적 순서에 위배되기 때문에 현실적으로는 별 소용이 없다. 별첨에서 이와 같은 순차적 연관성 규칙에 대하여 설명할 것이다. 둘째, 실제로는 품목의 분류 수준을 정하는 것이 연관성 규칙 생성에 막대한 영향을 주며 따라서 분류수준의 결정이 생성된 연관성 규칙의 활용에서 관건이 된다는 점이다. 예를 들어 '냉동 페파로니 팬 피자'의 코딩 분류로서 다음 몇 가지 대안이 있을 것이다.

① 피자
② 냉동식품
③ 냉동 피자
④ 페파로니 피자
⑤ 팬 피자
⑥ 냉동 페파로니 팬 피자

일반적으로, 너무 세세한 분류는 유용하지 않다. 너무 거친 분류 또한 실제 활용시 도움이 되지 않는다. 일정 규모가 되는 수준의 분류가 적당하다.

3.6 맺음말

고객세분화는 모든 마케팅 연구에서 기본이 된다. 계량적 세분화를 위한 방법으로 K-평균 군집화와 코호넨의 자기조직화지도(SOM)를 설명하였다. 또한 구매품목간 동시성(또는 순차성)이 강한 규칙을 탐지해냄으로써 이를 제품의 추가판매 등에 활용하고자 하였는데, 이것은 고객 개인 수준에서의 마케팅 촉진이라고 볼 수 있으므로 넓게 보면 연관성 분석도 일종의 고객세분화라고 할 수 있겠다. 마지막으로, 군집화 방법에 의하여 세분화된 그룹 내에서 연관성 분석을 함으로써 보다 효과적인 마케팅 활동을 하는 것도 좋은 전략이 될 것이다.

참고 및 관련문헌

[1] 허명회(1999)「사회과학을 위한 다변량자료분석」 자유아카데미. 7장(군집분석).

[2] 허준(2001)「통신시장에서의 데이터 마이닝 Telco-CAT」 SPSS 아카데미.

[3] Berry, J.A. and Linoff, G.(1997). *Data Mining Techniques for Marketing, Sales, and Customer Support.* Wiley, New York. Chapter 8(Market Basket Analysis)

실습파일

- customer2001.dat: 통신회사 고객자료 (텍스트 파일)
- telco.sav
- shopping.sav: 고객 구매기록 자료 (SPSS 데이터 파일)
- Kmeans 6.str: 〈그림 2〉의 K-평균 군집화를 위한 클레멘타인 스트림
- twostep_1.str 〈그림 3〉의 2 단계 군집화를 위한 클레멘타임 스트림
- Kohonen SOM.str: 〈그림 6〉의 코호넨 SOM을 위한 클레멘타인 스트림
- association rules.str: 〈그림 8〉의 연관성 규칙 유도를 위한 클레멘타인 스트림

별첨 3.A 순차성 규칙

개별 거래이력에 시간적 순서가 있는 경우에는 순차성 규칙/순차적 연관성 규칙(sequential rule/sequential association rule)을 만들어야 한다. 여기서도 일반적인 연관성 규칙에서와 같이 지지도, 신뢰도 등에서 우수한 규칙을 찾는 것이 목표이다. 단, 차이가 있다면 규칙의 적용시 전제는 결과에 시간적으로 선행하여야 한다는 것이다.

단순한 예로서, 〈표 2〉의 거래기록 자료를 보자. 이 예는 3명의 고객이 두 차례 쇼핑한 기록이다. 연관성 규칙 「A ⇒ B」와 「B ⇒ A」에 대하여 지지도와 신뢰도를 계산하여 두 규칙을 비교하여 보기로 한다.

표2 고객 3명의 2회에 걸친 거래기록

고객 번호	시간 순서	구매품목
001	1	A, B, C
001	2	A, B
002	1	A, C
002	2	C
003	1	B
003	2	A, B

순차성 규칙 「A ⇒ B」에 대하여

- 고객 001: 전제 해당, 결과 성립.
- 고객 002: 전제 해당, 결과 불성립.
- 고객 003: 전제 해당 없음.

지지도는 2/3이고 신뢰도는 1/2이다.

한편, 「B ⇒ A」에 대하여는

- 고객 001: 전제 해당, 결과 성립.

- 고객 002: 전제 해당 없음.
- 고객 003: 전제 해당, 결과 성립.

∴ 지지도는 2/3이고 신뢰도는 2/2이다.

거래 시간이 2회가 아니고 3회 이상이 되고 각 고객별로 거래 시간 수가 다르면 실제 계산은 매우 복잡하게 된다.

사례분석

앞에서도 다룬 바 있는 Shopping 자료는 786건의 거래에 관한 것인데 그것이 200명 고객의 여러 회에 걸친 쇼핑 기록이라고 하자. 다음 2개 화면 중 앞의 것은 시간순서로 단순 누적된 거래 기록이고 뒤의 것은 고객 id별로 거래기록을 모은 것이다. 고객 1이 3회, 고객 2가 2회, 고객 3이 3회, … 에 걸쳐 물품을 구입했음을 보여 준다.

정렬 이전 (거래발생 순서)

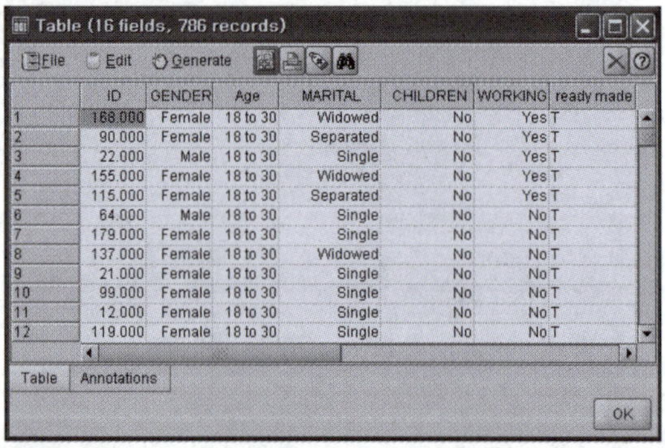

Table (16 fields, 786 records)

	ID	GENDER	Age	MARITAL	CHILDREN	WORKING	ready made
1	168.000	Female	18 to 30	Widowed	No	Yes	T
2	90.000	Female	18 to 30	Separated	No	Yes	T
3	22.000	Male	18 to 30	Single	No	Yes	T
4	155.000	Female	18 to 30	Widowed	No	Yes	T
5	115.000	Female	18 to 30	Separated	No	Yes	T
6	64.000	Male	18 to 30	Single	No	No	T
7	179.000	Female	18 to 30	Single	No	No	T
8	137.000	Female	18 to 30	Widowed	No	No	T
9	21.000	Female	18 to 30	Single	No	No	T
10	99.000	Female	18 to 30	Single	No	No	T
11	12.000	Female	18 to 30	Single	No	No	T
12	119.000	Female	18 to 30	Single	No	No	T

정렬 이후 (id에 따라)

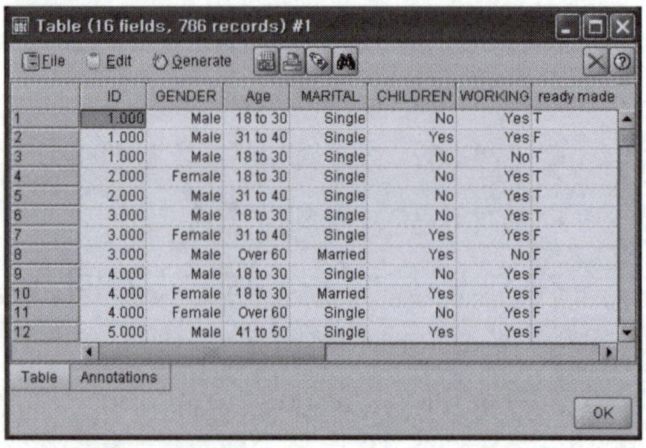

Table (16 fields, 786 records) #1

	ID	GENDER	Age	MARITAL	CHILDREN	WORKING	ready made
1	1.000	Male	18 to 30	Single	No	Yes	T
2	1.000	Male	31 to 40	Single	Yes	Yes	F
3	1.000	Male	18 to 30	Single	No	No	T
4	2.000	Female	18 to 30	Single	No	Yes	T
5	2.000	Male	31 to 40	Single	No	Yes	T
6	3.000	Male	18 to 30	Single	No	Yes	T
7	3.000	Female	31 to 40	Single	Yes	Yes	F
8	3.000	Male	Over 60	Married	Yes	No	F
9	4.000	Male	18 to 30	Single	No	Yes	F
10	4.000	Female	18 to 30	Married	Yes	Yes	F
11	4.000	Female	Over 60	Single	No	Yes	F
12	5.000	Male	41 to 50	Single	Yes	Yes	F

〈그림 9〉는 순차성 규칙을 끌어내는 클레멘타인 흐름도이다. sort 노드는 id값에 따라 정렬하기 위한 것이다. sequence 노드가 이것을 반드시 필요로 하는 것은 아니지만, 정렬되어 있으면 sequence의 계산이 빨라진다. 모델링 노드 창에서 Sequence 노드를 선택한다.

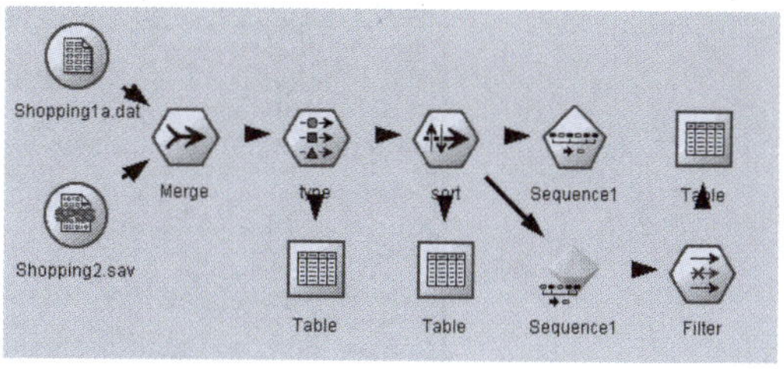

〈그림 9〉 순차성 규칙 발견을 위한 클레멘타인 흐름도: sequence.str

Sequence 노드

다음으로 Sequence 노드의 편집 상태를 보자. Fields 탭에서, ID 필드로 id가 사용되었고 id가 같은 레코드들이 인접되어 있음(ids are contiguous)에 체크 표시되어 있다. 그리고 Model 탭에서는 지지도(support) 20% 이상, 신뢰도(confidence) 50% 이상인 규칙들만 유도할 것을 지정하고 있다. 최대 열 크기(maximum sequence size)는 규칙을 나타내는 열의 마디 수를 말하는 것으로 여기서는 이것을 5 이내로 제한하고 있다. 스트림에 추가될 예측 수(predictions to add to stream)는 생성 모형을 전개할 때 뿌려줄 예측 품목 수이다. 여기서는 3으로 잡혀 있다.

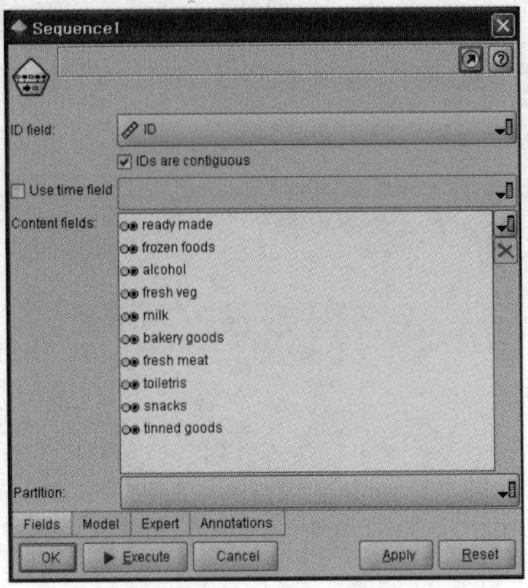

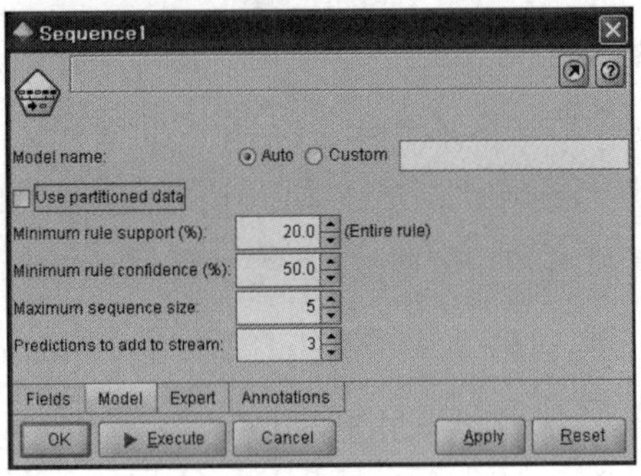

생성 모형을 훑어보면 다음과 같이 규칙들이 생성되어 있는 것을 볼 수 있다. 총 414개의 생성 열 중에서 첫 번째 것과 네 번째 것만 해석하도록 한다.

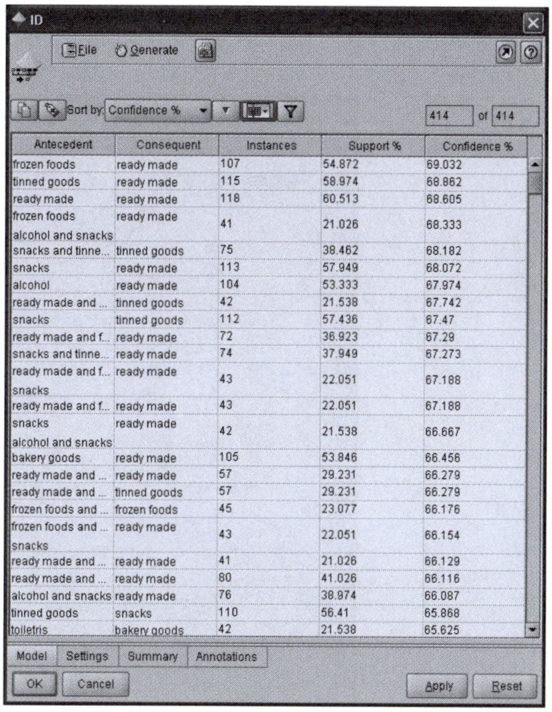

Antecedent	Consequent	Instances	Support %	Confidence %
frozen foods	ready made	107	54.872	69.032
tinned goods	ready made	115	58.974	68.862
ready made	ready made	118	60.513	68.605
frozen foods alcohol and snacks	ready made	41	21.026	68.333
snacks and tinne...	tinned goods	75	38.462	68.182
snacks	ready made	113	57.949	68.072
alcohol	ready made	104	53.333	67.974
ready made and ...	tinned goods	42	21.538	67.742
snacks	tinned goods	112	57.436	67.47
ready made and f...	ready made	72	36.923	67.29
snacks and tinne...	ready made	74	37.949	67.273
ready made and f... snacks	ready made	43	22.051	67.188
ready made and f...	ready made	43	22.051	67.188
snacks alcohol and snacks	ready made	42	21.538	66.667
bakery goods	ready made	105	53.846	66.456
ready made and ...	ready made	57	29.231	66.279
ready made and ...	tinned goods	57	29.231	66.279
frozen foods and ...	frozen foods	45	23.077	66.176
frozen foods and ... snacks	ready made	43	22.051	66.154
ready made and ...	ready made	41	21.026	66.129
ready made and ...	ready made	80	41.026	66.116
alcohol and snacks	ready made	76	38.974	66.087
tinned goods	snacks	110	56.41	65.868
toiletris	bakery goods	42	21.538	65.625

Ready Made ⇐ Frozen foods

* Frozen foods를 구입한 고객이 Ready Made를 구입할 가능성이 높다. 적용 거래수 107(지지도 54.9%), 신뢰도 69%

Ready made ⇐ Alcohol & Snacks ← Frozen foods [순서 유의]

* Frozen foods를 사고 그 후 Alcohol & Snacks를 구입한 경력이 있는 고객은 Ready made를 구입할 가능성이 높다. 즉 전제와 결과가 각각 다음과 같다.

  전제: Frozen foods → Alcohol & Snacks

  결과: Ready made, 적용 거래수 41(지지도 21.0%), 신뢰도 68.3%.

다음은 Sequence 생성모형을 스트림에 넣어 예측을 한 결과이다. 고객 id별로 마지막 행을 보면 향후 구입이 유력한 3개 품목의 리스트와 그것과 관련된 신뢰도를 읽을 수 있다. 예컨대 고객 1의 경우 예측 품목과 가능성(신뢰도)은 다음과 같다.

• ready made (0.690) • snacks (0.659) • bakery goods (0.656)

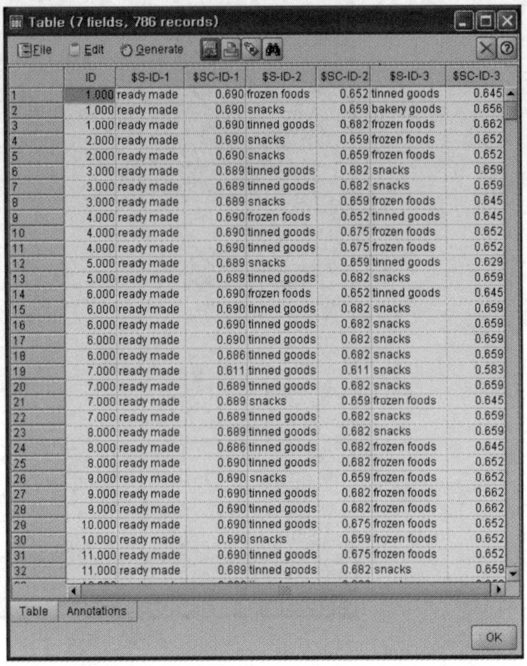

	ID	$S-ID-1	$SC-ID-1	$S-ID-2	$SC-ID-2	$S-ID-3	$SC-ID-3
1	1.000	ready made	0.690	frozen foods	0.652	tinned goods	0.645
2	1.000	ready made	0.690	snacks	0.659	bakery goods	0.656
3	1.000	ready made	0.690	tinned goods	0.682	frozen foods	0.662
4	2.000	ready made	0.690	snacks	0.659	frozen foods	0.652
5	2.000	ready made	0.690	snacks	0.659	frozen foods	0.652
6	3.000	ready made	0.689	tinned goods	0.682	snacks	0.659
7	3.000	ready made	0.689	tinned goods	0.682	snacks	0.659
8	3.000	ready made	0.689	snacks	0.659	frozen foods	0.645
9	4.000	ready made	0.690	frozen foods	0.652	tinned goods	0.645
10	4.000	ready made	0.690	tinned goods	0.675	frozen foods	0.652
11	4.000	ready made	0.690	tinned goods	0.675	frozen foods	0.652
12	5.000	ready made	0.689	snacks	0.659	tinned goods	0.629
13	5.000	ready made	0.689	tinned goods	0.682	snacks	0.659
14	6.000	ready made	0.690	frozen foods	0.652	tinned goods	0.645
15	6.000	ready made	0.690	tinned goods	0.682	snacks	0.659
16	6.000	ready made	0.690	tinned goods	0.682	snacks	0.659
17	6.000	ready made	0.690	tinned goods	0.682	snacks	0.659
18	6.000	ready made	0.686	tinned goods	0.682	snacks	0.659
19	7.000	ready made	0.611	tinned goods	0.611	snacks	0.583
20	7.000	ready made	0.689	tinned goods	0.682	snacks	0.659
21	7.000	ready made	0.689	snacks	0.659	frozen foods	0.645
22	7.000	ready made	0.689	tinned goods	0.682	snacks	0.659
23	8.000	ready made	0.689	tinned goods	0.682	snacks	0.659
24	8.000	ready made	0.686	tinned goods	0.682	frozen foods	0.645
25	8.000	ready made	0.690	tinned goods	0.682	frozen foods	0.652
26	9.000	ready made	0.690	snacks	0.659	frozen foods	0.652
27	9.000	ready made	0.690	tinned goods	0.682	frozen foods	0.662
28	9.000	ready made	0.690	tinned goods	0.682	frozen foods	0.662
29	10.000	ready made	0.690	tinned goods	0.675	frozen foods	0.652
30	10.000	ready made	0.690	snacks	0.659	frozen foods	0.652
31	11.000	ready made	0.690	tinned goods	0.675	frozen foods	0.652
32	11.000	ready made	0.689	tinned goods	0.682	snacks	0.659

실습데이터파일

- shopping1a.dat : 별첨 A의 구매기록 자료 (텍스트 파일)
- shopping2.sav : 별첨 A의 고객 자료 (SPSS 데이터 파일)
- sequence.str : 〈그림 8〉의 클레멘타인 스트림

별첨 3.B 이상치 탐지

데이터 마이닝 프로젝트의 가장 큰 특징은 분석에 이용되는 자료파일에서 관측된 변수와 사례(개체)의 수가 매우 크다는 것이다. 따라서 분석에서 활용할 적절한 수의 변수를 선택하는 것과 여러 과정에서 발생할 수 있는 이상치(특이치)를 탐지하는 것은 모델링을 수행하기 전에 시행하여야 할 중요한 분석과정이다. Clementine에서는 목적변수가 있는 경우인 지도학습모형에서 설명변수들을 중요도의 순서에 따라 순위를 부여하는 방법인 Feature Selection과 정상적인 관측치에서 벗어난 사례들(특이치 또는 이상치)을 탐지하는 방법인 이상치 탐지(Anomaly Detection)가 있다. 여기에서는 이상치 탐지에 대한 개괄적인 설명과 함께 간단한 예제를 제시한다. 보다 자세한 설명은 Clementine 11.1 Algorithms Guide(SPSS Inc.)와 Clementine 11.1 Applications Guide(SPSS Inc.)를 참고하기 바란다.

이상치 탐지는 자료파일에 있는 이상치 또는 특이치를 찾아내는 방법이다. 이상치에 대한 규칙을 제공하는 다른 방법들과는 달리 이 방법에서는 정상적인 관측치의 행태에 대한 규칙을 제공한다. 이에 의하여 어떤 정해진 규칙을 따르지 않는 경우에 해당하는 이상치의 판별을 할 수 있게 하며, 이러한 결과는 새로운 패턴이 계속하여 발생하는 부정탐지(Fraud Detection) 등에서 유용하게 활용할 수 있다. 또한 전통적으로 이상치를 탐지하는 방법들이 한 번에 하나 또는 두 개의 변수 관측을 이용하는 데 비하여, 이상치 탐지(Anomaly Detection)에서는 관련되는 여러 개의 자료(변수)들을 이용하여 유사한 개체들의 군집 또는 동질성 집단을 정의하기 위한 군집분석을 실시한다. 즉 이상치 탐지에서는 우선 2단계 군집분석을 이용하여 각 개체에 대한 군집화를 실시하고, 각각의 군집에 있어서 다른 개체들로부터 상대적으로 멀리 떨어져 있는 개체들을 이상치로 판별한다. 이와 같이 개체들의 동질성 집단을 구한 후에 각각의 개체에 대한 이상성(Anomaly)을 인지하기 위하여 각 개체는 동질성 집단에 속한 다른 개체들과 비교하는데, 각 동질성 집단의 정상적인 중심에서 멀리 떨어진 개체일수록 이상성의 가능성이 더 크다고 판단한다. 여기에서 각각의 개체들은 이 개체가 속한 군집의 평균 이산도 지표(각 개체별로 구한 변수들의 이산도 지표를 집단에 속한 모든 개체들에 대하여 구한 평균)에 대하여 이 개체의 중심으로부터의 이산도 비를 이용하여 이상성 지표(Anomaly index)를 구하여 이 이상성 지표가 일정 수준 이상인 경우를 이상치로 탐지한다. 이러한 이상치 탐지는 분석에 이용되는 변수들에 의존하게 된다. 따라서 최종분석에서 목적변수(반응변수, Target Variable)가 있는 경우에는 이 방법은 목적변수에 대하여 의미가 있는 중요한 변수들을 선택하는 Feature Selection 과 같이 활용하는 것이 더 바람직하다. 즉 Feature Selection 을 이용하여 모형에서 활용할 변수들을 선택한 후에 이 변수들을 이용하여 이상치 탐지를 시행하여 이상치 또는 특이치를 찾아낼 수 있다.

사례분석

제4장의 부정탐지 사례에 있는 자료를 이용하여 이상치 탐지 방법을 실행해 보기로 한다. 이 자료를 이용하여 이상치 탐지를 실행하는 Clementine 스트림이 다음과 같다.

〈그림 10〉
이상치 탐지를 위한 스트림 : fraud_anomalies.str

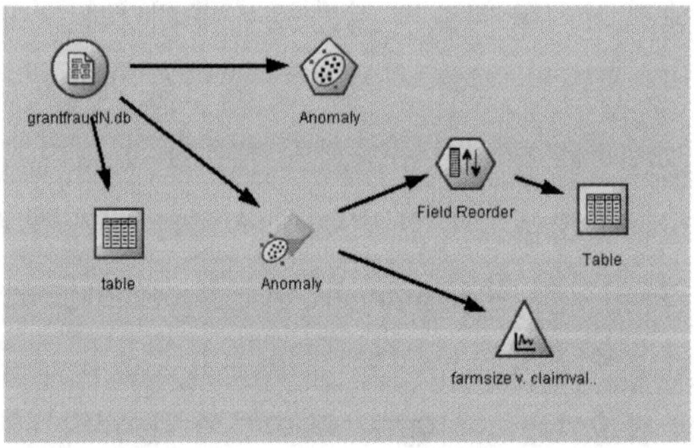

[Anomaly] 탐지 노드에서 [Edit]를 시행하면 다음과 같은 표가 나타난다. 여기에서 이상치를 구하는 기준을 상위 10개를 택하는 것으로 정한다. 그리고 'Number of anomaly fields to report' 가 3이라는 것은 특정한 사례를 이상치로 판정하는 데 가장 큰 기여를 한 변수 3개를 출력하라는 의미이다. 이와 같이 정한 후에 이를 시행한다.

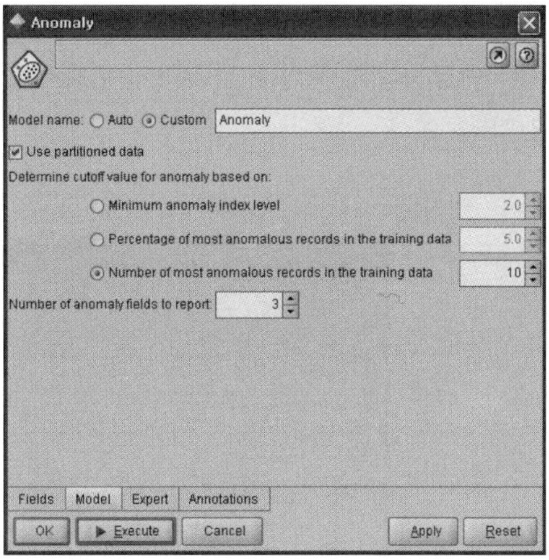

[Anomaly] 노드를 시행한 후에 생성된 모형이  에 주어져 있다. 이 모형을 클릭한 후에 [Browse]를 지정하면 동질성 집단의 수, 각 집단내에서 각 변수들에 대한 통계 등과 같은 동질성 집단에 대한 정보를 볼 수 있다. 이 노드를 모형에 연결한 후에 [Setting] 탭을 선택하여 'Discard records' 에서 'Non anomalous' 를 지정하면 이상치(Anomalies)들만 남는다. 이 결과를 [Field Reorder] 를 통하여 [Table] 노드를 실행한 결과가 다음과 같다.

Table (19 fields, 10 records)

	id	$O-Anomaly	$O-AnomalyIndex	$O-PeerGroup	$O-Field-1	$O-FieldImpact-1	$O-Field-2	$O-FieldImpact-2
1	id633	T	1.600	2	claimvalue	0.358	farminco...	0.275
2	id647	T	1.403	2	farminco...	0.334	claimvalue	0.161
3	id654	T	1.495	2	rainfall	0.322	maincrop	0.181
4	id703	T	1.358	1	rainfall	0.230	region	0.219
5	id704	T	1.427	2	farminco...	0.287	maincrop	0.190
6	id739	T	1.684	2	claimvalue	0.404	farminco...	0.233
7	id752	T	1.770	2	claimvalue	0.391	farminco...	0.155
8	id791	T	1.386	1	maincrop	0.236	rainfall	0.163
9	id813	T	1.641	1	region	0.181	landquality	0.160
10	id883	T	1.350	2	region	0.187	maincrop	0.169

이와 같이 구한 이상치들은 그림을 통하여 시각적으로 관찰할 수 있다. 즉 3차원 그래프에서 X-축에 'farmsize' , Y-축에 ' claimvalue' 그리고 Z-축에 '$O-Anomaly' 를 표현한 결과가 다음과 같다. 이 결과에 의할 때 이상

치로 판정된 10개의 관측치가 여러 군데로 나뉘어져 있음을 알 수 있다. 따라서 이상치들의 특징을 파악하기 위해서는 보다 더 자세한 분석이 필요함을 알 수 있다.

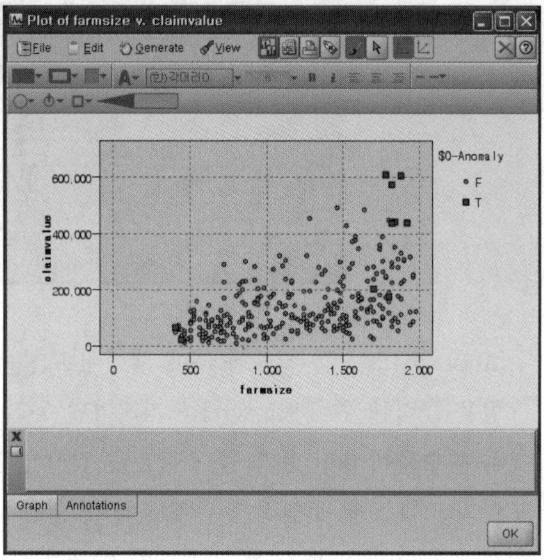

여기에서는 데이터 마이닝 프로젝트에서 모형을 구하기 전에 시행하는 이상치를 탐지하는 방법에 대하여 알아보았다. 이러한 방법은 모형화 단계의 효율성을 높이는 데 매우 유용하다고 할 수 있다.

실습파일

- grantfraudN.db : 농경지 지원관련 자료
- fraud_anomalies.str : 이상치 탐지를 위한 스트림

chapter_04

데이터 마이닝 사례 분석

차례 및 개요

4.1 부정탐지 사례

데이터 마이닝의 한 응용은 부정탐지이다. 이 분야 예로는 가짜 신용카드의 사용, 세금 관련 허위 보고, 보험환급액 과다 청구 등이 있는데 분야별·사례별로 특수성이 강하게 작용한다. 여기서는 농업 지원금 신청 사례를 다루기로 한다.

4.2 오작동 감지 사례

데이터 마이닝의 산업분야 응용은 최근 나타난 경향이기 때문에 여기서 한 전형적 사례를 다루고자 한다. 구체적으로 이 사례의 목적은 제조공정에서 기계가 오작동 상태에 빠지는가를 조기에 감지해내기 위한 모니터링 시스템 구축에 있다.

4.3 광고효과 사례

이 사례는 광고-매출의 관계를 모형화한 것이다. 일정 광고액 지출이 어느 정도의 매출 증가를 가져올 수 있을지를 예측하고자 하는 것이 목적이다.

4.4 장바구니 사례

이 사례에서는 회원카드 제도를 운영하는 슈퍼마켓의 판매자료를 분석할 것이다. 분석자료에는 고객별 장바구니 품목과 고객의 여러 인구사회적 사항이 포함된다. 분석내용은 첫째, GRI, Web, PCA/Factor 등 다양한 기법을 통하여 유사한 품목들의 묶음을 알아내고, 둘째, 분류규칙 C5.0을 활용하여 그 품목들에 반응하는 고객들의 특성을 탐지해내는 것이다.

Chapter 04

데이터 마이닝 사례 분석

4.1 부정탐지 사례

데이터 마이닝의 한 응용은 부정탐지(fraud detection)이다. 부정행위의 예로는 신용카드의 부정사용, 세금 관련 허위 보고, 보험환급액 과다 청구 등이 있는데 분야별 · 사례별로 특수성이 강하게 작용한다.

여기서는 농업 지원금 청구 사례를 다루기로 한다. 일정 토지를 경작하는 농장주들이 관개개발(arable development) 또는 휴경(decommissioning)을 사유로 정부에 농업지원금을 신청한 사례인데, 청구액의 적정성을 평가하여 과다 신청건을 탐지하고자 하는 것이 본 분석의 목적이다.

자료의 이해

지원금 청구건들을 모아놓은 자료인 grantfraudN.db가 갖고 있는 변수들은 다음과 같다.

- id. 일련번호
- name. 청구자 이름
- region. 지역 (midlands/north/southwest/southeast)
- farmsize. 농장 크기 (정수값)
- rainfall. 연간 강우량 등급 (정수값)
- landquality. 토지 질 등급 (정수값)
- farmincome. 연간 농장 수입 (실수값)
- maincrop. 主작물 (옥수수/밀/감자/rapeseed)
- claimtype. 청구분야 (휴경/개간)
- claimvalue. 청구액 (실수값)

〈그림 1.1〉의 클레멘타인 스트림에서는, Variable 노드 [1]로 자료를 읽은 뒤 Table 노드 [2]로 읽은 자료를 출력해 보고 있다.

분석 자료의 준비

이 사례에서는 청구액의 적절성이 관심이므로 청구액에 대한 모형화가 최종적으로 필요하지만 이에 앞서 이중청구 여부를 체크할 필요가 있다. 한 농장에서 이중으로 지원금을 받는 것은 부당하기 때문이다. 이를 위하여 자료 세트에서 청구자 이름(변수 명: name)의 빈도 분포를 Distribution 노드 [3]으로 살펴봄으로써 2건 이상의 청구를 한 농장주를 탐지해 보았다. 그 결과, name618이 4건, name777이 2건을 신청하였음을 알 수 있었다. 이에 따라 Select 노드 [4]로써 이후의 분석에서 name618과 name777을 제외하였다.

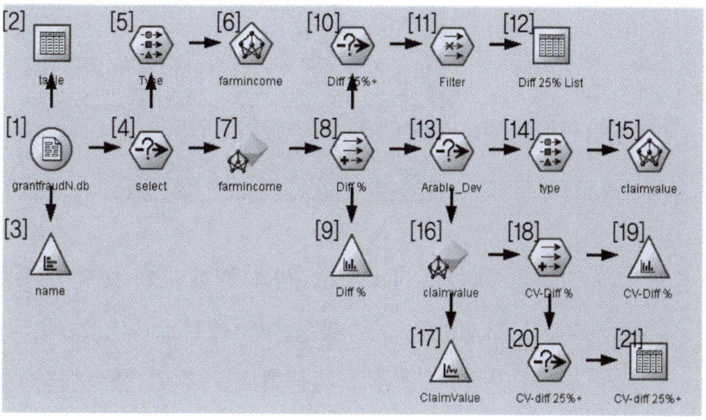

〈그림 1.1〉 지원금 청구 부정탐지를 위한 클레멘타인 스트림: fraud1.str

최종적으로 청구액(claimvalue)에 대한 모델링에서 농장소득(farmincome)이 설명변수로 사용될 터인데 만약 농장소득이 과다 신고 된다면 청구액을 크게 잡아도 겉으로는 나타나지 않을 가능성이 많다. 따라서 보고된 농장소득의 적절성부터 검토하기로 한다.

농장소득 모형

농장소득(farmincome)에 대한 설명변수로 지역(region), 농장크기(farmsize),

강우량(rainfall), 토지 질(landquality), 주작물(maincrop) 등을 고려하기로 하고, Type 노드 [5]에서 다음과 같이 farmincome은 'Out'으로, region, farmsize, rainfall, landquality, maincrop 등은 'In'으로 방향을 지정해 놓는다.

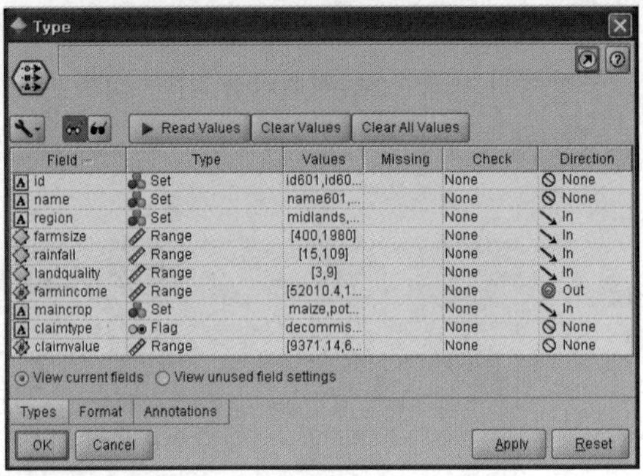

그리고 Neural Net 노드 [6]을 실행시켜 모형 [7]을 얻는다. 여기서 Neural Net 노드 [6]의 모든 세팅은 디폴트로 놓았는데, 결과를 살펴보면 다음과 같다. 분석의 랜덤성 때문에 반복적인 분석에서 동일한 결과가 나오지는 않는다.

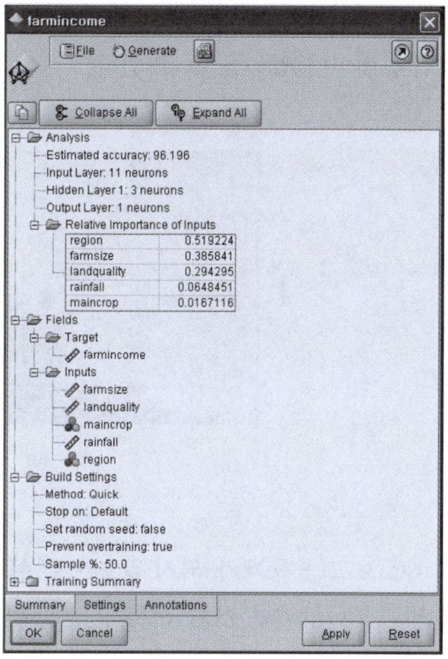

입력층(input layer)에서 11개(region 4개, farmsize 1개, landquality 1개, rainfall 1개, maincrop 4개), 은닉층(hidden layer)에서 3개의 노드가 사용되었으며, 과다훈련(over training)을 막기 위해 표본자료의 50%를 내부 검증(validation)에 배당한 결과로 정확도(accuracy) 96.2%의 모형이 생성되었음을 볼 수 있다.

클레멘타인 생성변수 $N-farmincome은 farmincome에 대한 신경망 적합값인데 만약 이것과 farmincome 사이에 차이가 크다면 농장소득(farm income) 보고에 문제가 있을 가능성이 있다. 따라서 Derive 노드 [8]에서 상대적 차이(diff)를 다음과 같이 정의하여 계산한다[절대적 차이가 아닌 상대적 차이를 보는 이유는 소득분포는 큰 값 쪽으로 긴 꼬리를 뻗는 모습이기 때문이다.].

$$\text{diff} = \frac{\text{farmincome} - \$\text{N-farmincome}}{\$\text{N-farmincome}} * 100$$

Distribution 노드 [9]는 diff의 분포를 보기 위한 것이다. 다음 출력에서 보듯이 대다수가 일정 범위, 예컨대 −25%에서 25% 내에 있으나 일부는 범위를 벗어나 있음을 볼 수 있다.

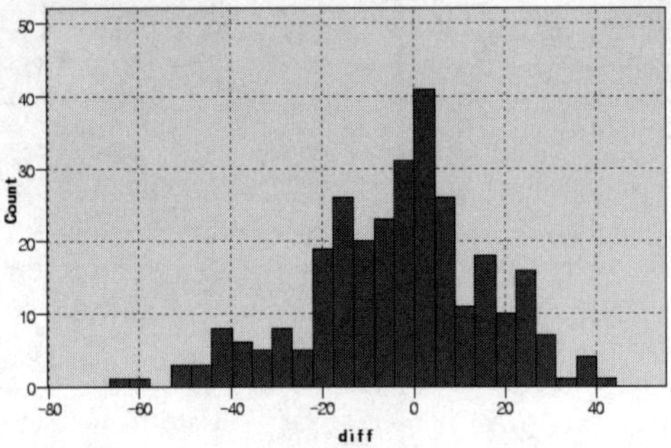

과소보고는 문제가 되지 않으므로 여기서는 diff가 일정값(25%) 이상인 사례에 주의하기로 하고 이들을 따로 뽑아 리스트하기로 한다. 노드 [10], [11], [12]가 이 작업을 위한 것이고 다음이 그 출력이다. 이들 총 294 농가 중 여기에 리스트된 20개 농가(6.8%)의 소득보고에 대하여는 세밀한 검토가 필요할 것이다.

Diff 25% List (6 fields, 20 records)

	id	name	region	farmincome	$N-farmincome	diff
1	id647	name647	southeast	1649820.000	1317408.354	25.232
2	id652	name652	midlands	451711.000	358297.613	26.071
3	id671	name671	southeast	245851.000	192506.121	27.711
4	id673	name673	midlands	380620.000	295974.913	28.599
5	id681	name681	southwest	528864.000	417933.961	26.542
6	id694	name694	southeast	486656.000	378748.900	28.490
7	id716	name716	southeast	335470.000	260359.233	28.849
8	id722	name722	southwest	218522.000	172494.757	26.683
9	id723	name723	midlands	504775.000	396363.915	27.351
10	id737	name737	southwest	387619.000	268066.733	44.598
11	id748	name748	southeast	410348.000	313182.508	31.025
12	id781	name781	southwest	613249.000	443431.039	38.296
13	id816	name816	southwest	283703.000	225171.215	25.994
14	id827	name827	southeast	416639.000	320022.386	30.191
15	id829	name829	southeast	272566.000	198853.158	37.069
16	id835	name835	southeast	329023.000	260294.076	26.404
17	id855	name855	southeast	311751.000	226018.090	37.932
18	id872	name872	midlands	546560.000	431847.866	26.563
19	id875	name875	southeast	262461.000	190068.904	38.087
20	id894	name894	southeast	444578.000	330119.312	34.672

지원금 청구액 모형

앞에서 언급된 바와 같이 농업 지원금 신청은 관개개발(arable development)

또는 휴경(decommissioning)에 할 수 있으므로 분야별로 다른 특성을 나타낼 것이다. 따라서 지원금 청구액에 대한 모델링을 신청분야로 나누어 하는 것이 당연한데, 여기서는 관개개발 사례들에 국한하여 살펴보기로 한다. Select 노드 [13]은 관계개발 사례들만 뽑기 위한 것이다.

우리의 최종관심은 청구액(claimvalue)의 적정성이다. 종속변수 claimvalue에 대한 설명변수로 region, farmsize, rainfall, landquality, farmincome, maincrop 등을 고려하기로 한다. 다음은 설명·종속변수의 지정 상태를 보여 주는 Type 노드 [14]의 편집 창이다.

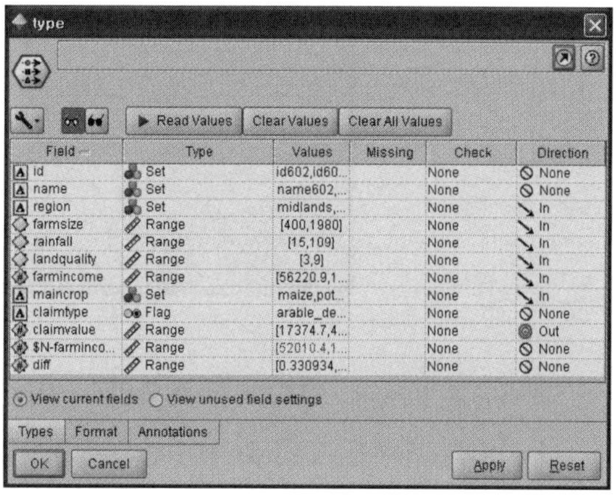

이제 신경망 모형을 적용할 단계이다. Neural Net 노드 [15]에서 모든 것이 디폴트로 세팅되었으나 은닉 층(hidden layer)의 노드 수를 5개로 지정하여 보았다. 그 결과 생성된 다음의 신경망 모형 [16]에서 96.4% 정확도의 신경망 모형이 구축되었음을 확인할 수 있을 것이다[신경망은 기본 특성상 매번 수행시마다 약간씩 다른 결과를 보여 준다. 적합 알고리즘이 임의수를 생성하여 활용하기 때문이다].

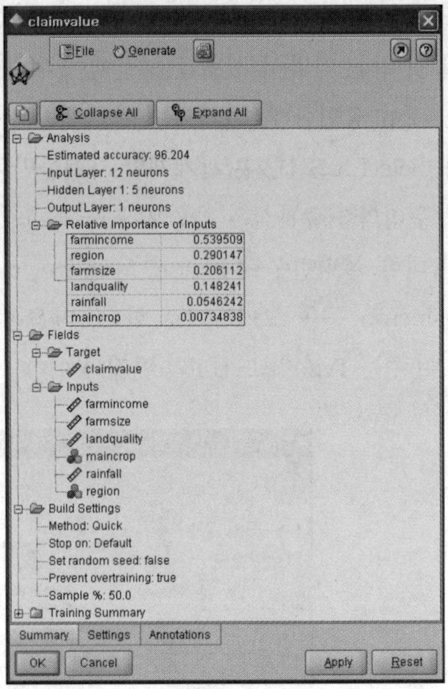

다음은 Plot 노드 [17]에서 종속변수 claimvalue에 대하여 실제값과 예측값 사이의 관계를 보기 위하여 만든 산점도이다. 일부 관측점들이 주 경향선에서 다소 위 · 아래에 흩어져 있음을 볼 수 있다.

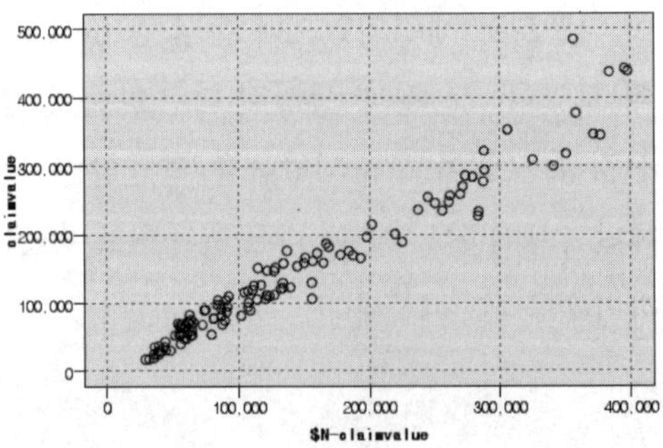

Derive 노드 [18]에서 claimvalue의 과다 · 과소성을

$$CV.diff = \frac{claimvalue - \$N\text{-}claimvalue}{\$N\text{-}claimvalue} * 100$$

으로 지표화하기로 하여, Distribution 노드 [19]에서 분포를 살펴본 결과는 다음과 같다.

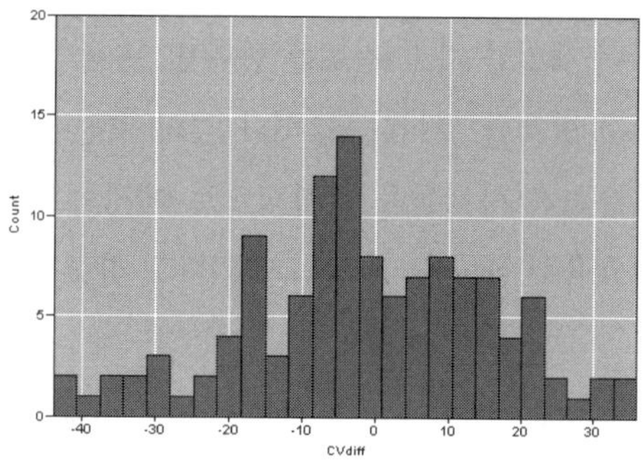

몇 개 신청 건에서 claimvalue가 과다한 것을 알 수 있다. Select 노드 [20]에서 CV-diff가 25%를 이상인 사례들만 추리는 작업이 수행되고 있고 Table 노드 [21]에서는 그것들이 리스트되고 있다. 즉 다음 명단은 부정(fraud), 또는 오류(error) 가능성이 있는 claimvalue 과다 농가들이다. 관개개발 신청 농가가 모두 121개이므로 이 중 4.1%에 해당하는 이들 5개 농가에 대하여는 면밀한 심사를 거쳐 지원금을 허가하여야 할 것으로 보인다.

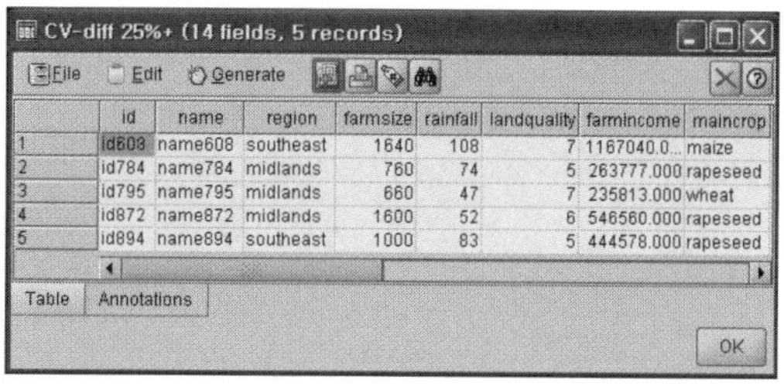
CV-diff 25%+ (14 fields, 5 records)

	id	name	region	farmsize	rainfall	landquality	farmincome	maincrop
1	id608	name608	southeast	1640	108	7	1167040.0...	maize
2	id784	name784	midlands	760	74	5	263777.000	rapeseed
3	id795	name795	midlands	660	47	7	235813.000	wheat
4	id872	name872	midlands	1600	52	6	546560.000	rapeseed
5	id894	name894	southeast	1000	83	5	444578.000	rapeseed

이제까지의 claimvalue 모형은 관개개발(arable development) 신청 심사용이다. 휴경(decommissioning)에 대하여도 마찬가지 흐름도를 적용할 수

있을 것이다.

맺음말

만약 모든 신청건에 대하여 제출된 자료가 적정한지를 일일이 검토하고자 한다면 그 작업량은 방대할 것이다. 그렇다고 임의의 몇 퍼센트만 추출하여 세밀한 자료 검토를 한다면 운 좋게도 검토 대상에서 빠지는 사례가 다수 발생할 것이다. 그러나 앞의 부정탐지 분석으로 부정(fraud)일 가능성이 유력한 사례들을 선별적으로 제시함으로써 지원금 심사 작업을 집중화·효율화 한다는 데 의의가 있다고 하겠다.

연습문제

2.1 지원금 청구분야가 휴경(decommission_land)인 사례들에 대하여 앞과 동일한 처리절차를 적용하여, 부정사례 리스트를 만들어 보라. 모두 몇 개 사례가 검출되는가?

2.2 앞의 사례에서는 두 단계의 모형화를 하고 있다. 첫 단계 분석에서 farmincome이 의심되는 것으로 꼽힌 20개 농가를 제외하고 둘째 단계의 claimvalue 모형을 만들어보라. 그리고 claimvalue 과다청구 농가 리스트를 작성하라.

실습파일

2.1 grandfraudN.db	분석자료
2.2 fraud1.str	그림 1.1의 클레멘타인 스트림

4.2 오작동 감지 사례

데이터 마이닝의 산업분야 응용은 최근 나타난 경향이기 때문에 여기서 한 전형적 사례를 다루고자 한다. 구체적으로 이 사례의 목적은 제조공정에서 기계가 오작동(malfunction) 상태에 빠지는가를 조기에 감지해내기 위한 모니터링 시스템 구축에 있다.

데이터의 이해

분석 데이터 COND1N은 제조공정에서 모니터 되는 다음 변수들을 포함한다.

- Time. 시간 (정수값)
- Power. 힘 (정수값)
- Temperature. 온도 (정수값)
- Pressure. 압력 이상 (0 = 정상, 1 = 비정상 경고)
- Uptime. 서비스 경과시간 (정수값)
- Status. 오작동 상태 코드 (0 = 정상, 101/202/303 = 오작동)
- Outcome. 오작동 출현 코드 (0 = 정상, 101/202/303 = 오작동 코드)

데이터의 이해를 돕기 위해 〈그림 2.1〉의 클레멘타인 스트림을 보자. Variable File 노드 [1]로 데이터를 읽은 뒤 Power에 대한 time 플롯 [2]와 Temperature에 대한 time 플롯 [3]을 그리고 있다.

〈그림 2.1〉
데이터 읽기와 Time 플롯 작성을 위한 클레멘타인 스트림: condplot0.str

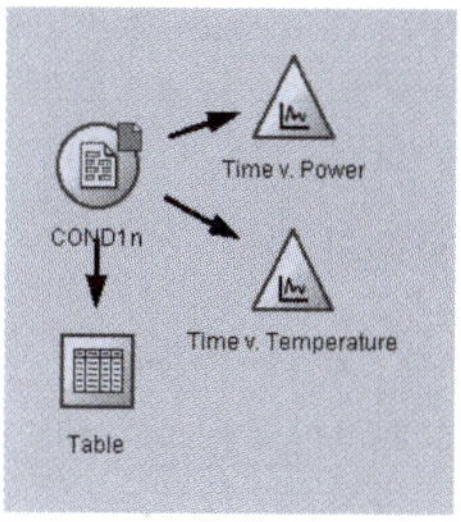

데이터를 읽은 결과를 보자. 다음 Table 노드 [4]의 출력에서 Status와 Outcome의 차이를 보면, Status는 Outcome에 후행한다는 점이다. 따라서

우리의 목표는 비정상 출현 코드인 Outcome을 대체할 수 있는 정확한 규칙 발굴에 있다. 왜냐하면 여기서와 같이 Outcome을 측정하는 것은 매우 특별한/값비싼 대가를 요구하기 때문이다. 다시 말하여, Outcome을 직접 측정하지 말고 그 대신 이 값을 다른 변수값들을 활용하여 예측하자는 것이다.

	Time	Power	Temperature	Pressure	Uptime	Status	Outcome
138	46	965	251	0	209	0	0
139	47	965	251	0	209	0	0
140	48	965	251	0	209	0	0
141	49	965	251	0	209	0	0
142	50	965	251	0	209	0	0
143	51	965	251	0	209	0	0
144	52	965	251	0	209	0	0
145	53	938	251	0	209	0	101
146	54	936	251	0	209	0	101

중간 생략

299	207	644	251	0	209	0	101
300	208	644	251	0	209	0	101
301	209	640	251	0	209	101	101

〈그림 2.2〉는 Power 및 Temperature에 대한 time 플롯이다. Time=0에서 시작한 그래프가 일정 시간 이후 다양한 패턴의 변동을 나타내는 것을 볼 수 있다. 본 사례분석의 목적은 변동 패턴으로부터 오작동 코드를 맞추는 것이다.

〈그림 2.2〉
Power(왼쪽)와 Temperature(오른쪽)에 대한 time 플롯

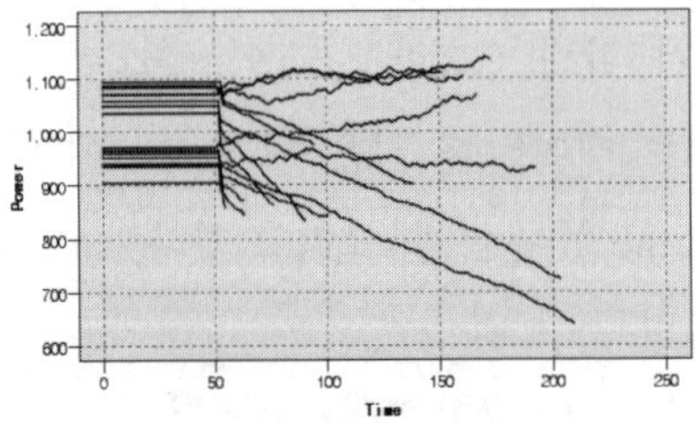

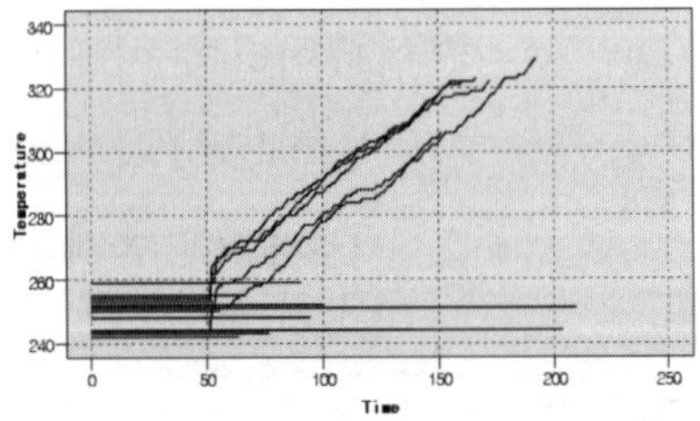

코드별 특징 패턴의 파악

〈그림 2.3〉의 스트림으로 오작동 코드별 Power와 Temperature에 대한 time 플롯의 특징 패턴을 보도록 하자. 〈그림 2.1〉의 스트림과 다른 점은 Outcome(=101/202/303)별로 time 플롯을 보았다는 점이다[Outcome = 0인 경우엔 Power와 Temperature의 변동이 전혀 없다].

〈그림 2.4〉의 time plot에서 볼 수 있는 오작동 코드별 특징은 다음과

〈그림 2.3〉
오작동 코드별 Time 플롯 작성을 위한 클레멘타인 스트림: condplot1.str

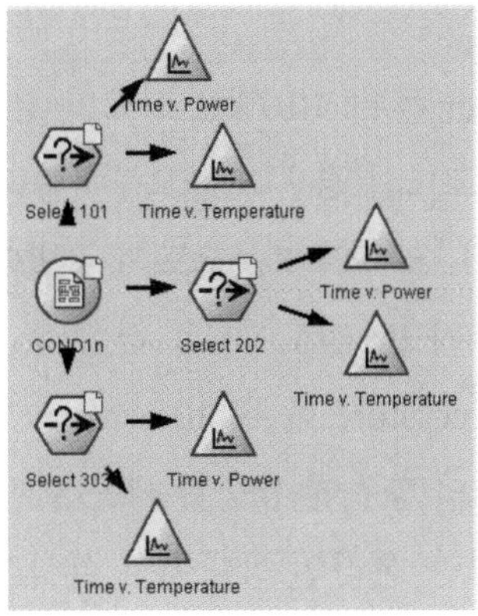

〈그림 2.4〉
오작동 코드별 time 플롯 패턴

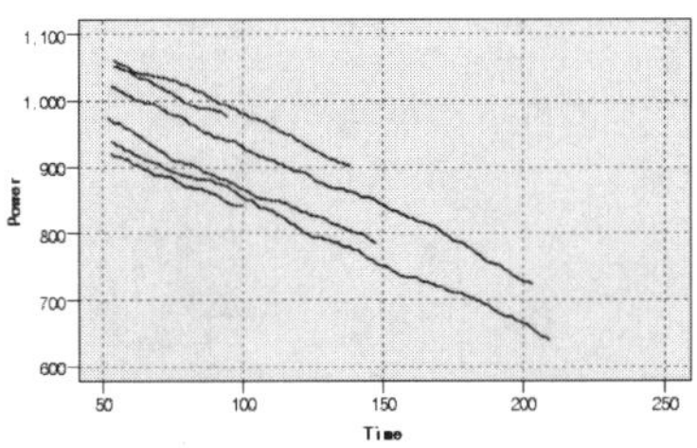

101 코드의 Power 플롯

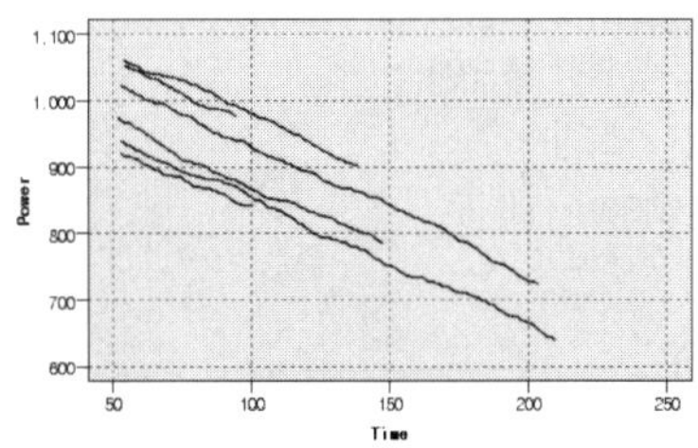

101 코드의 Temperature 플롯

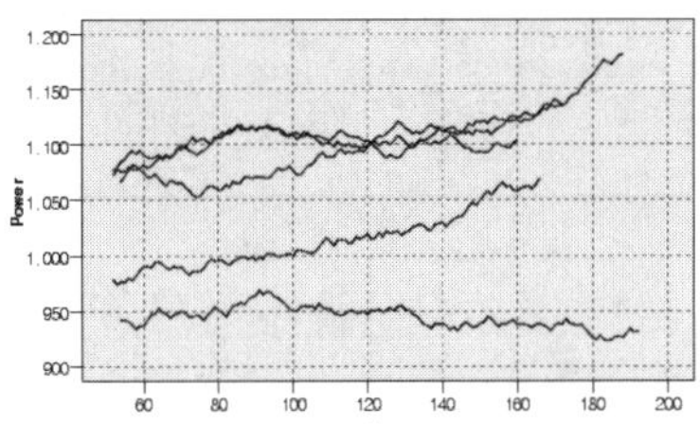

202 코드의 Power 플롯

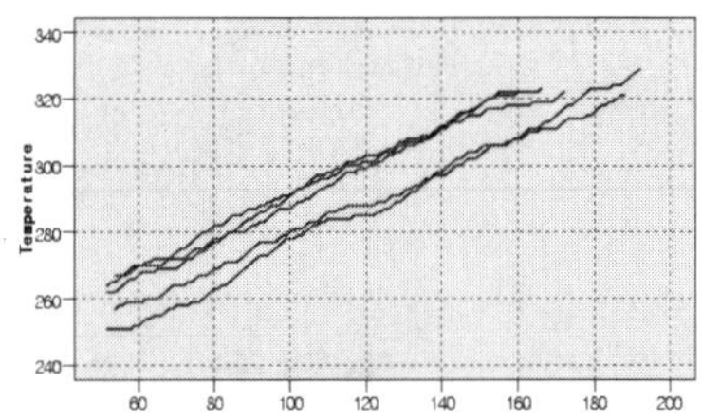

202 코드의 Temperature 플롯

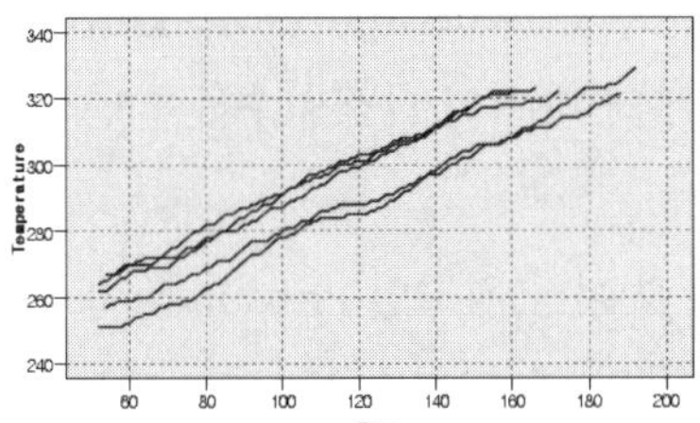

303 코드의 Power 플롯

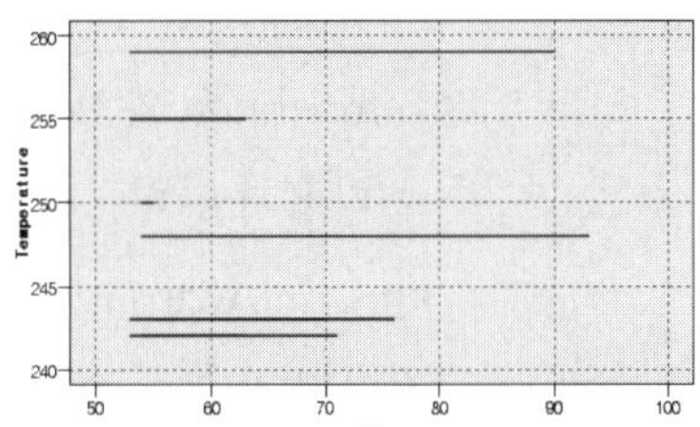

303 코드의 Temperature 플롯

같다.

1) Power 플롯: 101/303 코드의 경우 선형적으로 밋밋하게 하향한다. 반면, 202 코드의 경우 꼬불꼬불하다(즉, 상승 · 하향이 심하게 반복된다). 언뜻 보면 101 코드와 303 코드의 구별이 쉽지 않지만, 자세히 보면 time 축 범위의 비가 1:3 정도이므로 하향 추세의 강도에서 차이가 있음을 알 수 있다.
2) Temperature 플롯: 101/303 코드의 경우 변동이 전혀 없다. 그러나 202 코드의 경우엔 상승 추세를 보인다.

그러면, 온라인 상태에서 실시간적으로 오작동 상태를 분류 · 판정할 수 있을까? 이를 위해선 Power와 Temperature의 변화율 변동을 나타내는 다양한 파생변수를 만들어야 할 것이다.

〈그림 2.5〉
파생변수 및 모형의 생성을 위한 클레멘타인 스트림: condlearn1.str

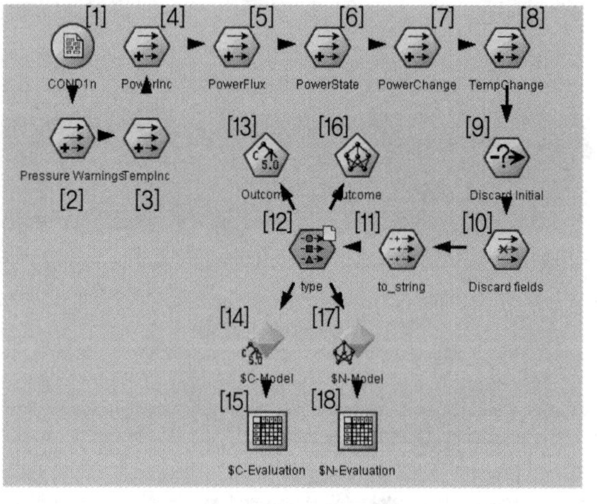

데이터 준비

〈그림 2.5〉 스트림에서 Pressure Warnings, TempInc, PowerInc, PowerFlux, Powerstate, PowerChange, TempChange 등 주로 Temperature와 Power로부터 다수의 파생변수들을 만들고 있는데 그 의미는 다음과 같다.

Pressure Warnings [2]: 압력 이상 경고인 Pressure(=0, 1) 값들의 누적으로 정의된다. Time이 0으로 바뀔 때 이 변수는 0으로 되돌려진다.

TempInc [3]: TempInc는 Temperature의 증분(increment)을 나타낸다.

CLEM 표현으로

$$\text{TempInc} = \text{@DIFF1(Temperature, Time)}$$

로 정의된다. 즉 TempInc(t) = Temperature(t)−Temperature(t−1)이다. 여기서 '변수(t)' 는 시점 t에서의 변수값을 말한다.

PowerInc [4]: PowerInc는 Power의 증분을 나타낸다. CLEM 표현으로

$$\text{PowerInc} = \text{@DIFF1(Power, Time)}$$

로 정의된다. 즉 PowerInc(t) = Power(t) − Power(t−1)이다.

PowerFlux [5]: PowerFlux는 연이은 Power 증분이 서로 다른 부호를 취할 때 'True' 가 되고 같은 부호를 취할 때 'False' 가 되도록 정의된 Flag 변수이다. Time=0에서는 당연히 정의되지 않는다. 다시 말하자면 PowerFlux는 Power가 불안정한 상태일 때 'T' 가 되도록 정의된 파생변수이다. 다음은 Derive 노드의 편집 창이다.

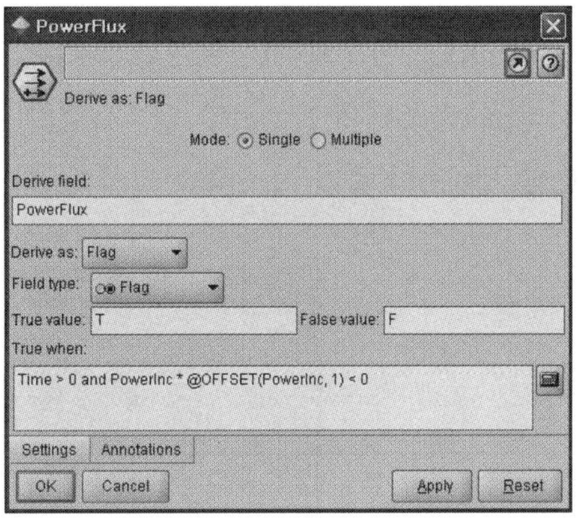

여기서 @OFFSET(PowerInc, 1)은 PowerInc 변수의 1 시차 이전(lag 1) 값을 나타낸다.

PowerState [6]: Power의 변동 상태를 'Fluctuating' / 'Stable' 로 나타내는데 'Stable' 에서 시작하되 'Fluctuating' 으로 바뀔 조건은 PowerFlux가 2회 연속 'T' 인 경우(즉, PowerInc가 +,−,+이거나 −,+,−인 경우)이며 'Stable' 로 바뀔 조건은 마지막으로 PowerFlux= 'T' 였던 시점으로부터 5 단위 넘게 경과한 경우 또는 새로 시간이 시작된 경우로 정의한다. 다시 말하여 Powerstate가 'Fluctuating' 이라는 것은 Power가 증감을 반복하는 상

태이고 'Stable' 은 Power의 증감이 일정한 상태(무변동 또는 단조추세)임을 나타낸다. Derive 노드의 다음 편집 창을 보라.

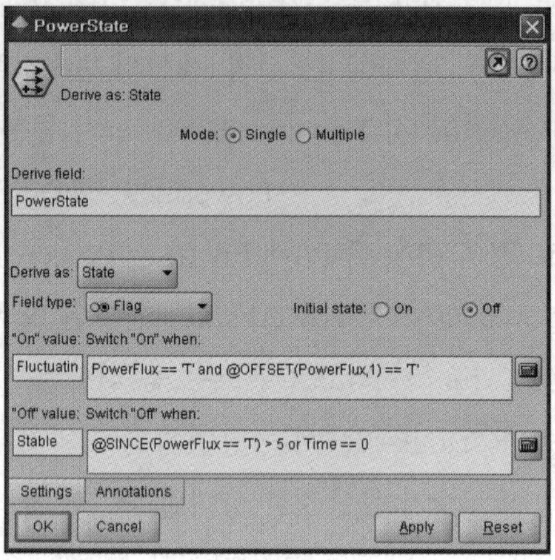

여기서 @SINCE(PowerFlux== 'T')는 마지막으로 PowerFlux== 'T' 였던 시점이 현 시점으로부터 얼마만큼 이전인가를 산출한다.

PowerChange [7]: PowerInc의 5시점 이동평균(moving average)을 산출함으로써 Power의 증감 속도를 파악한다. 다음은 Derive 노드의 편집 창이다.

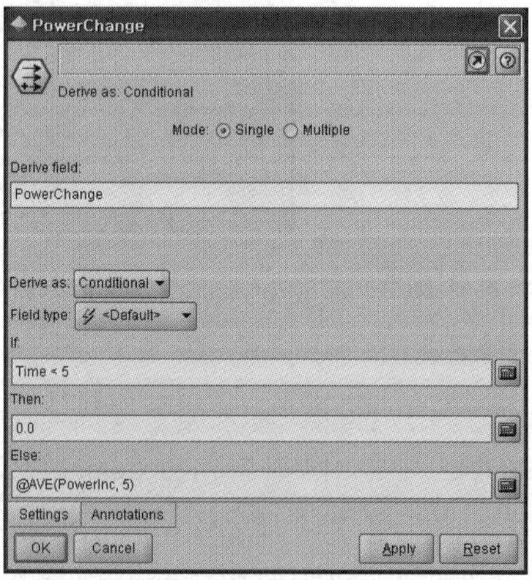

여기서 @AVE(PowerInc, 5)는 PowerInc의 최근 다섯 시점 값들의 평균을 산출한다.

TempChange [8]: TempInc의 5시점 이동평균을 산출함으로써 Temperature의 증감 속도를 파악한다. 다음은 Derive 노드의 편집 창이다. [Temperature에서는 Power와는 달리 2차적 변동 양상을 파악할 필요가 없기 때문에 TempFlux, TempState 등이 정의되지 않았다.] 아래에서 @AVE(TempInc, 5)는 TempInc의 최근 다섯 시점 값들의 평균을 산출한다.

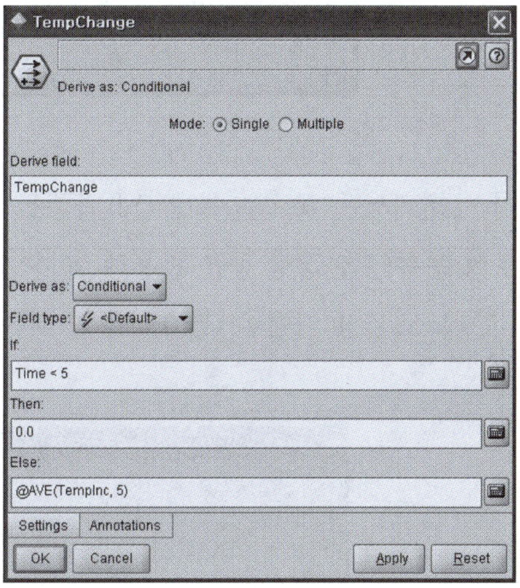

Discard Initial [9]: Time = 0인 경우는 Increment가 정의되지 않으므로 레코드를 버린다.

Discard Fields [10]: 모델링에서 사용하지 않을 Time, Power, Temperature, Pressure 등의 원변수와 TempInc, PowerInc, PowerFlux 등의 중간 파생변수들을 버린다.

Filler 노드 [11]: to_string 함수를 사용하여 정수값 변수인 Outcome(= 0/101/202 /303)을 범주형으로 바꾼다.

모형화

Type 노드 [12]: 최종적으로 종속변수와 설명변수를 정한다. 아래의 Type 노드 편집 창에서, Uptime, Status, Pressure Warnings, PowerState, PowerChange, TempChange 등을 설명변수로, Outcome을 종속변수로 설정하였다.

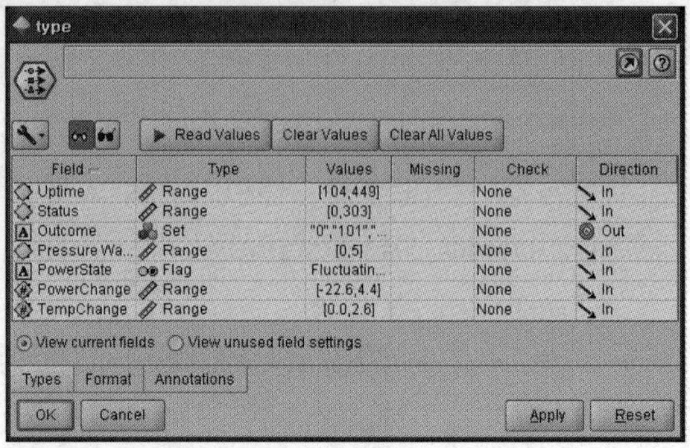

이 사례에서는 종속변수가 4개 범주를 갖는 세트(set) 변수이기 때문에 나무형 분류와 신경망 등을 활용해 볼 수 있을 것이다.

C5.0 노드 [13]: 다음은 C5.0 나무의 디폴트 편집 창이다(Model 부분).

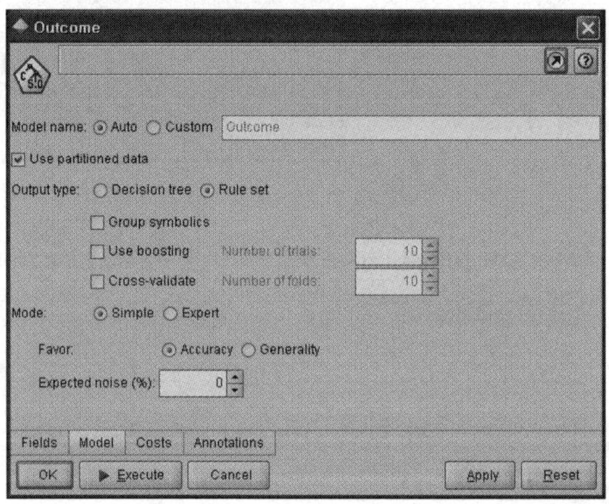

C5.0 모형 [14]: 다음과 같이 C5.0 규칙이 생성되었음을 볼 수 있다. 예로서 Outcome =0에 대한 규칙인 Rule 1을 보자.

if PowerChange > 0.2 and TempChange <= 0 and PowerState = Stable then Outcome = 0

이고 이 규칙은 1,048개 관측에 적용되어 신뢰도 99.7%를 보인다.

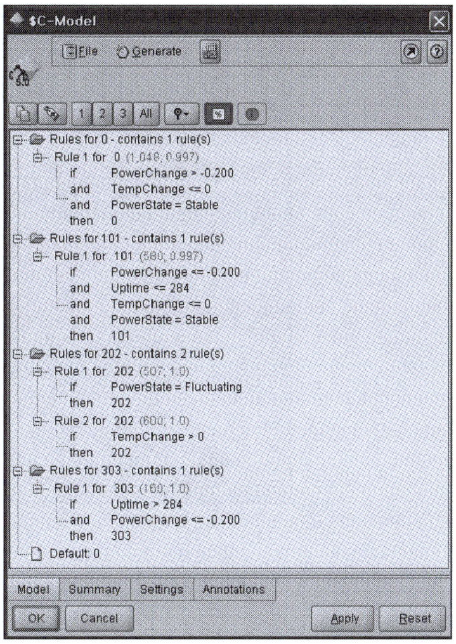

Matrix 노드 [15]: C5.0 분류의 정확성을 Matrix 노드를 써서 직접 살펴보자.

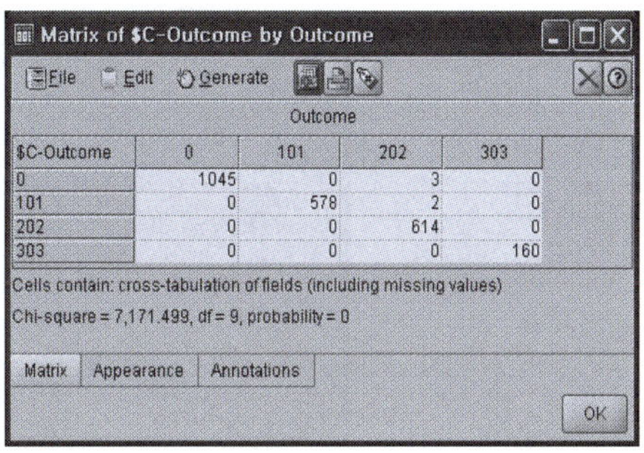

예컨대 Outcome=0으로 예측된 1,048개 관측 중에서 1,045개(99.7%) 관측은 제대로 나타났지만 3개(0.3%) 관측은 실제로 Outcome=202였음을 볼 수 있다.

신경망 노드 [16]: 다음은 Neural Net 노드의 디폴트 편집 창이다(Model 부분).

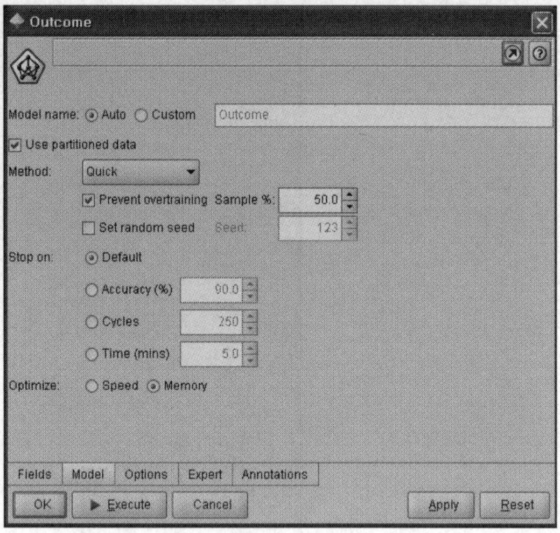

신경망 모형 [17]: 다음과 같이 은닉층에 3개의 노드를 가진 Neural Net 모형이 생성되었음을 볼 수 있다. 정확도는 99.5%이다.

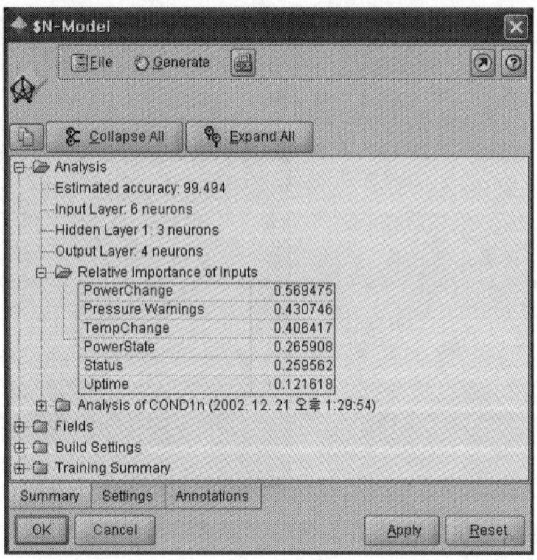

Matrix 노드 [18]: 신경망 분류의 정확성을 Matrix 노드를 써서 직접 살펴보자. 예로서, Outcome=0으로 예측된 1,055개 관측 중에서 1,045개(99.1%) 관측은 제대로 나타났고 1개(0.1%) 관측은 Outcome=101로, 9개(0.9%) 관측은 Outcome=202였음을 알 수 있다. 또한 580개의 '101' 중에서 577개는 옳은 것으로 나타났으나 3개는 그렇지 않았다.

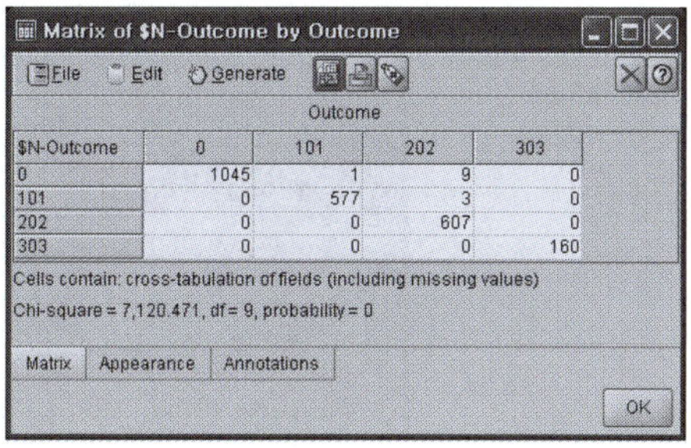
Matrix of $N-Outcome by Outcome

File Edit Generate

$N-Outcome	Outcome 0	101	202	303
0	1045	1	9	0
101	0	577	3	0
202	0	0	607	0
303	0	0	0	160

Cells contain: cross-tabulation of fields (including missing values)

Chi-square = 7,120.471, df = 9, probability = 0

Matrix Appearance Annotations

OK

평가

앞의 두 Matrix 표는 훈련 데이터로부터 생성된 모형을 훈련 데이터에 재적용하여 본 것이기 때문에 정확도가 과다보고될 가능성이 높다. 이를 막고자 별도의 데이터 셋 COND2n에 생성 모형을 적용해보기로 한다. 〈그림 2.6〉의 클레멘타인 스트림은 분석 데이터 셋만 빼고는 〈그림 2.5〉와 동일하다.

〈그림 2.6〉 생성모형의 평가를 위한 클레멘타인 스트림: condlearn2.str

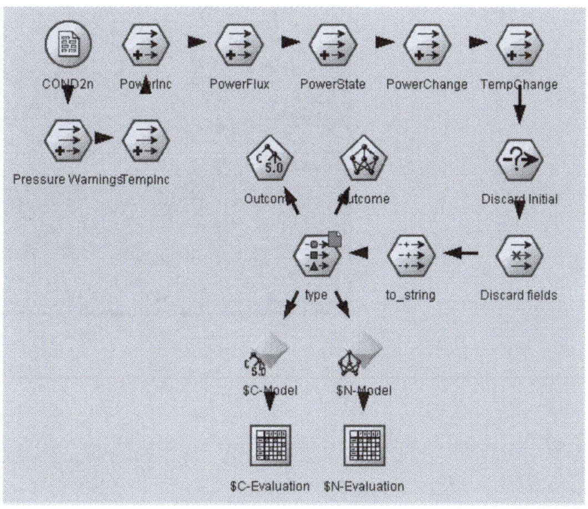

Matrix 노드로 생성모형의 정확도를 보자. C5.0 나무의 경우는 다음에서 보듯이 총 4,154개 관측 중에서 4,141개(99.7%) 관측을 제대로 분류하고 13개(0.3%) 관측을 오분류한다.

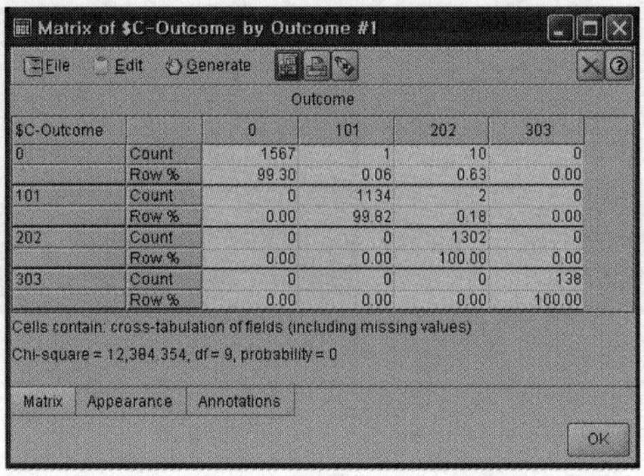

Matrix of $C-Outcome by Outcome #1

$C-Outcome		Outcome 0	101	202	303
0	Count	1567	1	10	0
	Row %	99.30	0.06	0.63	0.00
101	Count	0	1134	2	0
	Row %	0.00	99.82	0.18	0.00
202	Count	0	0	1302	0
	Row %	0.00	0.00	100.00	0.00
303	Count	0	0	0	138
	Row %	0.00	0.00	0.00	100.00

Cells contain: cross-tabulation of fields (including missing values)
Chi-square = 12,384.354, df = 9, probability = 0

신경망의 경우는 다음에서 보듯이 총 4,154 관측 중에서 4,125개(99.3%) 관측을 제대로 분류하고 29개(0.7%) 관측을 오분류한다. 이 사례에서는 C5.0이 신경망에 비해 다소 낫다고 말할 수 있다.

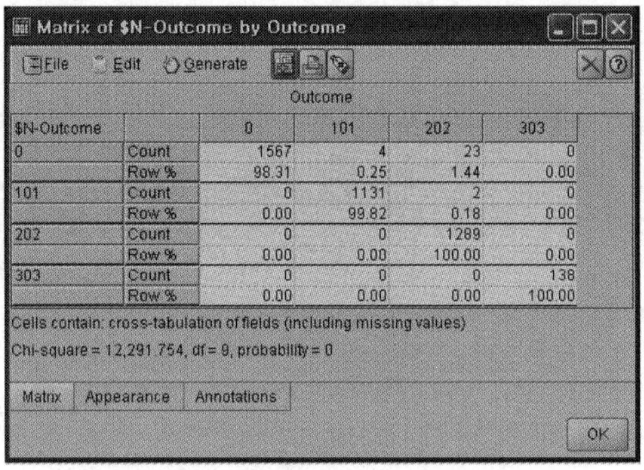

Matrix of $N-Outcome by Outcome

$N-Outcome		Outcome 0	101	202	303
0	Count	1567	4	23	0
	Row %	98.31	0.25	1.44	0.00
101	Count	0	1131	2	0
	Row %	0.00	99.82	0.18	0.00
202	Count	0	0	1289	0
	Row %	0.00	0.00	100.00	0.00
303	Count	0	0	0	138
	Row %	0.00	0.00	0.00	100.00

Cells contain: cross-tabulation of fields (including missing values)
Chi-square = 12,291.754, df = 9, probability = 0

맺음말

이 사례에서 얻을 수 있는 중요한 교훈은 데이터 준비과정에 있다. 데이터의 시간적 흐름을 관찰하여 그 특성을 수리적으로 표현함으로써 80% 성공한 것이나 다름이 없다.

연습문제

2.1 이 강의에서는 COND1n을 훈련 데이터로, 별도의 COND2n을 테스트 데이터로 쓰고 있다. 반대로 COND2n을 훈련 데이터로, COND1n을 테스트 데이터로 하여 앞의 분석을 반복해보라. 결론에서 중요한 차이가 나는가?

실습파일

– COND1n.db, COND2n.db	분석자료
– condplot0.str, condplot1.str	그림 2.1과 2.3의 클레멘타인 스트림
– condlearn1.str, condlearn2.str	그림 2.5와 2.6의 클레멘타인 스트림

4.3 광고효과 사례

이 사례에서는 광고–매출의 관계를 모형화할 것이다. 일정 광고액 지출이 어느 정도의 매출 증가를 가져올 수 있을지를 예측하고자 하는 것이 목적이다.

데이터의 이해 및 준비

GOODS1n은 200개 사례에서 광고 전후의 매출액을 기록한 자료로 다음 5개 변수로 구성되어 있다.

- Class. 상품유형 (Confection/Drink/Luxury/Meat)
- Price. 1개당 가격 (단가, unit price)
- Promotion. 광고비
- Before. 광고전 매출
- After. 광고후 매출

〈그림 3.1〉의 클레멘타인 7.0 스트림에서는, Variable File 노드 [1]로 자료를 읽은 뒤, 광고효과를 광고 전후의 상대적 매출 증가율 Increase를 정

의하여 산출하였다[2]. 즉

$$Increase = \frac{After - Before}{Before} * 100$$

그리고 Table 노드 [3]으로 자료를 출력해보고 있다.

〈그림 3.1〉 광고비 대 매출증가율의 관계를 보기 위한 클레멘타인 스트림: goodsplot.str

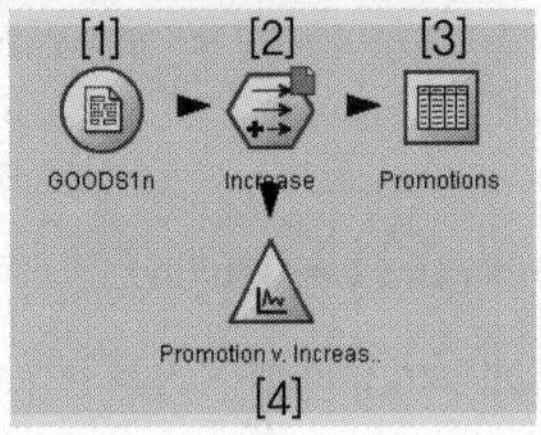

〈그림 3.2〉 상품유형별 광고비 대 매출증가율간 산점도

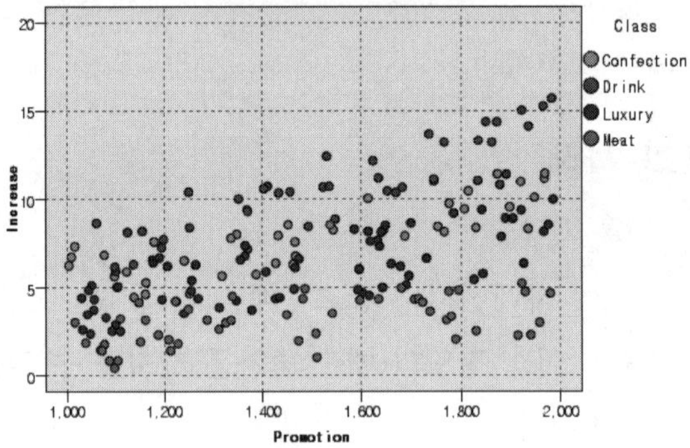

〈그림 3.2〉는 광고비(Promotion)와 매출 증가율(Increase)의 산점도를 플롯 노드 [4]로 그려 본 것이다. 그 결과 Meat, Luxury, Confectionery(과자), Drink의 순서로 광고효과가 크게 나는 것을 볼 수 있다. 다시 말하여 광고에 의한 매출 탄력성을 보면 Drink류가 가장 크고 Meat류가 가장 작게 나타난다. 따라서, 광고효과 모형에서 상품유형을 꼭 고려해야 할 필요가 있다고 하겠다.

모형화

데이터 마이닝이라고 해서 항상 나무형 분류/회귀와 신경망 같은 비모수적 모형을 쓰는 것은 아니다. 오히려 선형회귀와 같은 고전적인 모형이 잘 통하는 경우가 많다. 〈그림 3.2〉를 보면 상품유형별로 매출증가율이 광고비에 비례하여 증가하는 경향을 볼 수 있는데 이것을 수식으로 표현하면 다음과 같다.

$$Increase = \beta_{class} \cdot Promotion + \epsilon$$

여기서 β_{class}는 광고비가 매출증가율에 미치는 영향을 표현하는 class별 파라미터이고 ϵ은 임의오차이다. 앞의 회귀식의 특징은 절편이 없다는 것인데 이것은 광고비가 0이면 Increase도 0이 되는 것이 자연스럽게 기대되기 때문이다. 〈그림 3.3a, b〉는 이와 같은 회귀모형을 적용한 클레멘타인 스트림을 보라.

〈그림 3.3a〉의 Type 노드에서는 Promotion이 'In'으로, Increase가 'Out'로 지정되었다. 〈그림 3.3a〉의 스트림에서 여러 개의 Super 노드 중 Drink를 확대(Zoom In)한 것이 〈그림 3.3b〉이다. Super 노드내 Select 노드 [1]은 Class가 'Drink'인 경우에 포함(Include)하는 레코드 선택 기능을 한다. Regression 노드 [2]의 모델링 옵션에서는 절편이 포함되지 않도록 해당 항에서 체크 표시를 없애야 한다.

〈그림 3.3a〉
선형회귀를 위한
클레멘타인 스트림:
goodslearn1.str

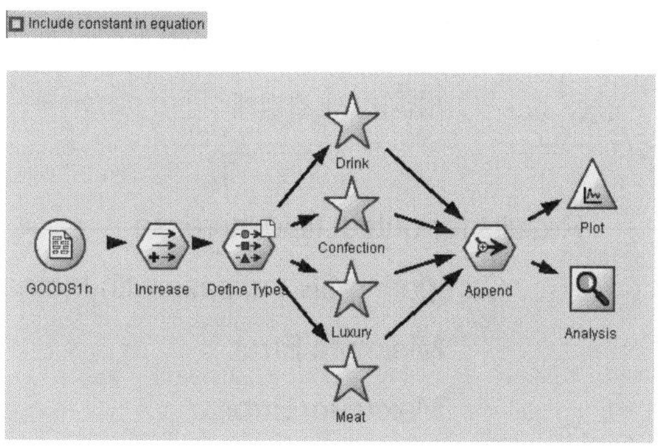

〈그림 3.3b〉
슈퍼노드 Drink

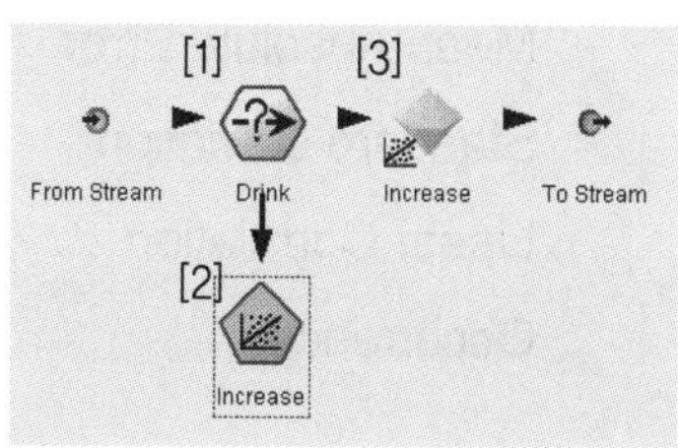

〈그림 3.4〉
Increase에 대한
선형회귀 적합값과
실제값간 산점도

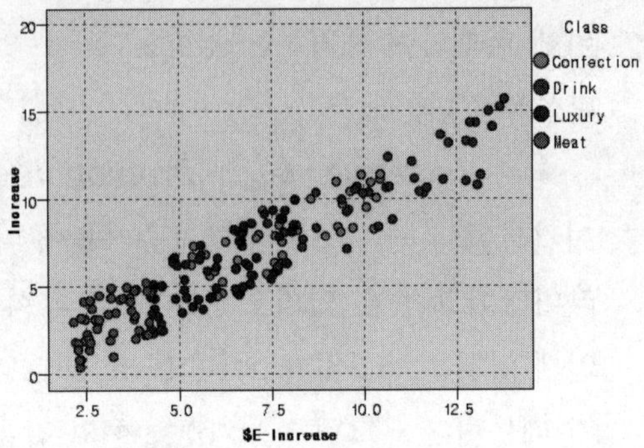

생성 회귀모형 [3]을 만든 뒤 Super 노드에서 빠지면(Zoom Out) 〈그림 3.3a〉의 본 스트림으로 복귀된다. 다른 Super 노드들(Confection, Luxury, Meat)도 이와 같다. 이제 Class 범주에 따라 4개로 나뉜 출력을 다시 합하여야 하는데 이것을 하는 것의 Append 노드이다. 결과를 출력하기 위하여 Plot 노드와 Analysis 노드를 사용한다.

〈그림 3.4〉는 Increase에 대한 선형회귀 적합값 $E-Increase와 실제값 Increase간 산점도인데 시각적으로 적합이 무난한 것으로 보인다. 다음이 Analysis 노드의 출력인데, 이로부터 적합값과 실제값간 상관계수가 0.928임을 볼 수 있다[따라서 결정계수는 0.928의 제곱인 0.861이다].

```
Results for output field Increase
    Comparing $E-Increase with Increase
        Minimum Error              −2.364
        Maximum Error               2.143
        Mean Error                 −0.023
        Mean Absolute Error         1.065
        Standard Deviation          1.225
        Linear Correlation          0.928
        Occurrences                   200
```

〈그림 3.5〉는 나무형 회귀(C&R Tree)와 신경망 적합을 위한 클레멘타인 스트림인데 Type 노드에서 Class와 Promotion이 'In' 으로, Increase가 'Out' 로 지정되었다. 그 밖의 것은 디폴트로 놓았기 때문에 더 이상의 설명은 하지 않기로 한다.

〈그림 3.5〉
나무형 회귀와 신경망 적합을 위한 클레멘타인 스트림: goodslearn2.str

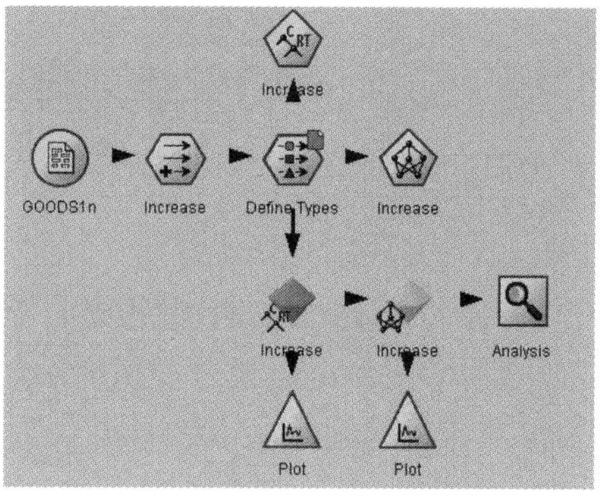

〈그림 3.6a〉는 나무형 회귀에 의한 적합값 $R-Increase와 실제값 Increase간 산점도이고 〈그림 3.6b〉는 신경망에 의한 적합값 $N-Increase와 실제값 Increase간 산점도이다. 두 산점도에서 X 축의 범위가 약간 다르기 때문에 비교시 주의가 필요하다.

〈그림 3.6a〉
Increase에 대한 나무형 회귀 적합값과 실제값간 산점도

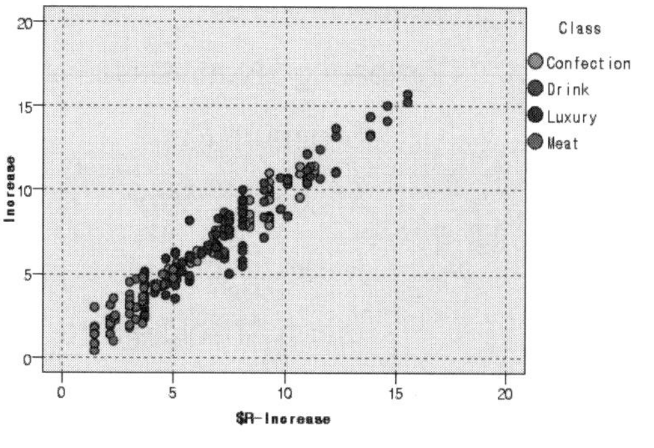

〈그림 3.6b〉
Increase에 대한
신경망 적합값과
실제값간 산점도

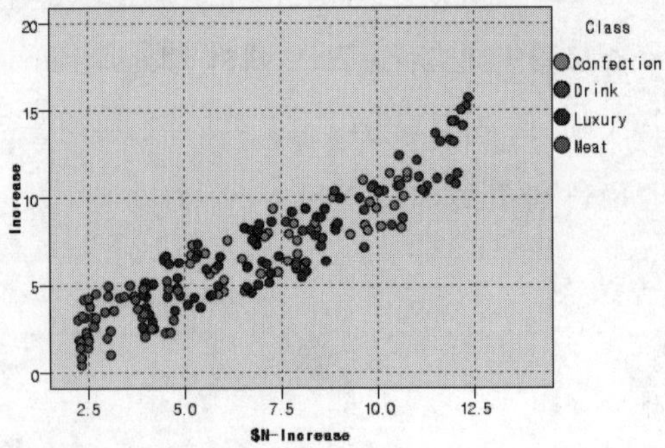

다음은 Analysis 노드의 출력이다. 적합값과 실제값간 상관계수가 신경망과 나무형 회귀에서 각각 0.919, 0.966임을 볼 수 있다. 또한, 적합값과 실제값 사이의 평균 절대값 오차(Mean Absolute Error)가 신경망과 나무형 회귀에서 각각 1.102, 0.664로 나무형 회귀가 다소 낫다고 할 수 있다. 그러나 이러한 평가는 훈련 데이터로부터 생성된 모형을 훈련 데이터에 재적용하여 얻은 결과이기 때문에 타당성이 높지 않다. 훈련 데이터와 겹치지 않는 데이터 셋에 적용하여 생성 모형을 평가할 필요가 있다.

Results for output field Increase
Individual Models
Comparing $N-Increase with Increase

Minimum Error	−2.577
Maximum Error	3.375
Mean Error	−0.001
Mean Absolute Error	1.102
Standard Deviation	1.299
Linear Correlation	0.919
Occurrences	200

Comparing $R-Increase with Increase

Minimum Error	−2.632
Maximum Error	2.436
Mean Error	0.000
Mean Absolute Error	0.664
Standard Deviation	0.853
Linear Correlation	0.966
Occurrences	200

평가

데이터 마이닝 모형에 대한 평가는 훈련 데이터 GOODS1n과 별도로 구분된 테스트 데이터 GOODS2n에 적용되어 얻어질 수 있다. 그 작업을 위해서 하여야 할 일은 〈그림 3.5〉의 스트림에서 입력자료 GOODS1n을 테스트 데이터 GOODS2n에 적용하는 것뿐이다. 회귀모형을 평가하기 위해서는 〈그림 3.3a〉의 스트림도 그렇게 고쳐야 한다. 다음이 그 출력이다. 평균절대값 오차(Mean Absolute Error)에 의하면 나무형 회귀보다는 신경망이, 신경망보다는 선형 회귀가 좋다는 것을 알 수 있다[훈련 데이터에 적용하였을 때는 신경망보다는 선형회귀가, 선형회귀보다는 나무형 회귀가 좋게 나온 바 있다].

Results for output field Increase

Individual Models

Comparing $N-Increase with Increase

Minimum Error	−3.144
Maximum Error	3.253
Mean Error	−0.096
Mean Absolute Error	1.076
Standard Deviation	1.262
Linear Correlation	0.927
Occurrences	400

Comparing $R-Increase with Increase

Minimum Error	−3.448
Maximum Error	3.857
Mean Error	−0.000
Mean Absolute Error	1.222
Standard Deviation	1.489
Linear Correlation	0.899
Occurrences	400

Comparing $E-Increase with Increase

Minimum Error	−2.376
Maximum Error	2.379
Mean Error	−0.108
Mean Absolute Error	1.065
Standard Deviation	1.218
Linear Correlation	0.932
Occurrences	400

맺음말

어느 사례에서나 다양한 모형을 비교 평가할 필요가 있다. 데이터 마이닝에서는 흔히 신경망, 나무형 분류/회귀 등의 비선형 모형을 고려하나 선형 회귀, 로지스틱 회귀와 같은 전통적인 선형 모형이 때로는 더 나은 결과를 제시하기도 한다.

연습문제

3.1 데이터 셋 GOODS2n을 2개 셋으로 임의 분할하여 그 중 하나로 모형을 훈련시키고 다른 하나로 모형을 테스트해 보라.

3.2 데이터 셋 GOODS2n으로 모형을 훈련시키고 GOODS1n으로 모형을 테스트해 보라. 결론이 바뀌는가?

실습파일

- GOODS1n.db, GOODS2n.db 분석자료
- goodsplot.str 그림 3.1의 클레멘타인 스트림
- goodslearn1.str 그림 3.3의 클레멘타인 스트림
- goodslearn2.str 그림 3.5의 클레멘타인 스트림

4.4 장바구니 사례

이 사례에서는 회원카드 제도를 운영하는 슈퍼마켓의 판매자료를 분석할 것이다. 따라서 분석자료에는 고객별 장바구니 품목이 무엇이었는지, 그리고 고객의 여러 인구사회적 사항 등이 포함된다. 이 절에서 하고자 하는 분석내용은 (1) GRI, Web, PCA/ Factor 등 다양한 기법을 통하여 유사한 품목들의 묶음을 알아내고 (2) 분류규칙 C5.0을 활용하여 그 품목들에 반응하는 고객들의 특성을 탐지해내는 것이다.

데이터의 이해 및 준비

분석자료 BASKETS1n은 18개의 필드를 가진 1,000개 레코드로 구성되어 있다. 필드 리스트는 다음과 같다.

대금결제 관련

- cardid. 회원카드 번호
- value. 총 구매금액
- pmethod. 지불수단 (=card/cash/cheque)

구매자의 인적 사항

- sex. 성
- homeown. 자가/세 거주
- income. 소득
- age. 나이

구매품목(T/F)

- fruitveg. 과일채소
- freshmeat. 생고기
- dairy. 우유제품
- cannedveg. 캔 채소
- cannedmeat. 캔 고기
- frozenmeal. 냉동식품
- beer. 맥주
- wine. 포도주
- softdrink. 청량음료
- fish. 생선
- confectionery. 과자

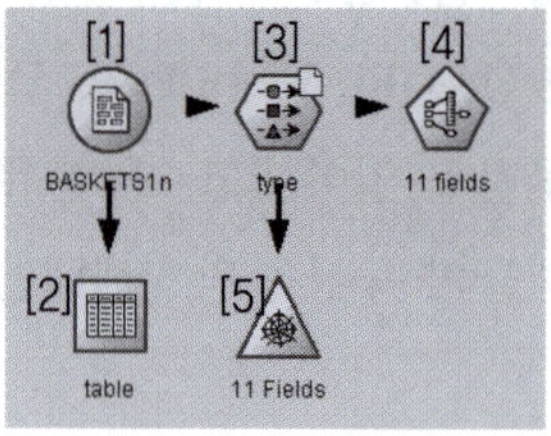

〈그림 4.1〉
장바구니 자료의 품목간 연관성을 보기 위한 클레멘타인 스트림: basklink1.str

〈그림 4.1〉의 클레멘타인 스트림에서는, Variable File 노드 [1]로 자료를 읽은 뒤, Table 노드 [2]로 자료를 출력해보고 있다.

Type 노드 [3]에서는 일부 필드의 유형을 조정한다. 예컨대 cardid는 Typeless로, pmethod와 sex는 Set로, …, fruitveg, freshmeat, …, confectionery 등은 Flag로 지정한다. 이어서 11개 품목 fruitveg, freshmeat, …, confectionery에 대한 방향(direction)을 Both로 지정하여 GRI 노드 [4]에 들어간다. 다음을 보라.

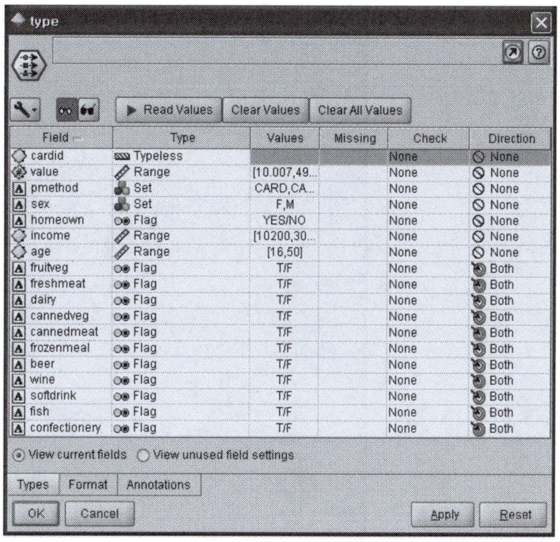

연관성 규칙의 생성

GRI 노드 [4]는 Apriori 노드와 함께 연관성 규칙을 생성해내는 기능을 한다. 전자는 미리 지정된 수의 규칙들을 만들어 내는 등 후자에 비해 운영방식이 자동에 가깝다. 모델 편집 창에서 최대 선행 항목을 3개로, 최대 규칙 수를 20개로 하고 Flag 중 'True' 만 처리하기로 하는 등 몇 가지 옵션을 정해둔다.

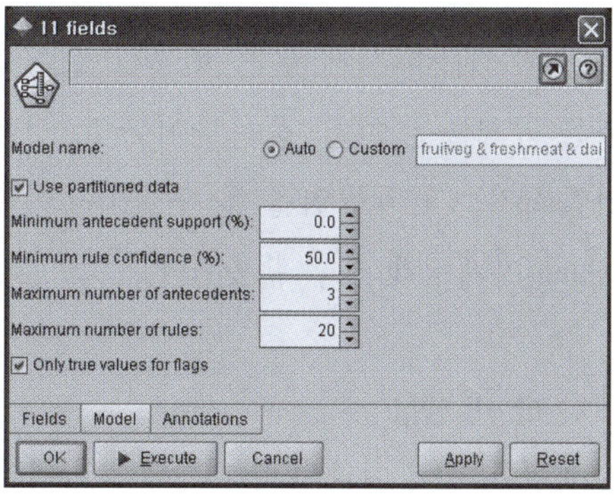

다음은 이에 따라 생성된 규칙들이다.

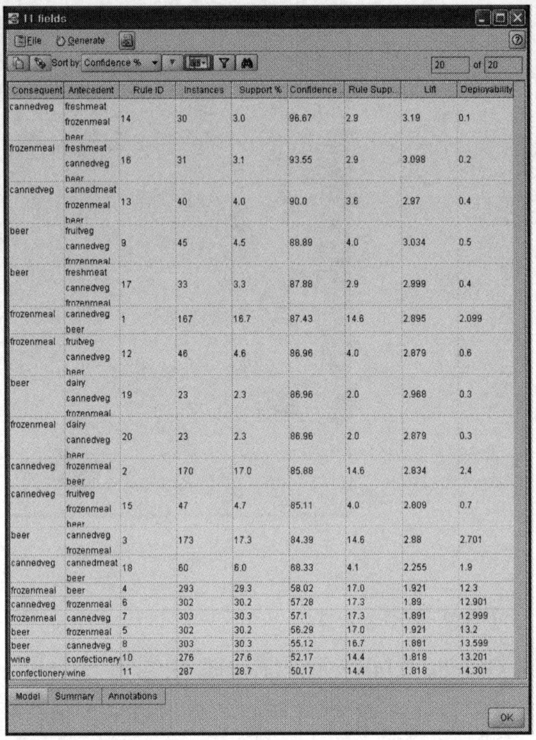

Consequent	Antecedent	Rule ID	Instances	Support %	Confidence	Rule Supp.	Lift	Deployability
cannedveg	freshmeat frozenmeal beer	14	30	3.0	96.67	2.9	3.19	0.1
frozenmeal	freshmeat cannedveg beer	16	31	3.1	93.55	2.9	3.098	0.2
cannedveg	cannedmeat frozenmeal beer	13	40	4.0	90.0	3.6	2.97	0.4
beer	fruitveg cannedveg frozenmeal	9	45	4.5	88.89	4.0	3.034	0.5
beer	freshmeat cannedveg frozenmeal	17	33	3.3	87.88	2.9	2.999	0.4
frozenmeal	cannedveg beer	1	167	16.7	87.43	14.6	2.895	2.099
frozenmeal	fruitveg cannedveg beer	12	46	4.6	86.96	4.0	2.879	0.6
beer	dairy cannedveg frozenmeal	19	23	2.3	86.96	2.0	2.968	0.3
frozenmeal	dairy cannedveg beer	20	23	2.3	86.96	2.0	2.879	0.3
cannedveg	frozenmeal beer	2	170	17.0	85.88	14.6	2.834	2.4
cannedveg	fruitveg frozenmeal beer	15	47	4.7	85.11	4.0	2.809	0.7
beer	cannedveg frozenmeal	3	173	17.3	84.39	14.6	2.88	2.701
cannedveg	cannedmeat beer	18	60	6.0	68.33	4.1	2.255	1.9
frozenmeal	beer	4	293	29.3	58.02	17.0	1.921	12.3
cannedveg	frozenmeal	6	302	30.2	57.28	17.3	1.89	12.901
frozenmeal	cannedveg	7	303	30.3	57.1	17.3	1.891	12.999
beer	frozenmeal	5	302	30.2	56.29	17.0	1.921	13.2
beer	cannedveg	8	303	30.3	55.12	16.7	1.881	13.599
wine	confectionery	10	276	27.6	52.17	14.4	1.818	13.201
confectionery	wine	11	287	28.7	50.17	14.4	1.818	14.301

예컨대 첫 번째 규칙은

cannedveg ← freshmeat & frozenmeal & beer

인데 신뢰도가 97%로 가장 높은 신뢰도를 나타내고 있다. 이 규칙의 선행 조건이 성립한 사례 수는 30 레코드로 그 빈도는 전체의 3%이다. 그리고 다른 규칙들은 여러 품목들이 서로 선행 품목과 후행 품목으로 엮여져서 만들어지는 규칙들임을 볼 수 있다. 이러한 연관성 규칙은 교차판매(cross selling)마케팅에 자주 활용된다.

웹 (거미 망) 생성

앞에서와 같이 연관성 규칙들에 나타나는 항목들은 선행과 후행의 양 방향으로 엮여 있는 경우가 많다. 따라서 유사한 항목들이 묶이는 양상을 시각화한 그래프를 만들 필요가 있겠는데 클레멘타인에서는 이것을 웹(거미줄망)으로 표현해낼 수 있다(노드 [5]). 웹을 유용한 형태로 만들기 위해서는 줄의 굵기를 조절해야 하는데 웹 출력 창에서 line value 슬라이드 바로 움직일 수 있다. 아래는 그것을 59로 정한 예이다. 이에 따라 해당 줄에 해당하는 사례가 59 레코드 이상인 경우만 웹에 나타난다.

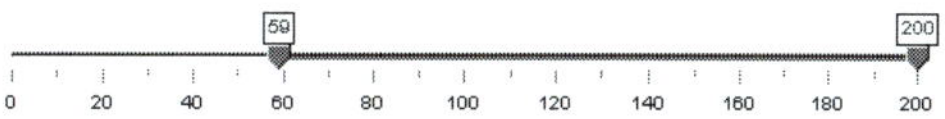

다음 쪽의 2개 웹 그래프에서 line value는 각각 59와 99로 세팅되었는데 이와 같이 line value 파라미터에 변화를 주어 웹 그래프의 윤곽을 다양하게 조절할 필요가 있다. line value가 59인 처음 그래프에서는 연관관계가 확실하지 않으나, 99로 세팅한 두 번째 그래프에서는

beer-cannedveg-frozenmeal, wine-confectionery, fruitveg-fish

와 같은 3개 품목 묶음이 드러나 있음을 알 수 있다.

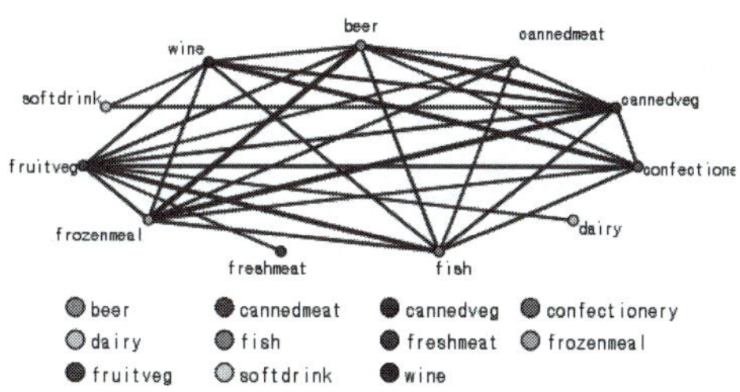

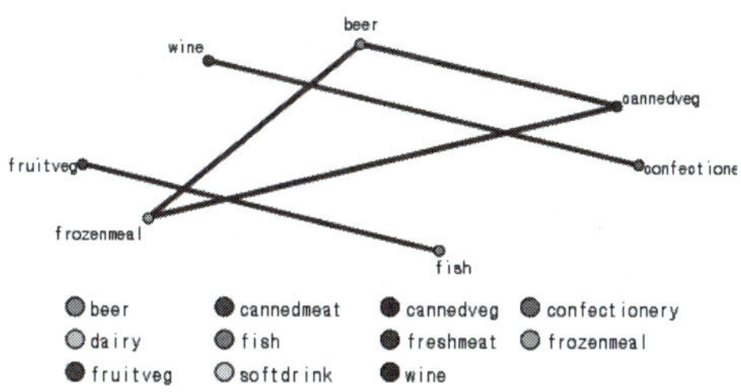

주성분/인자 분석의 활용

장바구니 자료에서 품목은 0/1 변수로 볼 수 있기 때문에 품목간 관계는 변수간 상관 관계가 되므로 전통적 방법인 주성분/인자 분석(PCA/Factor

Analysis)을 적용해 보기로 한다.

분석에 앞서 11개 품목 fruitveg, freshmeat, …, confectionery의 flag(T/F)를 숫자(1/0)로 코딩을 바꾸어서 fruitveg1, freshmeat1, …, confectionery1로 새로 명명하였다[SuperNode를 zoom-in해서 볼 것].

〈그림 4.2〉의 PCA/Factor 노드의 Expert 창에서 Varimax 회전을 지정하였는데 이를 통하여 축약적인 인자 구성이 산출되기 때문이다. 그 외 다른 옵션은 지정하지 않았다. 다음은 'advanced' 출력 중 일부이다.

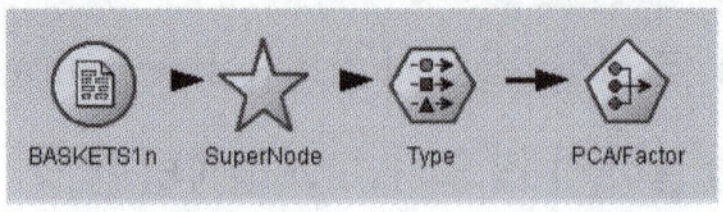

〈그림 4.2〉 PCA/Factor Analysis를 위한 클레멘타인 스트림 baskfactor1.str

표1 개인소득 자료 (일부): income.txt

	Initial Eigenvalues			Extraction Sums of Squared Loadings			Rotation Sums of Squared Loadings		
Component	Total	% of Variance	Cumulative %	Total	% of Variance	Cumulative %	Total	% of Variance	Cumulative %
1	2.023	18.389	18.389	2.023	18.389	18.389	2.006	18.238	18.238
2	1.795	16.317	34.706	1.795	16.317	34.706	1.774	16.128	34.366
3	1.311	11.919	46.625	1.311	11.919	46.625	1.330	12.093	46.459
4	1.282	11.652	58.277	1.282	11.652	58.277	1.285	11.686	58.145
5	1.009	9.169	67.446	1.009	9.169	67.446	1.023	9.301	67.446
6	.986	8.967	76.413						
7	.738	6.705	83.118						
8	.674	6.126	89.244						
9	.605	5.503	94.746						
10	.578	5.254	100.000						
11	2.185E-17	.986E-16	100.000						
Extraction Method: Principal Component Analysis. Total Variance Explained									

Component Matrix(a)

	Component				
	1	2	3	4	5
fruitveg1	4.082E-02	-3.292E-02	-.402	.679	-3.780E-02
freshmeat1	.973	.219	-2.168E-03	6.961E-03	-5.129E-02
dairy1	3.284E-02	-.107	-.125	.170	.554
cannedveg1	-.155	.716	.223	.139	7.472E-02
cannedmeat1	.973	.219	-2.168E-03	6.961E-03	-5.129E-02
frozenmeal1	-.184	.740	5.596E-02	7.566E-02	5.533E-02
beer1	-.212	.721	8.404E-02	.101	-6.927E-02
wine1	5.619E-03	-.175	.726	.350	-6.661E-02
softdrink1	.114	-2.646E-04	.121	6.289E-02	.812
fish1	-4.748E-02	-2.697E-02	-.382	.685	-.104
confectionery1	8.268E-02	-.275	.622	.402	-8.003E-02

Extraction Method: Principal Component Analysis. a 5 components extracted.

Component Matrix(인자부하행렬)에서 Component1에 FreshMeat와 Canned Meat, Component2에 CannedVeg/FrozenMeal/Beer, Component3에 Wine과 Confectionery, Component4에 FruitVeg과 Fish, Component5에 Dairy와 SoftDrink의 부하가 큰 것을 알 수 있다. 즉 이런 식으로 11개 품목이 5개 그룹을 이루고 있음을 볼 수 있다. 그 중 3개 그룹은 앞의 웹 그래프에서 볼 수 있었다. 5개 인자에 대한 Component Matrix가 산출된 이유는 5개 인자의 고유값, 즉 분산이 1보다 크기 때문이다[앞의 표 참조].

특정 구매 패턴을 보이는 고객 집단의 규명

연관성 규칙, 웹 그래프, 주성분/인자 분석에서 여러 패턴의 구매 양상을 보았는데, 그렇다면 다음 작업은 그런 패턴을 보이는/보이지 않는 고객 집단을 규명하는 것이다. 이 때 클레멘타인에서 나무형 분류 C5.0 알고리즘을 활용한다. 〈그림 4.3〉의 클레멘타인 스트림에서는 다음 질문에 답하기 위한 자료분석 작업을 한다.

1) 규칙 "Confectionery → Wine"의 신뢰도는 52%로 나온 바 있다. 그렇다

면 이 규칙이 성립하지 않는 경우도 상당히 있다는 이야기가 된다. 따라서 Confectionery를 구매한 고객들 중에서 Wine을 구매한 52%와 Wine을 구매하지 않은 48%는 어떤 인구적 · 사회적 요인에서 차이가 있는가?

2) 규칙 "Wine → Confectionery"의 신뢰도도 50%로 나왔다. Wine을 구매한 고객들 중에서 Confectionery를 구매한 50%와 구매하지 않은 50%는 어떤 인구적 · 사회적 요인에서 차이가 있는가?

3) Wine & Confectionery 집단은 어떤 인구 · 사회적 특성을 갖는가?

이 외에도 연관성 패턴에 대한 해석을 위한 더 많은 질문을 할 수 있을 것이다. 어느 것이나 답변 방식은 다음과 유사할 것이다.

〈그림 4.3〉
특정 패턴의 고객 집단을 규명하기 위한 클레멘타인 스트림: baskrule1.str

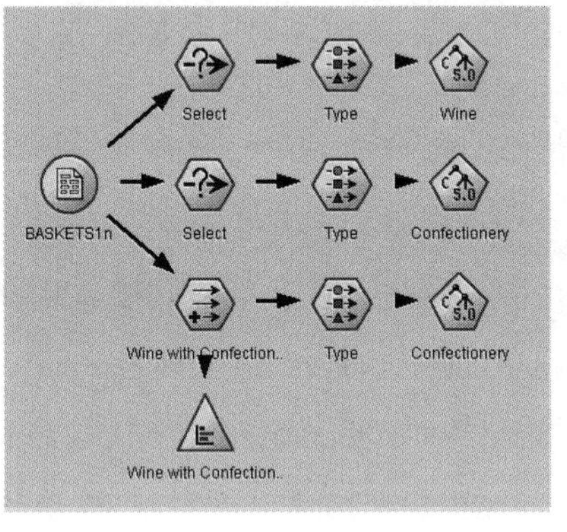

노드 [1], [2], [3]은 질문 1에 답하기 위한 작업과정이다. Select 노드 [1]에서는 Confectionery 고객 레코드만을 남기고 나머지 레코드는 버린다. Type 노드 [2]에서는 종속변수인 Wine의 방향을 'Out'로 하고 설명변수인 pmethod, sex, homeown, income, age의 방향을 'In'으로 잡는다[이 때 총 구매 금액 value는 설명변수에서 제외되었는데 그 이유는 구매금액이 Wine 값을 포함할 수 있기 때문이다].

C5.0 노드 [3]을 별 옵션 없이 수행하면 다음 출력을 얻을 것이다.

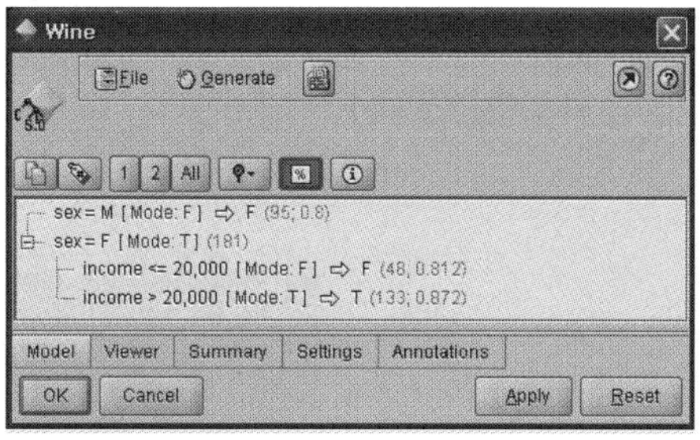

고객이 남자(M)이면 Wine을 구매하지 않는다(신뢰도 80%). 여자(F)이면 소득(income)을 따져봐서 income≤20,000이면 구매하지 않고(신뢰도 81.2%) income＞20,000이면 Wine을 구매하는(신뢰도 87.2%) 경향이 있다. 즉 Confectionery 구매 고객 중 Wine 교차구매 여부에 영향을 주는 요인은 첫째 고객의 성별이고 그 다음이 소득이라는 것이다.

노드 [4], [5], [6]은 'Wine 구매가 Confectionery 구매로 이어지는가' 라는 질문 2에 대한 답을 제공한다. 여기서도 고객의 성별이 중요하고 다음으로 소득이 조건적으로 뒤따르는 것을 볼 수 있다.

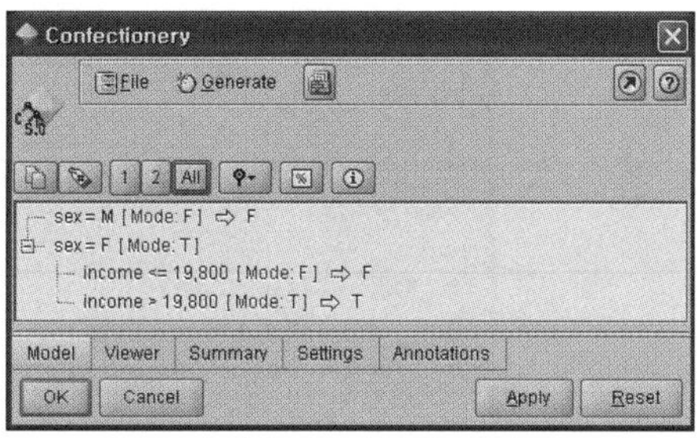

노드 [7], [8], [9], [10]은 질문 3에 답하기 위한 작업과정이다. Derive 노드 [7]은 Wine과 Confectionery가 모두 'T' 인 레코드와 그렇지 않은 레코드를 구분하여 표식하기 위한 것이다(변수명: Wine with Confectionery). 이에 대한 분포를 Distribution 노드에서 본 결과 Wine with Confectionery = 'T' 가 14.4%, 'F' 가 85.6%로 나타나 불균형이 상당한 것으로 나타났다. 이런 문제를 해결하기 위하여 Balancing을 취할 수도 있겠으나 〈그림 4.3〉의 스트림에서는 C5.0 모델링 노드 [9]에서 다음과 같이 오분류 비용(misclassification cost) 옵션을 지정하여 해결하였다.

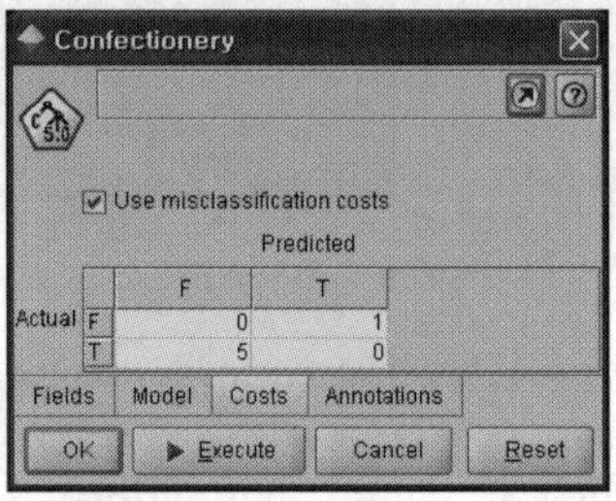

여기서 실제 'T' 인 레코드를 'F' 로 분류하는 경우 5배의 비용을 부과함으로써 가급적 'T' 인 레코드를 놓치지 않도록 배려하였다. 여기서 5배란 수치는 불균형 비인 85.6/14.4에서 나온 대략 값이다. 이 외에도 다음과 같이 가지치기 심도 pruning severity와 자식 노드 child branch의 크기에 최소기준을 지정함으로써 지나치게 복잡한 나무가 생성되는 것을 막았다.

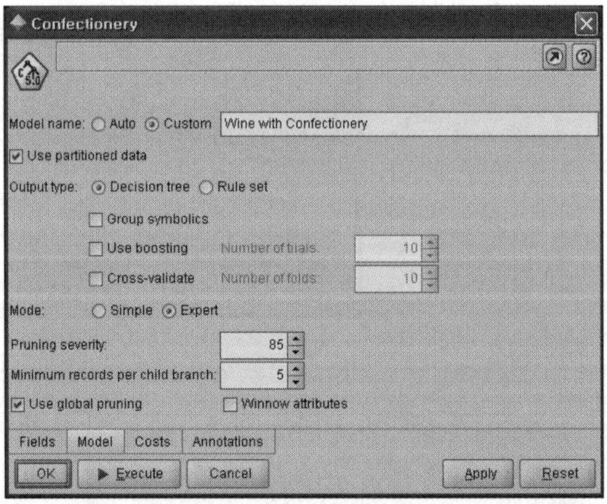

그 결과 형성된 분류 나무는 다음과 같다.

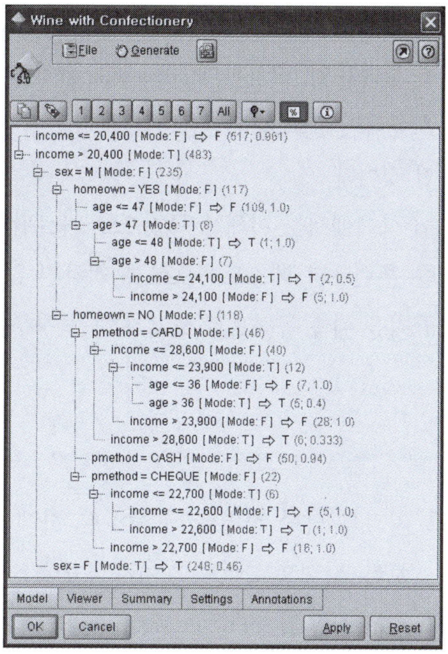

이를 해석하여 보자. Wine과 Confectionery의 동시구매 여부에 관한 분류 규칙은

income ≤ 20,400이면 동시구매할 고객이 아니다(신뢰도 96.1%).

income > 20,400이면 고객의 성을 봐서 분류한다.

- 여자(F)이면 동시구매할 고객이다(신뢰도 46%).
- 남자(M)이면 homeown, age, pmethod, income 등 몇 가지 요인을 더 따져봐야 한다. homeown= 'T' , age>47인 경우, pmethod= 'CARD' 이면서 income >28,600인 경우 등이 동시구매 가능성이 있는 고객이다.

맺음말

장바구니 자료는 회원제 슈퍼마켓에서만 생기는 것이 아니다. 범용적으로 모든 온라인 쇼핑에서 같은 유형의 자료가 축적되고 있다. 이런 경우에서 고객들의 구매 행태를 이해하여 정교하게 고객 세분화(customer segmentation)를 한다든지, 교차판매(cross-selling)에 활용한다든지, 표적 집단을 선정하여 효율적인 광고 캠페인을 전개한다든지 하는 데에 이런 유형의 작업이 필요할 것이다.

이 사례에서는 이해를 목적으로 자료탐색에 집중하였기 때문에 분석 자료를 훈련용과 테스트용으로 분리하지 않았다. 그러나 만약 생성된 연관성 규칙을 예측 목적으로 쓰고자 하는 경우에는 자료 분할이 필요하다.

연습문제

4.1 자료를 남녀 성별로 나누어 본 사례와 동일한 분석 프로세스를 적용해 보라. 남녀별로 어떤 차이가 있는가?

4.2 CannedVeg & FrozenMean → Beer라는 연관성 규칙의 신뢰도는 84%로 나타난 바 있다. CannedVeg와 FrozenMean 구매 고객을 대상으로 Beer 구매여부를 예측하기 위한 C5.0 분류규칙을 만들어 내고 해석해 보라.

실습파일

- BASKETS1n.db　　분석자료
- basklink1.str　　그림 4.1의 클레멘타인 스트림
- baskfactor1.str　　그림 4.2의 클레멘타인 스트림
- baskrule1.str　　그림 4.3의 클레멘타인 스트림

chapter_05

클레멘타인 고급 모델링

차례 및 개요

5.1 클레멘타인의 신경망 모형

클레멘타인이 제공하는 신경망 기법의 예측 및 분류 문제 적용을 다룬다. 신경망 알고리즘의 종류와 원리를 설명하고 Expert 옵션의 사용법과 함께 응용 사례를 제시한다.

5.2 클레멘타인의 나무 모형

If-Then-Else 형식의 규칙은 이해하기 쉽고 활용하기도 쉽다. 클레멘타인의 C5.0과 C&R Tree는 이와 같은 형식으로 표현되는 지도학습(supervised learning) 기법이다. 클레멘타인이 제공하는 나무구조의 결정규칙인 C5.0과 C&R Tree의 원리를 설명하고 Expert 옵션의 사용법과 함께 응용 사례를 제시한다.

5.3 클레멘타인의 군집화 기법

클레멘타인은 K-means, TwoStep, Kohonen 등 3개의 군집화 노드를 갖고 있다. 이들 기법의 알고리즘을 소개하고 이들을 언제 어떻게 사용하는 것이 좋은지를 설명할 것이다.

5.4 클레멘타인의 연관성 규칙

클레멘타인은 Apriori와 GRI, Sequence 등 3개의 연관성 규칙 노드를 제공한다. 이들 기법의 원리를 설명하고 다양한 옵션들을 언제 어떻게 사용하는 것이 좋은지를 토의하기로 한다[Sequence 노드에 대하여는 3장의 별첨 참조].

Chapter 05

클레멘타인 고급 모델링

5.1 클레멘타인의 신경망 모형

생물체는 외적 자극을 받으면 이를 뉴런이 접수하여 여러 단계에 걸쳐 가공하여 뇌에 전달하면 뇌가 최종 처리하는 정보 시스템을 갖는데, 신경망(neural network) 모형은 이러한 생물체의 신경체계를 본 따 만든 기계학습 방법이다.

이 장에서는 클레멘타인의 신경망 기법을 예측 및 분류 목적으로 사용하는 경우를 다루기로 한다(여기서 예측은 목표변수가 실수값인 경우, 분류는 목표변수가 범주형인 경우를 일컫는다). 즉 관측개체(레코드)가 $c(\geq 1)$개의 실수값 목표변수를 갖는 경우 또는 $c(\geq 2)$개 중 하나의 범주로 분류되는 경우 신경망 기법을 사용하여 모형을 만들고 활용하는 방법을 설명할 것이다.

표기

다음과 같이 관측 및 자료값을 표기한다[n은 개체(레코드) 수].

$x_i = (x_{i1}\ x_{i2} \cdots x_{ip})$: 개체 i에 대한 다변량(p차원) 관측, 설명벡터

y_{ik} : 개체 i의 k째 목표변수값, 또는 분류 코드[더미값],

$i=1, \cdots, n\ ;\ k=1, \cdots, c.$

분류의 경우, $y_{i1}, \cdots, y_{ic}$ 는 개체 i의 분류 범주에 대하여만 1이고 나머지는 0인 0−1 (더미)값을 취한다. 다음과 같이 변수(필드)를 표기한다.

$X_1, X_2, \cdots, X_p$: 설명 변수 [p개], 입력변수

$Z_1, \cdots, Z_m$: 은닉 변수 [m개]

$Y_1, \cdots, Y_c$: 예측 또는 분류 대상 목표 변수 [c개],

출력변수 $Z_1, \cdots, Z_m$은 은닉변수이므로 직접 관측되지 않는다.

신경망 모형

신경망 모형에는 여러 가지가 있지만, 우선적으로 몇 개 층을 입력과 출력 사이에 숨겨 두는가에 따라 분류된다. 〈그림 1.1〉의 모형은 은닉변수들을 1개의 숨은 층(은닉 층, hidden layer)에 넣은 신경망 모형이다. 대개의 신경망 모형은 은닉 변수의 생성 방식에 따라 1) 다층 퍼셉트론 모형과 2) 방사형 기저함수 모형으로 구분된다.

〈그림 1.1〉 신경망 모형

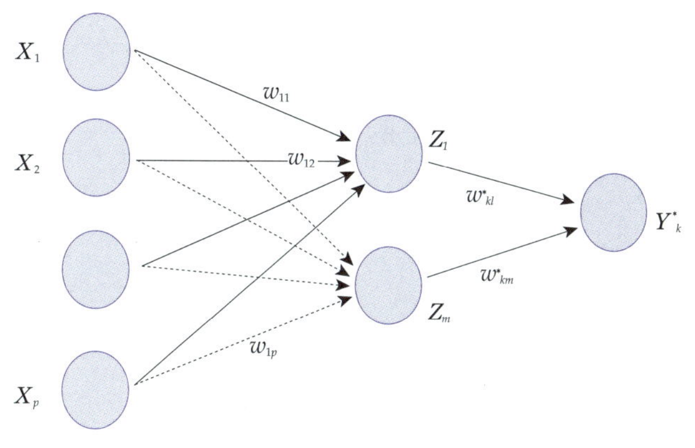

클레멘타인에서 모든 변수는 신경망 적용에 앞서 범위 표준화되어 최소값 0, 최대값 1을 갖도록 처리된다. 즉 설명변수값 x_{ij}는 $(x_{ij}-m_j)/(M_j-m_j)$로 변환된다[여기서 m_j와 M_j는 변수 X_j의 최소값과 최대값이다. 자연스럽게 더미값(0과 1)은 변경되지 않는다]. 목표변수값 y_{ik}도 같은 방식으로 변환된다.

다층 퍼셉트론 (MLP, multi-layer perceptron) 모형

1) 은닉변수의 결정 모형:

$$Z_j = f(w_{j0} + w_{j1}X_1 + w_{j2}X_2 + \cdots + w_{jp}X_p),\ j=1, \cdots, m.$$

여기서 $z_j = f(s_j)$는 은닉 노드의 '활성화' (activation) 함수로서 로지스틱

(시그모이드; logistic, sigmoid) 함수가 보편적으로 사용된다. 즉,

$$f(s_j) = \frac{e^{s_j}}{1+e^{s_j}} = \frac{1}{1+e^{-s_j}}.$$

따라서 은닉변수 Z_j는 0과 1 사이의 값을 취하게 된다.

2) 출력변수의 결정 모형

$$Y^*_k = g_k(w^*_{k0} + w^*_{k1}Z_1 + \cdots + w^*_{kp}Z_p),\ k=1, \cdots, c.$$

여기서 $Y^*_k = g_k(s^*_k)$는 출력 층 활성화/선택 함수로서, 예측의 경우에는 로지스틱 함수가, 분류의 경우엔 소프트맥스(soft max) 함수가 보편적으로 사용된다. 즉,

- 예측: $g_k(s^*_k) = \dfrac{1}{1+e^{-s^*_k}},\ k=1, \cdots, c.$
- 분류: $g_k(s^*_k) = \dfrac{e^{s^*_k}}{e^{s^*_1} + \cdots + e^{s^*_c}},\ k=1, \cdots, c.$

따라서 모든 Y^*_k는 0과 1 사이의 값을 취한다. 범주 분류의 경우 $\sum_{k=1}^{c} y^*_k = 1$이다.

방사형 기저함수(RBF) 모형

1) 은닉변수의 결정 모형

$$Z_j = \exp\left[-\frac{1}{2\sigma_j^2}\{(X_1 - w_{j1})^2 + (X_2 - w_{j2})^2 + \cdots + (X_p - w_{jp})^2\}\right],\ j=1, \cdots, m.$$

이에 따라 은닉변수 Z_j는 0과 1 사이의 값만 취하게 된다. m개의 초원(超圓) 중심 $(w_{j1}, w_{j2}, \cdots, w_{jp})$, $j=1, \cdots m$을 정하기 위해서는 K-평균 군집화를 사용한다.

2) 출력변수의 결정 모형은 다층 퍼셉트론 모형에서와 같다.

적합 알고리즘

신경망 모형은 비선형적 모형으로 계산량이 방대하다. 계산방법을 알아보자. 다음과 같이 오차함수가 정의된다(이것은 음의 likelihood function이다).

- 예측: $E=\sum_{i=1}^{n}\sum_{k=1}^{c}(y_{ik}-y^*_{ik})^2$,
- 분류: $E=-\sum_{i=1}^{n}\sum_{k=1}^{c}y_{ik}\log y^*_{ik}$.

문제는 이것의 최소화인데 다음의 역전파 알고리즘(back-propagation algorithm)을 사용한다. w^*_{jl}에 대하여[w^*_{kj}에 대하여도 마찬가지],

$$\Delta w_{jl}^{\text{new}}(=w_{jl}^{\text{new}}-w_{jl}^{\text{old}})\leftarrow\eta\left[-\frac{\partial E}{\partial w_{jl}}\right]+\alpha\Delta w_{jl}^{\text{old}},\ j=1,\cdots,m;\ l=1,\cdots,p$$

여기서 $\eta>0$는 학습률(learning rate), $\alpha>0$는 모멘트(moment)라고 하는데 각각의 역할은 다음과 같다.

1) 학습률 η(=eta): 적응해야 할 방향을 찾는 데 쓰인다. η를 크게 두면 적극적으로 학습하게 된다. 따라서 학습의 초기에는 η를 크게 하고 점차 지수적으로 감소시켜 최종적으로는 0에 수렴하도록 한다.
2) 모멘트 α(=alpha): 학습을 가속화시킨다. 따라서 오차함수가 평탄한 경우에는 α를 크게 세팅하고 오차함수에 복잡한 고저가 있는 경우에는 α를 작게 세팅한다.

〈그림 1.2〉 학습률 η의 감소 사이클

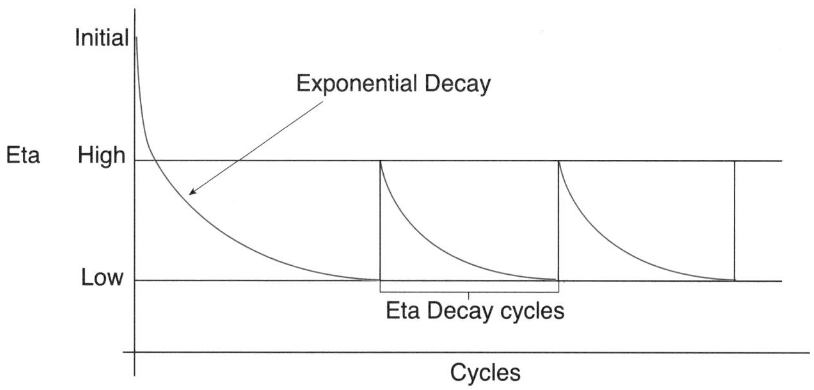

이와 같이 비선형적인 계산을 함에도 불구하고 단 1회의 사이클(cycle)로는 국소적 최적해(local optimum)에 귀착되기 일쑤이다. 따라서 〈그림 1.2〉에

서와 같이 여러 번의 사이클을 돌려서 다수의 국소 해를 비교하여 최선의 해를 취함으로써 대역 해(global solution)에 가깝도록 한다. 이 때 진전이 없더라도 계산 사이클을 반복 수행할 필요가 있는데 그 한계를 지속도(persistence)라고 한다. 당연하게, 지속도가 클수록 대역 해에 가깝게 되나 계산 시간이 늘어난다.

5.1.1 클레멘타인의 Neural Net 노드

클레멘타인의 Neural Net 노드는 몇 개의 신경망 알고리즘을 구비하고 있다. Quick, Dynamic, Multiple, Prune, RBFN 등이 그것이다. 이 중 Quick, Dynamic, Multiple, Prune은 다층 퍼셉트론(MLP) 모형 적합을 위한 것이고 RBFN은 방사형 기저함수 모형 적합을 위한 것이다.

1) Quick

이 알고리즘은 가장 기본적인 신경망 구조를 상정한다. 디폴트로 1개 은닉층과 일정 수의 뉴런을 갖는다.

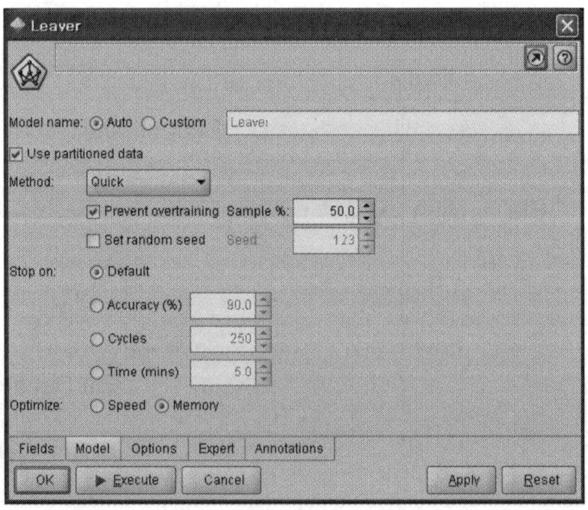

앞의 편집 창에서 Prevent overtraining[Sample%]이라는 것은 실제 신경

망 훈련[모형적합]에 자료의 몇 퍼센트를 사용할 것인가를 말한다. 자료의 나머지 부분은 모형 타당성 검토(validation)에 할당된다. 신경망 모형에서는 많은 파라미터들이 추정되므로 과다적합이 발생하기 쉽다. 따라서 주어진 자료의 50% 정도를 파라미터 추정에 쓰면서, 잠정 적합모형을 나머지 50% 자료에 적용하여 모형적합이 지나치게 추구되지 않도록 신경망 모형의 훈련을 통제하는 것이 보통이다[자료의 크기가 충분히 크지 않다면 주어진 자료의 75% 정도를 훈련에, 나머지 25% 정도를 적합 중인 잠정 모형의 검토에 사용하는 것이 좋다].

그 외에도 여러 항목을 체크할 수 있지만 대부분의 응용에서는 디폴트 세팅 그대로를 사용하게 된다. 여기서는 Expert 탭을 클릭해 보자. 다음과 같이 추가 창이 열리는데 여기서 다시 Expert 버튼을 클릭하면 은닉 층의 수, 은닉 층의 뉴런 수, 지속도(persistence), 모멘트 Alpha, 학습률 Eta (Initial Eta, High Eta, Low Eta, Eta Decay Cycles) 등에 대하여 사용자가 원하는 값을 지정할 수 있게 되어 있다.

※ 입력 변수 개수가 상당히 크고 또한 자료 크기가 받쳐 주는 경우가 아니라면 은닉 층의 뉴런 수로 디폴트 값인 20은 너무 크다. 입력노드 수의 1/4 정도로 지정하는 것이 좋을 것이다.

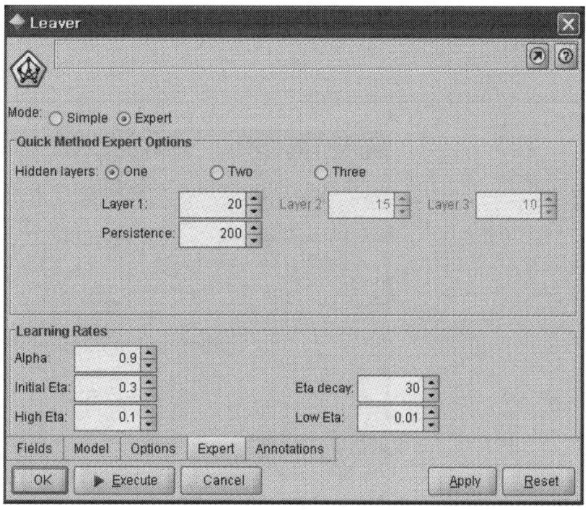

2) Dynamic

이 알고리즘은 2개씩의 뉴런을 갖는 2개의 은닉층 구조에서 시작하되, 언제든지 과잉적합이 되는 경우엔 기여도가 작은 뉴런 또는 층을 제거하고 과소적합인 경우엔 필요한 뉴런 또는 층을 추가하는 방법으로 신경망 구조를 조정한다. 상당한 계산시간이 필요하므로 매우 드물게 활용된다. Dynamic에는 Expert 옵션 창이 없다.

3) Multiple

이 알고리즘은 다수의 신경망 구조를 적합하여 그 중에서 가장 좋은 모형을 찾는다. Multiple에서 신경망의 위상(topology), 즉 구조에 대한 디폴트는

2 20 3; 2 27 5, 2 22 4

인데 (다음 화면 참조), 이것은 신경망이

2 20 3 → 1개의 은닉층, 2 · 5 · 8 · 11 · 14 · 17 · 20개의 뉴런으로

2 27 5, 2 22 4 → 2개의 은닉층, 제1층은 2 · 7 · 12 · 17 · 22 · 27개의 뉴런, 제2층은 2 · 6 · 10 · 14 · 18 · 22개의 뉴런으로

구성됨을 의미한다. 모든 경우의 수에 해당하는 신경망 모형이 적합되므로 당연히 Quick에 비해 많은 계산 시간이 필요하다. Discard Non-pyramids는 제1은닉층의 뉴런 수가 제2은닉층의 뉴런 수에 비교하여 큰 것만 고려한다.

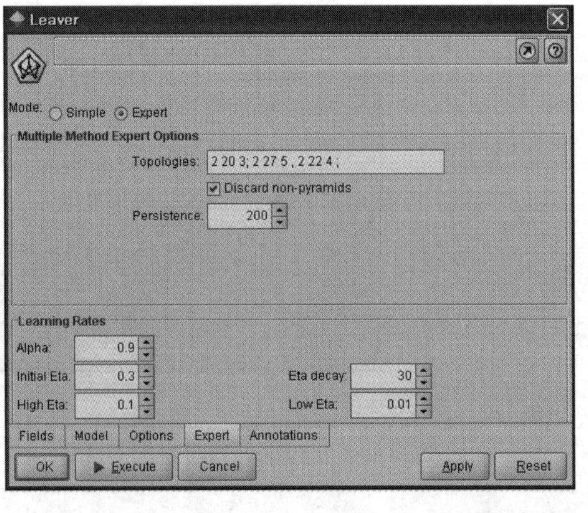

4) Prune

이 알고리즘은 정해진 수의 은닉층에서 많은 수의 뉴런을 갖는 신경망 모형에서 시작하여 그 중에서 꼭 필요하지 않은 뉴런 및 입력 노드를 제거해 가는 방식으로 최적 모형을 찾는다. 회귀분석에서 변수 제거법과 유사하다. Hidden Rate는 매 단계에서 제거할 불필요한 은닉 뉴런 비율이고, Input Rate는 매 단계에서 제거할 불필요한 입력노드 비율이다.

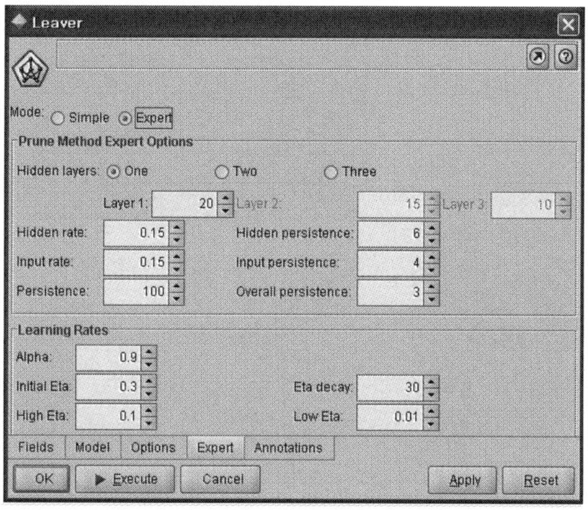

5) RBFN

RBFN은 n개 관측이 몇 개 군집의 혼합으로 구성된 경우에 적합한 신경망이다. 알고리즘은 방사형 기저함수 망(Radial Basis Function Network)을 위한 것으로 클레멘타인에서는 K-평균 군집화로 뉴런의 중심을 산출한다. 다음은 이 알고리즘의 Expert 옵션 창이다. 군집의 수, 지속도(Persistence), 모멘트 Alpha 등을 지정하게 되어 있다. RBF 중복도(Overlapping)라는 것은 RBF 뉴런을 활성화하기 위하여 군집 산포의 추정치인 표준편차를 정해진 방식의 몇 배로 할 것인가를 지정하는 파라미터이다. RBFN에서 군집 $j=(1, \cdots, m)$의 표준편차 σ_j에 대한 디폴트는 군집별로 가장 가까운 군집과의 거리와 두 번째로 가까운 군집과의 거리의 평균이다.

※ 여기서도 입력 변수 개수가 상당히 크고 또한 자료 크기가 받쳐 주는 경우가 아니라면 RBF 군집수로 디폴트값인 20은 너무 크다. 사례에 따라

10개 이내로 지정하는 것이 좋을 것이다.

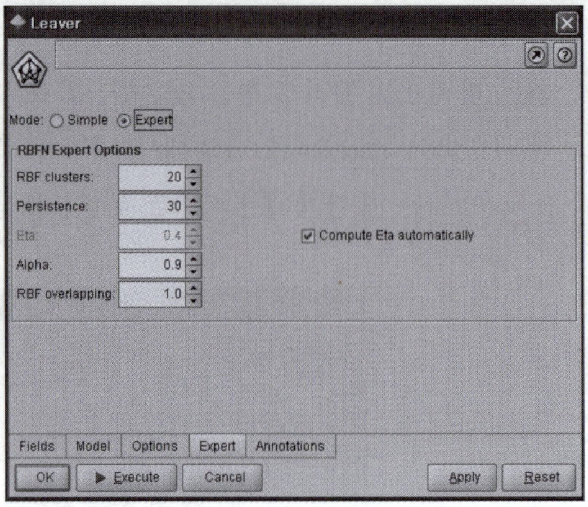

5.1.2 적용사례

한 사례로서 이동전화 통화량 자료를 분석해보기로 한다. 〈그림 1.3〉은 이 자료의 신경망 분석을 위한 클레멘타인 스트림 'neural123.str'이고 사용할 자료 파일명은 'churn123.txt'이다. 레코드 수는 1477개이다.

Type 노드를 열어보면 여러 필드가 나타나는데(다음 화면 참조), 이 중에서 방향이 'In'으로 표시된 장거리 통화량(LONGDIST), 국제통화량(International), 시내통화량(LOCAL), …, Car_Owner 등 13개 변수를 입력변수로 잡기로 한다. 출력변수로는 고객의 이탈상태를 나타내는 세트(set) 변수 CHURNED(= 'Vol' 자발적 이탈, 'InVol' 비자발적 이탈, 'Current' 현재고객)를 다음과 같이 재코딩한 Leaver라는 플랙(flag) 변수를 쓰기로 한다.

Leaver = 'T', if CHURNED = 'Vol',
       = 'F', if CHURNED = 'InVol' or 'Current'.

〈그림 1.3〉
신경망 모형의 클레멘타인 흐름도: neural123.str

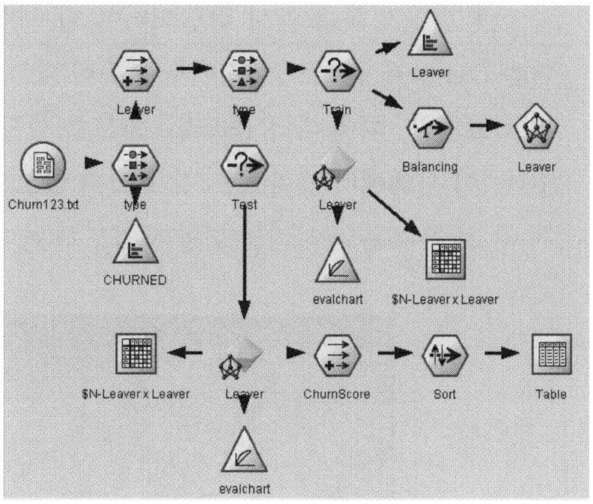

마지막으로, train은 1, 2, 3 등의 정수값을 등확률(equal probability)로 취하도록 생성된 확률변수인데 train=1, 2인 레코드들을 훈련자료(train data)로 하고 train=3인 자료는 모형 테스트에 쓰게 될 것이다[테스트 자료, test data]. 따라서 훈련자료는 테스트자료에 비해 대략 2배의 크기가 된다[그러나 실제 신경망 모형 적합에는 훈련 자료의 50%만 쓰고 훈련 자료의 나머지 50%는 모형의 타당성 검토(validation) 및 선택에 쓰게 되므로, 결국 훈련 · 검토 · 테스트에 총 자료의 1/3씩 할당하는 셈이다].

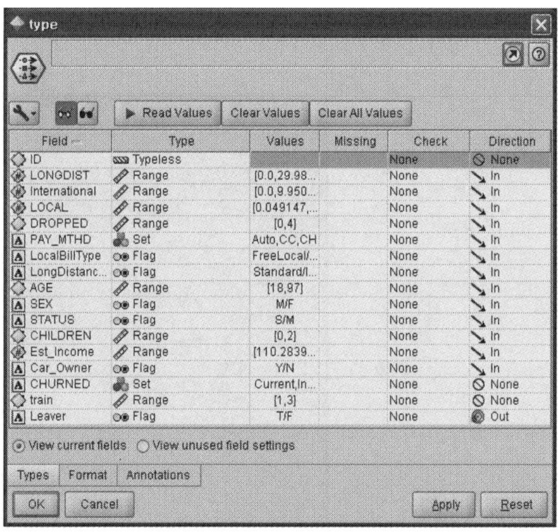

Field	Type	Values	Missing	Check	Direction
ID	Typeless			None	None
LONGDIST	Range	[0.0,29.98...		None	In
International	Range	[0.0,9.950...		None	In
LOCAL	Range	[0.049147,...		None	In
DROPPED	Range	[0,4]		None	In
PAY_MTHD	Set	Auto,CC,CH		None	In
LocalBillType	Flag	FreeLocal/...		None	In
LongDistanc...	Flag	Standard/I...		None	In
AGE	Range	[18,97]		None	In
SEX	Flag	M/F		None	In
STATUS	Flag	S/M		None	In
CHILDREN	Range	[0,2]		None	In
Est_Income	Range	[110.2839...		None	In
Car_Owner	Flag	Y/N		None	In
CHURNED	Set	Current,In...		None	None
train	Range	[1,3]		None	None
Leaver	Flag	T/F		None	Out

신경망 모형화에 앞서 확인되어야 할 사항은 변수 Leaver의 분포인데 다음 Distribution 노드 출력에서 보듯이 'F' 와 'T' 의 분포에서 상당한 차이를 보인다. 이에 따라 Balance 노드를 만들어 이를 교정해야 할 필요가 있다. 이 사례에서는 자료 크기가 크지 않으므로 자료를 축소(reduce)시키지 않고 증대(boost)시키는 편을 택하도록 한다.

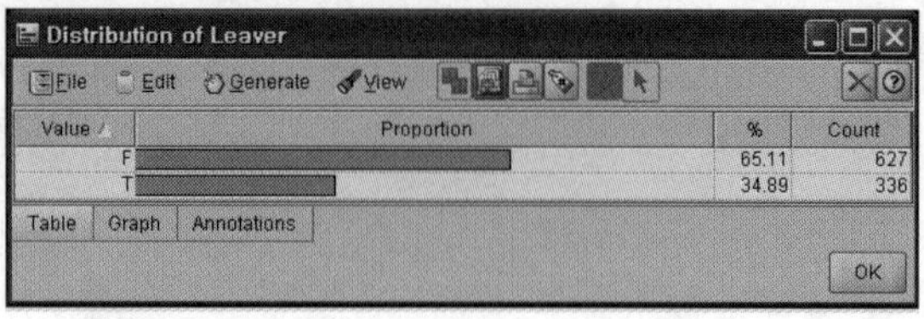

다음은 Leaver = 'T' 를 증대시켜 균형 잡힌 훈련자료에 적용된 신경망 Quick 알고리즘이다. Expert 옵션에서 은닉층을 1개, 뉴런의 수를 4로 잡았다. 또한 Alpha = 0.9, Initial 0.3, High Eta = 0.1, Low Eta = 0.01, Eta Decay = 30으로 하였다.

다음은 생성된 신경망 모형을 살펴본 것이다(browse). 훈련자료에서 77%의 정확도를 기록한 것을 알 수 있다. 10% 이상의 중요도 변수는 International, AGE, PAY_MTHD, Est_Income, LONGDIST 등이다[신경망 알고리즘의 일부가 난수(임의수, random number)에 의존하므로 신경망 출력이 매번 조금씩 다를 수 있다].

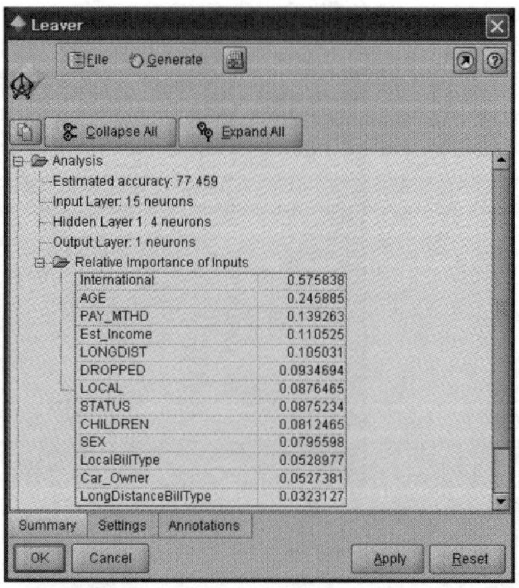

신경망 적합이 종료되면 여기서는 보이지 않지만 Output Score와 '$N-출력변수', '$NC-출력변수' 등 2–3개의 변수가 내부적으로 만들어지게 되는데 그 관계는 다음과 같다.

OutputScore = 'T' 의 가능성에 대한 예측 점수 (0과 1 사이 실수)

$N-출력변수 = 'T', if OutputScore ≥ 0.5,

= 'F', if OutputScore < 0.5.

$NC-출력변수 = 2*(OutputScore−0.5), if $N-출력변수 = 'T',

= 2*(0.5−OutputScore), if $N-출력변수 = 'F'.

따라서 '$N-출력변수' 와 '$NC-출력변수' 로부터 OutputScore를 다시 만들려면 다음과 같이 변환해야 한다.

OutputScore = 0.5+ '$NC-출력변수' *0.5, if $N-출력변수 = 'T',

= 0.5− '$NC-출력변수' *0.5, if $N-출력변수 = 'F'.

다음은 Matrix 노드를 써서 신경망 예측과 실현[관측]간 교차표를 만들어 본 것이다.

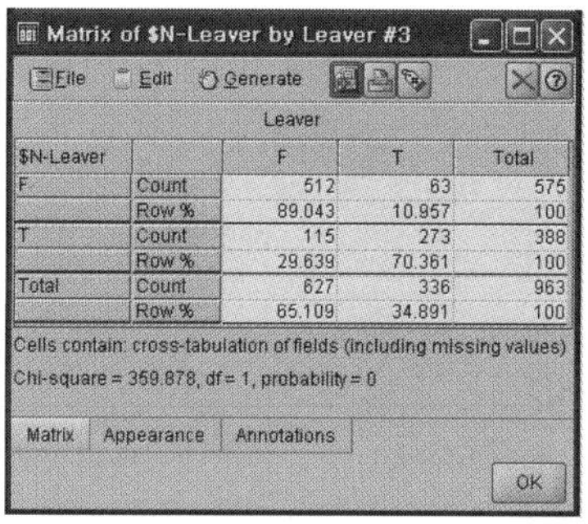

Matrix of $N-Leaver by Leaver #3

$N-Leaver		Leaver: F	T	Total
F	Count	512	63	575
	Row %	89.043	10.957	100
T	Count	115	273	388
	Row %	29.639	70.361	100
Total	Count	627	336	963
	Row %	65.109	34.891	100

Cells contain: cross-tabulation of fields (including missing values)

Chi-square = 359.878, df = 1, probability = 0

총 예측 정확도는 82%[=(512+273)/963]이다. 세부적으로, 'F' 로 예측된 575 사례 중에서 512 사례가 'F' 로 나타남으로써 'F' 예측 정확도는 89% [=512/575]이고 'T' 로 예측된 388 사례 중에서는 273 사례가 'T' 로 나타남으로써 'T' 예측 정확도 70%[=273/388]를 기록하였다.

그러나 이와 같은 정확도 평가는 훈련자료로부터 나온 것이기 때문에 다소 과장될 것으로 예상된다. 이에 따라 테스트 자료에 적용하여 정확도를 재평가해 볼 필요가 있을 것이다. 다음이 그 결과이다.

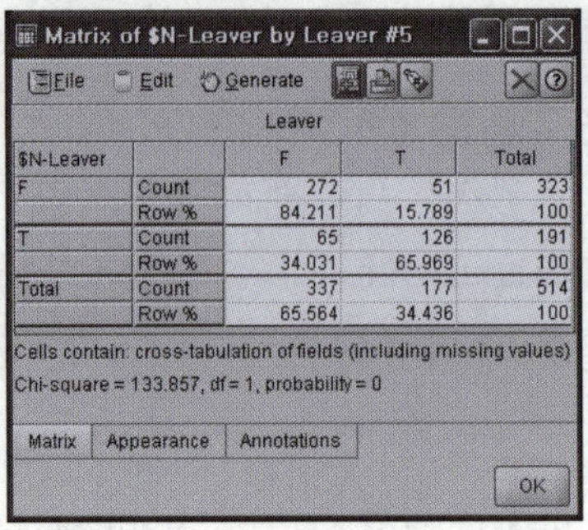

$N-Leaver		F	T	Total
F	Count	272	51	323
	Row %	84.211	15.789	100
T	Count	65	126	191
	Row %	34.031	65.969	100
Total	Count	337	177	514
	Row %	65.564	34.436	100

테스트 결과, 총 예측 정확도는 77%[=(272+126)/514]로 나왔다. 세부적으로, 'F' 예측 정확도는 84%[=272/323]이고 'T' 예측 정확도는 66%[=126/191]를 기록하였다. 이와 같이 테스트 자료에서 정확도가 훈련자료에서와 비교하여 다소 떨어지는 것은 자연스러운 현상이다.

〈그림 1.3〉의 마지막 부분에서는 ChurnScore라는 OutputScore를 만들어내고 그것에 따라 전체 사례를 정렬함으로써 전체 고객을 이탈가능도 크기순서에 따라 배열한 리스트를 작성하고 있다. 이는 회사에서 관리해야 할 고객들을 심각성에 따라 순서화한 것으로 중요한 고객관계관리(CRM) 정보이다.

5.1.3 기술적 세부사항

신경망 적합 실험 1

신경망을 사용하다 보면 잘 알지도 못하는 신경망의 구조에 따라 결과가 전혀 달라질 수 있지 않을까 걱정되기도 한다. 그러므로 실제 응용에서는 몇 개 서로 다른 신경망을 적합해볼 필요가 있다. 〈그림 1.3〉의 스트림 중 신경망 노드의 편집 창에서 은닉층 1개, 그리고 뉴런 수를 2, 4, 8, 16, 32로 해보았다[앞 절에서는 은닉층의 뉴런 수를 4로 한 바 있다]. 다음 표가 그 결과이다[물론 이 결과도 신경망 알고리즘의 기본 속성 때문에 다소 임의적이다]. 훈련자료와 테스트 자료에서의 정확도가 은닉 층 뉴런 수에 따라 별로 차이가 나지 않는 것을 볼 수 있다. 1개의 신경망을 선택해야 한다면 4개로 하는 것이 좋을 것이다. 복잡한 모형이라고 좋은 것은 아니다.

은닉층 뉴런 수	훈련자료			테스트 자료		
	총 정확도	'F' 예측 정확도	'T' 예측 정확도	총 정확도	'F' 예측 정확도	'T' 예측 정확도
2개	79%	86%	69%	77%	83%	66%
4개	82%	89%	70%	77%	84%	66%
8개	78%	86%	67%	76%	82%	66%
16개	77%	90%	62%	76%	87%	62%
32개	80%	84%	71%	76%	82%	66%

신경망 적합 실험 2

신경망 적합에는 주로 Alpha와 Eta가 사용되므로 이것을 어떻게 잡느냐에 따라 모형 적합시간은 영향을 받겠지만 분류 정확도가 눈에 보이게 흔들리는 것 같지는 않다. 다음은 Alpha 세팅을 0.9 (디폴트), 0.5 0.1로 해본 결과이다[은닉층 1개, 뉴런 수 4개 모형]. 대체로 예측 정확도가 Alpha(모멘트) 값에 따라 별 차이를 보이지 않음을 알 수 있다.

모멘트 Alpha	훈련자료			테스트 자료		
	총 정확도	'F' 예측 정확도	'T' 예측 정확도	총 정확도	'F' 예측 정확도	'T' 예측 정확도
0.9	82%	89%	70%	77%	84%	66%
0.5	82%	95%	67%	76%	89%	62%
0.1	80%	94%	66%	76%	89%	61%

다항형 분류 예측

출력변수가 세트(set) 변수인 경우, 즉 3개 이상의 범주로 나타나는 경우를 다뤄보자. 예컨대, 앞의 사례에서 CHURNED (= 'Vol' 자발적 이탈, 'InVol' 비자발적 이탈, 'Current' 현재고객)를 출력[목적]변수로 쓰는 경우인데 이런 경우엔 세트 변수를 더미 코딩하므로 클레멘타인은 세트 크기만큼의 출력 노드를 만든다. 즉 신경망 모형에서는 CHURNED를 3개의 출력노드로 표현한다.

세트 출력변수에 대한 신경망 모형에서 다음과 같은 결과물이 산출된다 [세트의 크기를 c라고 하자].

OutputScore_1, ⋯, OutputScore_c = 각 범주에 대한 예측 점수(비음, 합은 1)

$N-출력변수 = j,

if OutputScore_j = Max (OutputScore_1, ⋯, OutputScore_c)

$NC-출력변수 = Max (OutputScore_1, ⋯, OutputScore_c)

− Second Max (OutputScore_1, ⋯, OutputScore_c) ≥0.

따라서 레코드를 예측범주별로 순서화하고 싶은 경우 '$N-출력변수' 와 '$NC-출력변수' 로 정렬하면 된다. 〈그림 1.4〉는 CHURNED에 대한 신경망 분석 흐름도이다.

5.1.4 맺음말

신경망 모형 적합에 있어 MLP 계열에도 여러 가지가 있지만 대개의 경우 Quick과 1개 은닉층을 기본으로 하되 뉴런 수를 달리하여 3−4개 정도의 신경망을 적합하여 비교하여 볼 필요가 있다. 그러나 그 이상의 모형 비교는 불필요하다고 본다.

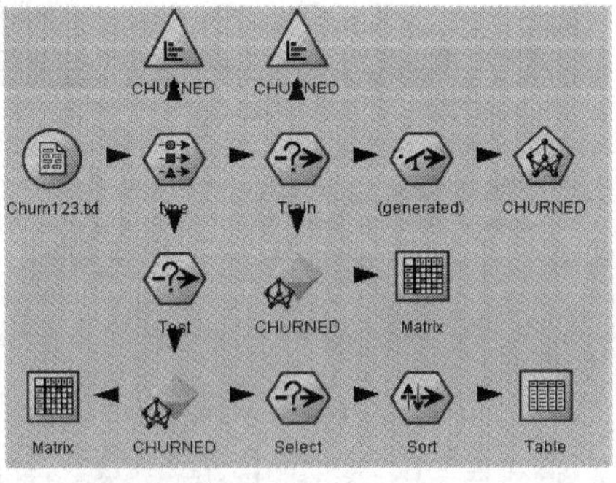

〈그림 1.4〉
세트 변수에 대한 클레멘타인 신경망 분석 흐름도 (neural124.str)

연습문제

다음 클레멘타인 스트림은 〈그림 1.4〉와 유사한 작업을 하도록 의도되었으나 논리적 하자가 있다. 어디가 왜 잘못되었는가?(관련파일: churn.txt, neural2.str)

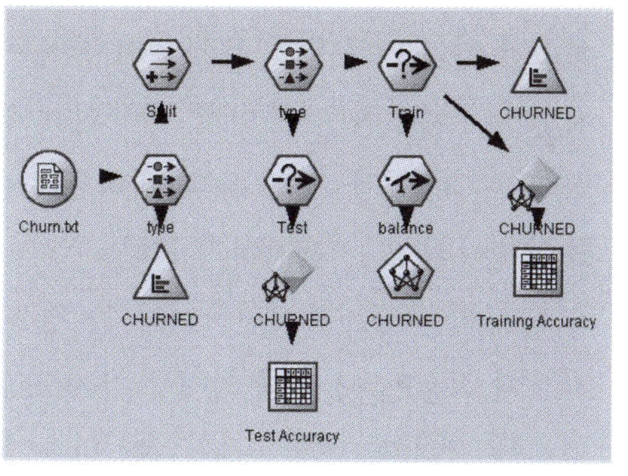

실습파일

- churn123.txt 〈그림 1.3〉의 데이터
- neural123.str 〈그림 1.3〉의 클레멘타인 스트림
- neural124.str 〈그림 1.4〉의 클레멘타인 스트림
- churn.txt 연습문제의 데이터
- neural2.str 연습문제의 클레멘타인 스트림

5.2 클레멘타인의 나무 모형

어떤 나무구조의 결정규칙이든 분류기법으로서의 구성요소는 다음과 같다.

1) 예측변수의 선택 기준:

목표변수(종속변수)를 예측하는 데 있어 $X_1, \cdots, X_p$를 예측변수로 활용하고자 한다고 하자. 나무구조의 결정규칙을 생성하기 위해서는 각 단계에서 p개의 예측변수 중 어느 것에 의하여 가지분리를 할 것인가를 선택해야 한다. 이 때 결정규칙들은 각기 다른 변수선택 기준을 쓴다.

2) 정지규칙 또는 가지치기 규칙:

단순히 훈련자료에만 적용하는 경우 나무가 클수록 좋지만, 모형은 새 자료에 적용될 때 실제 의미를 가지므로 나무가 클수록 좋은 것이 아니다. 적정한 크기가 있다. 이를 위해 나무가 적정 크기 이상 자라지 못하도록(즉, 새 가지가 나오지 못하도록) 정지 규칙을 정해 적용하든지, 아니면 나무를 크게 자라도록 내버려 둔 뒤 가지치기를 통해 간결하게 정리한다.

3) 최소 레코드 수:

가지 분리를 허용하는 조건으로 가지에 배속되는 레코드 수가 어떤 최소값보다 커야 한다는 조건을 두는 것이 보통이다. 왜냐하면 작은 표본에는 어떤 통계적 방법도 적용하기 어렵기 때문이다.

5.2.1 C5.0 규칙

예측변수의 선택기준

자료세트 T가 변수 Y에 의하여 k개의 부그룹(subgroup)으로 분할된다고 하자. 그리고 각 부그룹의 상대적 빈도를 $p_1, \cdots, p_k$라고 하자. 이 때 자료세트 T의 엔트로피는 다음과 같이 정의된다[엔트로피에 대하여는 보충설명 참조].

$$info(T) = -\sum_{l=1}^{k} p_l \log p_l$$

그런데 자료세트 T를 변수 X_j에 의하여 자료를 분할(partition)하여 $T_1, \cdots, T_m$을 얻는다고 하자. $|T_a|$를 1개의 분할 자료세트 T_a의 크기라고 하면, $T_1, \cdots, T_m$의 엔트로피, 즉 X_j에 의하여 분할된 T는 다음과 같은 엔트로피를 갖게 된다.

$$info_{X_j}(T) = \sum_{a=1}^{m} \frac{|T_a|}{|T|} info(T_a)$$

일반적으로, X_j로 자료세트 T를 분할함으로써 엔트로피가 감소하게 되는데 그 차이를 정보의 이득(gain)

$$gain(X_j) = info(T) - info_{X_j}(T)$$

로 정의한다. 그러므로 p개의 예측변수 $X_1, \cdots, X_p$ 중에서 $gain(X_j)$ 가 가장 큰 것을 찾아 자료세트 T를 분할한다. 이런 원리는 다음, 다음다음 … 단계에서 새 가지분리를 위한 변수선택에도 그대로 적용된다.

이득(gain) 기준이 이론적으로 명확함에도 불구하고 많은 수의 범주를 갖는 예측변수를 선호하는 편향이 내재하므로 실제로는 이득 기준을 그대로 사용하지 않는다. 대신, 다음과 같은 이득 비(gain ratio)를 변수선택의 실제적 기준으로 한다.

$$gain\ ratio(X_j) = gain(X_j) \,/\, split\ info_{X_j}(T),$$

여기서

$$split\ info_{X_j}(T) = -\sum_{a=1}^{m} \frac{|T_a|}{|T|} \log\left(\frac{|T_a|}{|T|}\right)$$

로 정의된다. $split\ info_{X_j}(T)$는 자료세트 T를 단순히 $|T_1|, \cdots, |T_m|$에 비례하게 임의 분할하였을 때의 엔트로피이므로, $gain\ ratio(X_j)$는 자료세트 T를 X_j로 분할함으로써 발생한 이득(gain)의 상대량이라는 의미를 갖는다.

가지치기(pruning)

결정규칙 나무도 일종의 통계적 모형이기 때문에 간결해야 한다. 말하자면 간결성의 원리(principle of parsimony)가 여기에도 적용되는 것이 당연하다. 따라서 나무를 무한정 키워나가는 것은 분류 정확성을 오히려 해치는 결과가 된다.

나무 규모를 간결하게 하는 방법에는 2가지가 있다. 하나는 일정한 임계 치를 적용하여 그 이상인 경우에만 새 가지가 나오도록 허용하는 것이다. 다른 하나는 나무를 충분히 자라게 한 뒤 중요도가 비교적 작은 가지 분리들을 취소함으로써 나무를 규모 감축(down sizing)시키는 것이다. 이 경우 계산시간이 늘어나는 것은 물론이지만 반면 가지의 중요도를 확인한 후에 취사선택하기 때문에 그만큼의 가치가 있다. C5.0은 전신인 C4.5부터 후자의 방법을 취하고 있다.

문제는 큰 나무와 작은 나무를 어떻게 비교할 것인가 하는 데 있다[가지치기를 마친 나무를 작은 나무, 가지치기 전 나무를 큰 나무라고 말하기로 한다]. 훈련자료에서는 큰 나무의 오류율이 항상 작기 때문에 이것을 보정할 필요가 있다. 크게 다음 두 가지 방식이 있다.

① 복잡도－비용(complexity-cost) 방식으로서 새 자료에서의 오분류율을 나무의 복잡도와 훈련자료에서의 오분류율의 가중결합으로 추정한다. 복잡도에 어느 정도의 비용을 부여하느냐에 따라 나무 규모(간결성의 정도)가 결정된다. 클레멘타인 C5.0의 Build Model 모드에서는 Pruning severity라는 파라미터가 이 기능을 담당한다.

② 교차타당성(cross-validation) 방식으로 오(誤)분류율을 비편향 추정한다. 구체적으로 말하자면, 자료를 c등분하여 그 중 $c-1$ 쪽 부분으로 나무를 만든 뒤, 그 나무를 나머지 한쪽 부분에 적용하여 오분류율을 산출한다. 이런 식으로 나무 생성 자료와 평가 자료의 역할을 c번 순환적으로 바꾸어 오분류율에 대한 추정치를 얻는다.

가지당 최소 레코드 수

C5.0에서는 분리될 가지 중 2개 이상이 최소 레코드 수보다 커야 가지 분리가 허용된다. 이 최소수에 대한 디폴트 값은 2인데, 이것을 큰 값으로 세팅할수록 나무 규모가 줄어들게 된다. 가지 분리에 대한 허용 기준이 강화되기 때문이다.

5.2.2 적용사례

한 사례로서 이동전화 통화량 자료를 분석해 보기로 한다. 〈그림 2.1〉은 이 자료의 C5.0 분석을 위한 클레멘타인 스트림 'c50.str' 이고 사용할 자료명은 'churn123.txt' 이다. 레코드 수는 1477개이다.

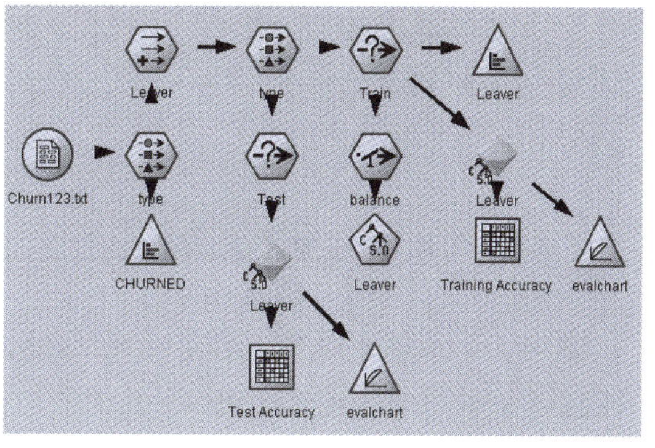

〈그림 2.1〉
C5.0 분석을 위한 클레멘타인 스트림: c50.str

Type 노드를 열어보면 다음과 같이 여러 필드가 나타나는데 이 중에서 방향이 'In' 으로 표시된 장거리 통화량(LONGDIST), 국제통화량(International), 시내통화량(LOCAL), …, Car_Owner 등 13개 변수를 설명변수로 잡기로 한다(신경망 분석에서와 동일하다). 목표변수로는 고객의 이탈상태를 나타내는 세트(set) 변수 CHURNED(= 'Vol' 자발적 이탈, 'InVol' 비자발적 이탈, 'Current' 현재고객)를 다음과 같이 재코딩한 Leaver라는 플래그(flag) 변수를 쓰기로 한다.

$$\begin{aligned} \text{Leaver} &= \text{'T'}, \text{ if CHURNED} = \text{'Vol'}, \\ &= \text{'F'}, \text{ if CHURNED} = \text{'InVol' or 'Current'}. \end{aligned}$$

그리고 train은 1, 2, 3 등의 정수값을 등확률(equal probability)로 취하도록 생성된 확률변수인데 train=1, 2인 레코드들을 훈련자료(train data)로 하고 train=3인 자료는 모형 테스트에 쓰게 될 것이다[테스트 자료, test data]. 따라서 훈련자료는 테스트 자료에 비해 대략 2배의 크기가 된다.

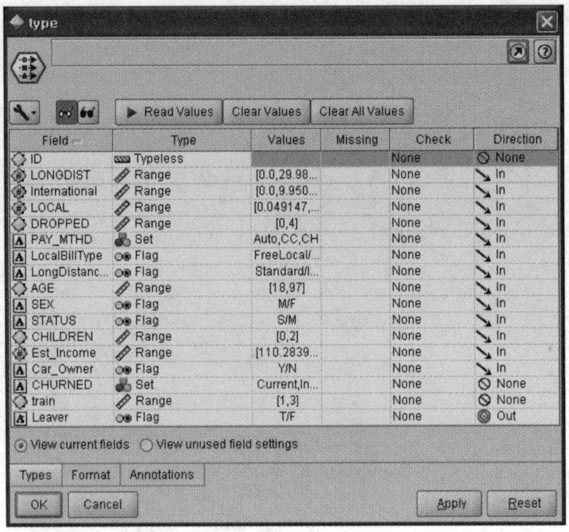

변수 Leaver의 분포에 불균형이 있으므로, 신경망에서와 같이 Balance 노드에서 이 문제를 바로 잡았다.

Build C5.0 노드를 열어보면 다음의 창이 나온다. 여기서는 일단 Output Type을 Decision Tree로, Mode를 Simple로, 그리고 Favor를 Generality로 세팅하기로 한다.

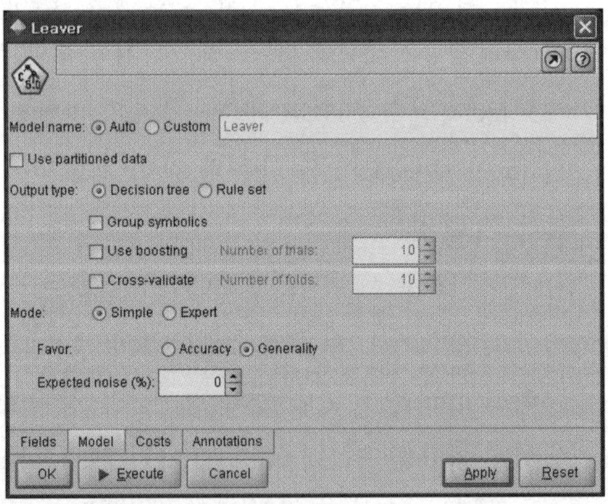

다음은 그 결과 생성된 C5.0 나무이다. Leaver= 'T' 에 대한 6개의 규칙과 'F' 에 대한 9개 규칙이 생성되어 있는 것을 볼 수 있다.

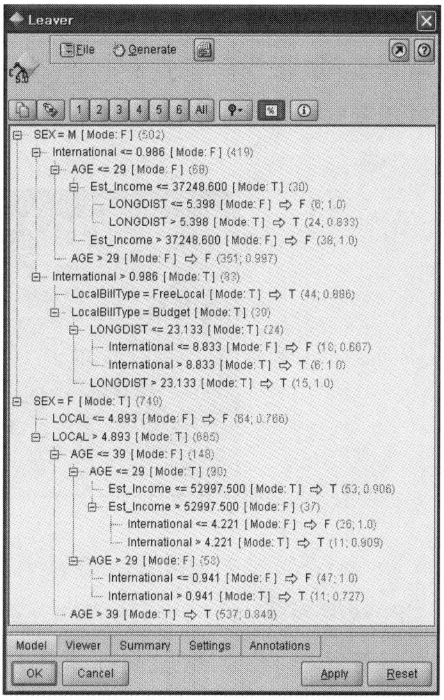

다음은 Matrix 노드에 의하여 C5.0 예측과 실현[관측]간 교차표를 만들어 본 것이다.

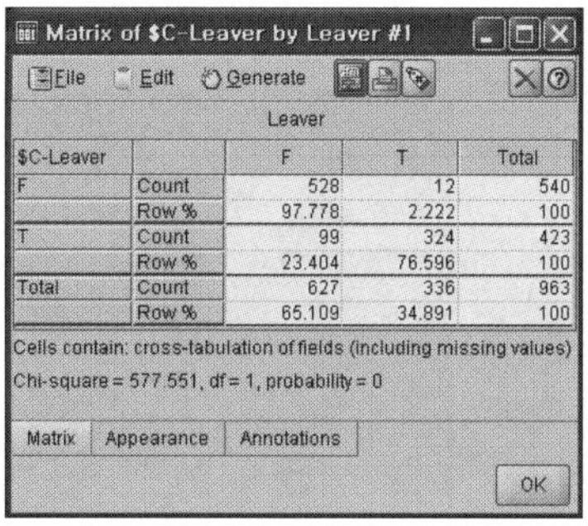
Matrix of $C-Leaver by Leaver #1

$C-Leaver		F	T	Total
F	Count	528	12	540
	Row %	97.778	2.222	100
T	Count	99	324	423
	Row %	23.404	76.596	100
Total	Count	627	336	963
	Row %	65.109	34.891	100

Cells contain: cross-tabulation of fields (including missing values)
Chi-square = 577.551, df = 1, probability = 0

총 예측 정확도는 88%[=(528+324)/963]이다. 세부적으로, 'F'로 예측된 540 사례 중에서 528 사례가 'F'로 나타남으로써 'F' 예측 정확도는 98%[=528/540]이고 'T'로 예측된 423 사례 중에서는 324 사례가 'T'로 나타남으로써 'T' 예측 정확도 77%[=324/423]를 기록하였다.

그러나 이와 같은 정확도 평가는 훈련자료로부터 나온 것이기 때문에 다소 과장되었을 것으로 예상하여야 한다. 이에 따라 테스트 자료에 적용하여 정확도를 재평가해 볼 필요가 있는데 다음이 그 결과이다.

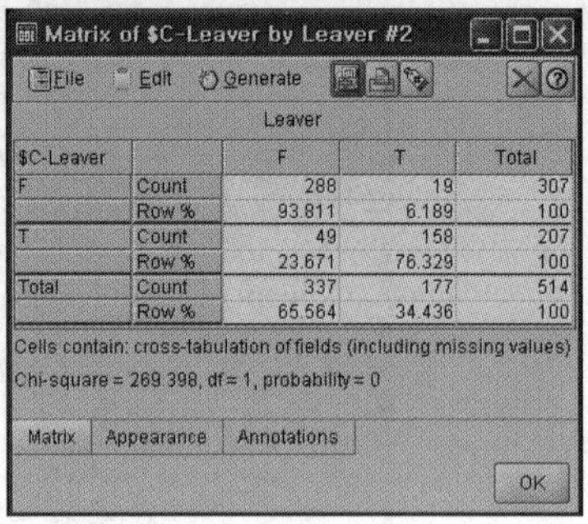

테스트 결과, 총 예측 정확도는 87%[=(288+158)/514]로 나왔다. 세부적으로, 'F' 예측 정확도는 94%[=288/307]였고 'T' 예측 정확도로 76%[=158/207]를 기록하였다. 테스트 자료에서 정확도가 훈련자료에서와 비교하여 다소 떨어지는 것이 일반적이지만 여기서는 거의 같게 나타났다[신경망에서는 총 예측 정확도가 훈련자료에서 82%, 테스트 자료에서 77%로 나온 바 있다].

Build C5.0 노드에서 Expert 모드를 선택하면 다음과 같은 창이 나타난다. 이에 대한 설명은 나중에 추가하기로 한다.

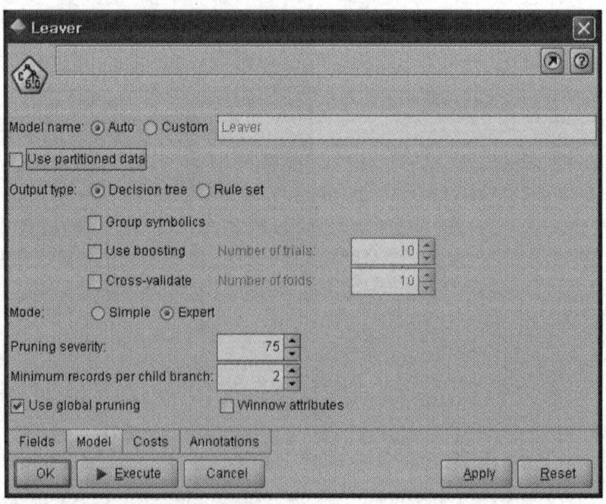

오분류 비용을 고려한 C5.0 규칙

〈그림 2.1〉의 스트림에서는 목표변수인 Leaver가 'F'와 'T'를 고루 취하게 하기 위하여 C5.0 적용에 앞서 Balancing을 취한 바 있다. 그러나 C5.0에서는 오분류에 대한 비용을 다르게 설정하는 방식으로 분포 불균형의 문제를 직접 해결할 수 있다. 아래는 C5.0 노드의 Expert 옵션에서 'T'를 'F'로 오분류하였을 때의 비용을 1.9로 설정하는 화면이다[그것을 1.9로 한 이유는 대략 'F'의 빈도가 'T'의 빈도의 1.9배이기 때문이다. 'F'를 'T'로 오분류하였을 때의 비용은 디폴트에 의해 1.0으로 설정된다].

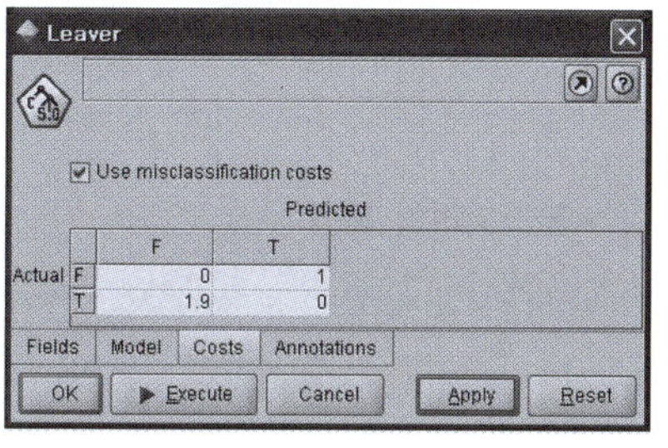

그 결과 다음과 같은 분류표를 얻었다. 예측 정확도가 앞의 Balancing 방법과 거의 같음을 볼 수 있다.

〈훈련자료〉

	실현 F	T	합계
예측 F	523	6	529
T	104	330	434
합계	627	336	963

총 예측 정확도 89%
'F' 예측 정확도 99%
'T' 예측 정확도 76%

〈테스트 자료〉

	실현 F	T	합계
예측 F	285	17	302
T	52	160	212
합계	337	177	514

총 예측 정확도 87%
'F' 예측 정확도 94%
'T' 예측 정확도 75%

〈그림 2.2〉의 클레멘타인 스트림을 보라. C5.0 노드 안에 오분류 비용을 지정하였다.

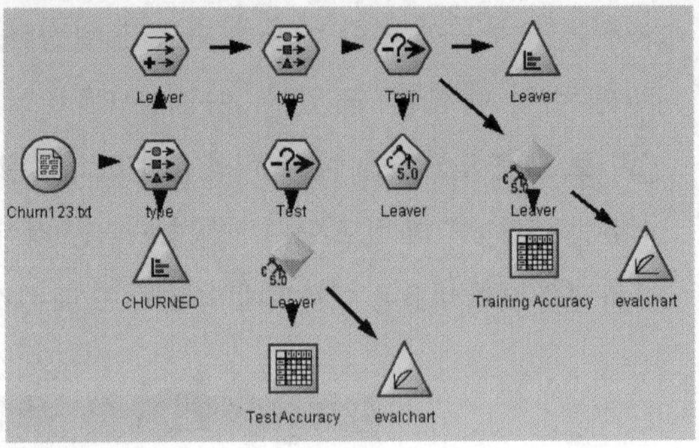

〈그림 2.2〉
C5.0 분석을 위한 클레멘타인 스트림: 불균형 자료의 직접 활용 c50a.str

가지치기 파라미터의 조정

Expert 옵션의 Pruning severity를 작게 하면 가지가 무성한 큰 나무가 된다. 즉 결정규칙의 수가 많은 복잡한 구조의 분류체계가 나오게 되어 있다. 이것을 확인하기 위하여 〈그림 2.1〉의 C5.0 노드에서 Simple Mode 대신 Expert Mode를 택하고 Pruning severity 파라미터를 75로 지정하였다(디폴트). 그리고 Output Type을 Decision tree 대신 Rule set으로 하였다[Ruleset은 Decision tree를 If-then 형식으로 간략화한 것이나 완벽히 호환적인 것은 아니다. Ruleset에서는 1개의 관측이 몇 개의 rule에 다중적으로 적용될 수도 있는데 이런 경우엔 다수결 원칙에 따라 분류된다].

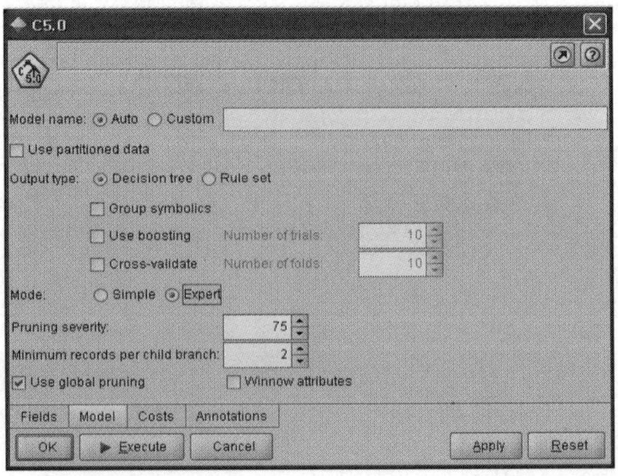

그 결과 Leaver= 'T' 에 대한 6개의 규칙과 'F' 에 대한 9개의 규칙이 생성되는 것을 볼 수 있다(지면 관계상 생략). 그리고 다음과 같이 예측 정확도가 평가된다.

〈훈련자료〉

	실현 F	T	합계
예측 F	529	3	532
T	98	333	431
합계	627	336	963

총 예측 정확도 89%
'F' 예측 정확도 99%
'T' 예측 정확도 77%

〈테스트 자료〉

	실현 F	T	합계
예측 F	283	18	301
T	54	159	213
합계	337	177	514

총 예측 정확도 86%
'F' 예측 정확도 94%
'T' 예측 정확도 75%

이번에는 다른 조건은 앞과 동일하되 Pruning severity 파라미터를 25로 변경하였다. 그 결과, Leaver= 'T' 에 대한 14개의 규칙과 'F' 에 대한 21개 규칙이 생성된 것을 보게 되는데, 이것은 Pruning severity = 75인 경우에 비하면 2배 정도로 복잡한 형태의 분류라고 하겠다. 그러면 이 나무의 정확도는 얼마나 될까? 다음 표에 정리해 보았다.

〈훈련자료〉

	실현 F	T	합계
예측 F	575	9	582
T	52	327	379
합계	627	336	963

총 예측 정확도 94%
'F' 예측 정확도 98%
'T' 예측 정확도 86%

〈테스트 자료〉

	실현 F	T	합계
예측 F	290	36	326
T	47	141	188
합계	337	177	514

총 예측 정확도 84%
'F' 예측 정확도 89%
'T' 예측 정확도 75%

훈련자료에 있어서는 총 예측 정확도가 94%로 상당히 좋아졌고 특히 'T' 예측 정확도가 예전의 나무에 비해 훨씬 뛰어난 86%에 달하고 있다. 그러나 큰 나무가 보이는 이러한 성과는 거품이기가 쉽다. 테스트 자료에서 확인해 보면 예전 나무에 비하여 나은 것이 없음이 명백히 드러난다. 총 예측 정확도는 84%에 불과하고 'F' 예측 정확도는 89%, 'T' 예측 정확도는 75%로 나타나기 때문이다.

실제로 가지치기 파라미터인 Pruning severity를 얼마로 세팅하는 것이 좋은가를 결정하기 위해서는 몇 회의 시행착오가 필요하다. 교차타당성(Cross-validation)을 통해 예비적으로 총 예측 정확도를 확인하는 것 외에 테스트 데이터에서 총 예측 정확도와 'F' 예측 정확도 · 'T' 예측 정확도 등을 종합적으로 보고 결정하는 것이 좋다.

5.2.3 C&R Tree

C&R(Classification and Regression) Tree는 C5.0과 유사하지만 몇 가지 중요한 차이점이 있다. 첫째, 기법의 이름에서 알 수 있듯이 이것은 목표변수가 연속형인 경우, 즉 회귀적 상황에도 적용가능하다는 점이다. 그러나 여기서는 분류 예측만 다루고자 하기 때문에 이에 대하여는 설명하지 않겠다. 둘째, 마디분리(변수선택)를 위하여 C5.0에서는 엔트로피에 근거한 이득 비(gain ratio)에 기준을 둔 바 있는데 C&R Tree에서는 엔트로피 대신 불순도(impurity)의 측도인 Gini 측도를 쓴다:

$$Gini = 1 - \sum_{l=1}^{k} p_l^2$$

여기서 $p_l\,(l=1, \cdots, k)$은 목표변수 Y에 의하여 분할된 k개 부그룹 각각의 비율을 나타낸다[Gini 측도에 대하여는 보충설명 참조]. 셋째, C&R Tree는 다양한 정지규칙 및 가지치기, 결측값 처리, 가중치의 지정이 가능하다는 점이다. 이에 대한 설명은 다음 기회로 미룬다.

앞 사례에 이 기법을 적용해보자. 〈그림 2.3〉의 클레멘타인 스트림을 보라.

※ C&R Tree 노드의 세팅을 여기서와 동일하게 하더라도 사용자가 실제 얻는 결과는 여기서와 다소 다를 수 있다는 점에 미리 유의하기 바란다.

그 이유는 C&R Tree 알고리즘에 있는 것이 아니라 Balance 노드의 임의성에 있다. Balance 노드에서 boosting/reduction(증대/축소) factor가 정수가 아닌 경우엔 입력 레코드를 확률적으로 증대/축소시키기 때문이다. 예컨대 boosting factor가 1.5배인 경우 각 레코드는 1/2의 확률로 2개가 되거나 1/2 확률로 1개로 남는다(기대값 1.5개).

〈그림 2.3〉
C&R Tree 분석을 위한 클레멘타인 스트림: crt.str

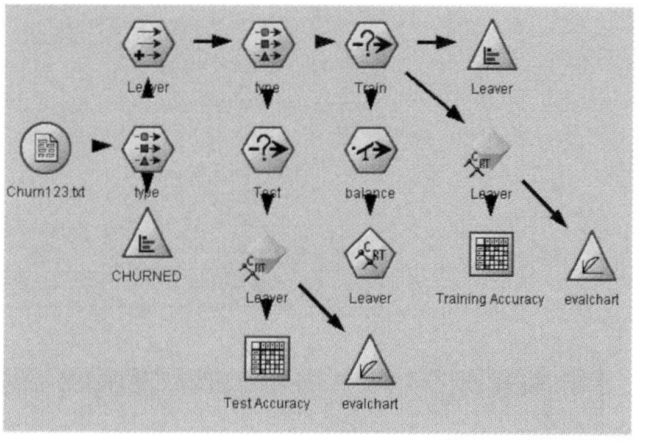

C&R Tree 노드에서 다음과 같이 아무 옵션도 지정하지 않았다[Levels below root는 뿌리 노드 아래 5개 층에 걸쳐 가지를 만들도록 한다].

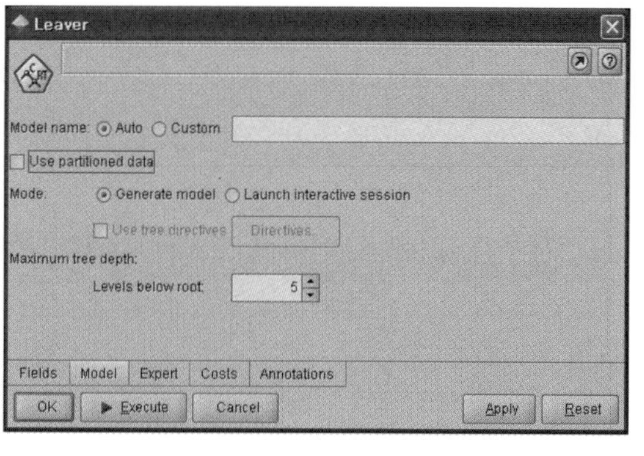

다음 두 화면은 생성된 나무를 보여주는데, 두 형태의 출력은 동등하다.

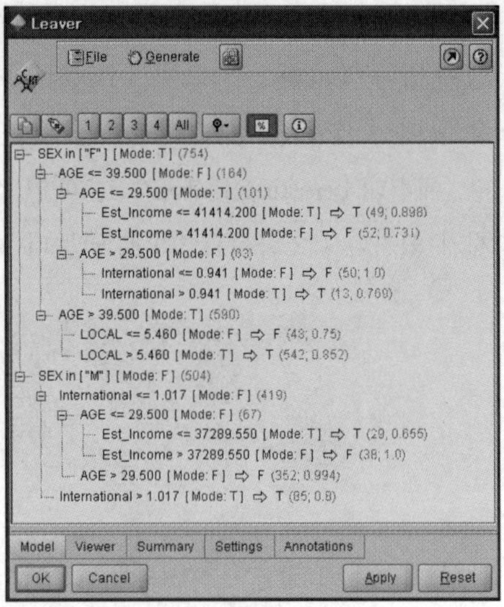

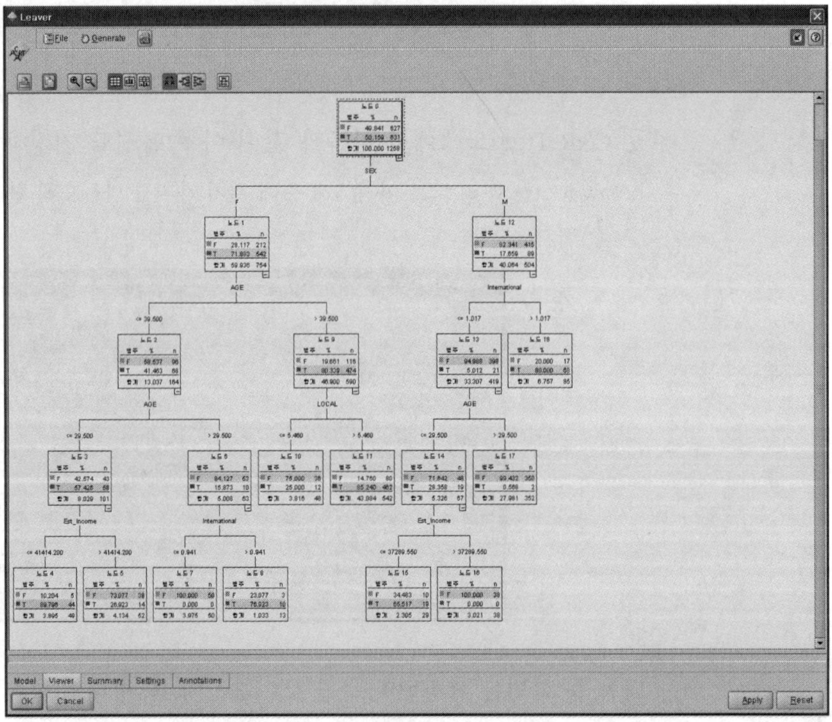

첫째 것은 생성 규칙의 형태이고 둘째 것은 나무 형태이다(컴퓨터 모니터에서는 확대해서 볼 수 있다).

다음은 예측 분류를 정리한 표이다[앞서 언급한 대로 생성되는 나무 출력이 다소 임의적이므로 예측 분류표가 사용자에 따라 다를 수 있다].

〈훈련자료〉

	실현 F	T	합계
예측 F	507	10	517
T	120	326	446
합계	627	336	963

총 예측 정확도 87%
'F' 예측 정확도 98%
'T' 예측 정확도 73%

〈테스트 자료〉

	실현 F	T	합계
예측 F	279	8	287
T	58	169	227
합계	337	177	514

총 예측 정확도 87%
'F' 예측 정확도 97%
'T' 예측 정확도 74%

이 정도의 예측 정확도이면 앞 절의 C5.0 분석의 성과와 거의 같다고 할 수 있다. C&R Tree에서도 훈련자료 예측 정확도와 테스트 자료 예측 정확도가 별 차이가 없게 나왔으나, 일반적으로는 후자는 전자에 비해 다소 작게 나온다.

여기서도 Cost Function을 지정함으로써 Balancing을 대신할 수 있다[다음은 'T'를 'F'로 오분류하였을 때의 비용을 1.9로 설정한 C&R Tree 화면이다. 그것을 1.9로 한 이유는 대략 'F'의 빈도가 'T'의 빈도의 1.9배이기 때문이다. 'F'를 'T'로 오분류하였을 때의 비용은 디폴트에 의해 1.0이다. Levels below root는 앞과 동일하게 5개로 놓았다].

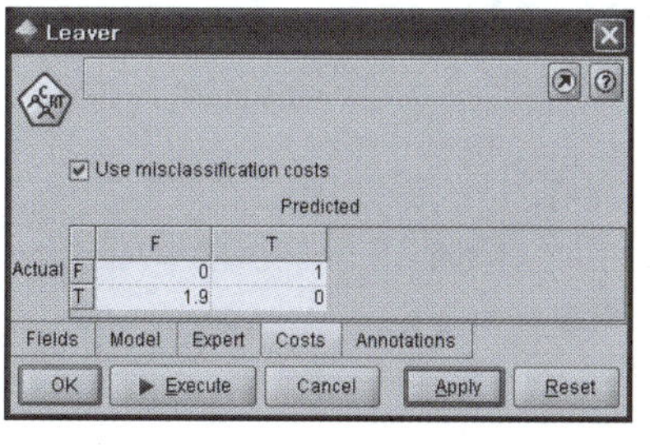

그 결과는 다음 표와 같다[이 경우엔 Balance 노드를 거치지 않았으므로 모든 사용자는 같은 결과를 얻는다].

〈훈련자료〉

	실현 F	T	합계
예측 F	534	33	567
T	93	303	396
합계	627	336	963

총 예측 정확도 87%
'F' 예측 정확도 94%
'T' 예측 정확도 77%

〈테스트 자료〉

	실현 F	T	합계
예측 F	292	35	327
T	45	142	187
합계	337	177	514

총 예측 정확도 84%
'F' 예측 정확도 89%
'T' 예측 정확도 76%

점수화(scoring)

이제까지는 오분류표만을 보아왔다. 즉 레코드들의 분류예측 문제를 다룬 것이다. 그러나 고객관계관리(CRM) 응용에 있어서는 이탈 점수화(scoring)를 함으로써 원하는 길이의 우선관리대상 고객들의 리스트를 만들 수 있어야 한다. C&R Tree에서 이런 작업을 하려면 모델링 결과를 '$R-목표변수'와 '$RC-목표변수' 로 정렬하면 된다.

5.2.4 맺음말

다음 표는 C5.0과 C&R Tree를 비교한 것이다.

	C5.0	C&R Tree
범주형 예측변수의 분리 유형	다중(multiple)	2항(binary)
연속형 목표변수	불허용	허용
예측변수 선택 기준	정보(information) 측도	불순도(impurity) 측도
일부 예측변수가 결측되어 있는 레코드 활용	가능(조각화 활용)	가능(대리변수 활용)
장 정보(prior)	활용하지 못함	활용 가능
가지치기 기준	비용-복잡도	예측오차에 대한 위 한계
가지/노드 당 최소 레코드 수 (minrec)	2개+의 가지≥minrec	2개 가지≥minrec

연습문제

01 〈그림 2.1〉의 C5.0 노드에서 Pruning severity를 75 → 99로 바꾼다면 어떤 결과가 예상되는가? 실제 파라미터를 바꾸어 보고 Pruning severity 75인 경우와 비교해 보라.

02 Churn123.txt 자료의 C5.0 분류 분석에서 목표변수를 3개의 범주(Current, In- voluntary, Voluntary)를 갖는 CHURNED로 바꿔 분석해 보라. 총 예측 정확도가 훈련자료와 테스트 자료에서 각각 얼마로 나오는가?

03 앞 자료의 C&R Tree 분류에서 목표변수를 3개의 범주(Current, Involuntary, Voluntary)를 갖는 CHURNED로 바꿔 분석해 보라. 총 예측 정확도가 훈련자료와 테스트 자료에서 각각 얼마로 나오는가?

실습파일

– churn123.txt	〈그림 2.1〉의 데이터
– c50.str	〈그림 2.1〉의 클레멘타인 스트림
– c50a.str	〈그림 2.2〉의 클레멘타인 스트림
– crt.str	〈그림 2.3〉의 클레멘타인 스트림

보충설명 엔트로피아와 GINI 축도

C5.0에서는 엔트로피를 불확실성의 측도로, C&R에서는 Gini를 불순도의 측도로 사용한 바 있다. 여기서는 각각의 개념을 설명하기로 한다.

4개의 사건이 각각 1/4의 확률로 발생한다면, 이들 사건을 00, 01, 10, 11 등으로 코딩할 수 있으므로 코딩에 필요한 bit 수는 2이다. 8개의 사건이 등확률로 발생한다면, 이들 사건을 각각 000, 001, 010, 011, 100, 101, 110, 111 등으로 코딩할 수 있으므로 코딩에서 쓰인 bit 수는 3이다. 8개의 등확률 사건 발생이 4개의 등확률 사건보다 이런 정도로 불확실하다고 말하자. 일반적으로 k개의 사건이 $p_1, \cdots, p_k$의 확률로 발생한다면 이 사건들의 코딩에 필요한 bit 수는 평균

$$Entropy = \sum_{l=1}^{k} p_l(-log_2 p_l)$$

이 될 것이다. 이로부터 엔트로피(entropy)를 1장에서와 같이 정의하게 되었다. 한 예로서 만약 사건 1, 2, 3, ⋯ 등이 $\frac{1}{2}, \frac{1}{2^2}, \frac{1}{2^3}$의 확률로 발생한다면 엔트로피는

$$Entropy = \frac{1}{2}\left(-log_2\frac{1}{2}\right) + \frac{1}{2^2}\left(-log_2\frac{1}{2^2}\right) + \frac{1}{2^3}\left(-log_2\frac{1}{2^3}\right) + \cdots$$

$$= \frac{1}{2}(1) + \frac{1}{2^2}(2) + \frac{1}{2^3}(3) + \cdots = 2$$

가 된다. 한편, 4개의 사건이 $\frac{1}{2^2}, \frac{1}{2^2}, \frac{1}{2^2}, \frac{1}{2^2}$의 확률로 발생하는 경우 엔트로피는

$$Entropy = \frac{1}{2^2}\left(-log_2\frac{1}{2^2}\right) + \frac{1}{2^2}\left(-log_2\frac{1}{2^2}\right) + \frac{1}{2^2}\left(-log_2\frac{1}{2^2}\right) + \frac{1}{2^2}\left(-log_2\frac{1}{2^2}\right)$$

$$= \frac{1}{2^2}(2) + \frac{1}{2^2}(2) + \frac{1}{2^2}(2) + \frac{1}{2^2}(2) = 2$$

이기 때문에 두 경우는 동일한 '불확실성' 을 갖는다.

Gini 측도는 불순도(impurity)의 측도로 흔히 사용되는데 그 개념은 다음과 같다. k개의 사건이 $p_1, \cdots, p_k$의 상대적 빈도로 혼합되어 있다고 하자. 사건 j가 발생하였다면 임의판단에 의존함으로써 범하는 예측오류는

$$Error(j) = \sum_{l \neq j}^{k} p_l$$

가 될 것이다. 따라서 평균 예측오류는

$$Error = \sum_{j=1}^{k} p_j\, Error(j) = \sum_{j=1}^{k}\sum_{l \neq j}^{k} p_j p_l = 1 - \sum_{l=1}^{k} p_l^2$$

이것이 Gini 측도이다. Gini 측도는 항상 0과 1 사이의 값을 취하며, 고정된 k에 대하여 Gini 측도는 $p_1 = \cdots = p_k (=1/k)$ 일 때 최대가 된다. 등확률 사건들의 혼합을 가장 불순한(impure) 상태로 보는 것이다.

5.3 클레멘타인의 군집화 기법

군집화 분석(cluster analysis)은 자료 뒤에 깔려 있는 내재적 그룹들을 드러내는 데 쓰이는 탐색적 자료분석 기법이다. 개체(units, records)간 거리에 근거하여, 서로 가까운 개체들은 같은 군집으로 묶이고 서로 상당히 떨어진 개체들은 다른 군집에 속하도록 한다. 이상적으로는, 군집내(內) 개체들은 동질적이 되고 군집간(間) 개체들은 이질적이 된다.

군집화 분석은 최종 목표이지 않다. 데이터 마이닝 프로세스의 한 단계일 뿐이다. 또한 군집분석에서는 한 가지 답이 있는 것이 아니다. K-means와 Kohonen에서 사용자는 군집의 수를 정하면 클레멘타인 알고리즘이 여러 차례의 반복분석을 통해 좋은 군집 해를 찾는다. 이와는 달리, TwoStep에서는 사용자가 군집의 수를 범위로 정하면 그 안에서 클레멘타인 알고리즘이 최적 해를 찾는다. 몇 가지 중요한 변수들에서 군집간 차이가 뚜렷할수록 좋은 군집 해라고 할 수 있다.

군집화에는 여러 방법이 있지만, 계층적 군집화(hierarchical clustering) 방법들은 모든 쌍의 개체간 거리를 메모리에 저장해 놓고 업데이트하기 때문에 규모가 큰 데이터 마이닝에서는 사용되지 않는다. 대신 데이터 마이닝에서는 비계층적 군집화(nonhierarchical clustering) 방법인 K-means, 신경망 기법의 하나인 Kohonen, 그리고 메모리 사용이 효율적인 TwoStep을 활용한다.

군집화에서 일반적인 가이드라인을 제시한 후, 각 군집화 방법을 검토하기로 한다.

군집화에서 고려해야 할 일반 사항

어느 군집화 방법을 사용하든지 관계없이 적용되어야 할 일반적인 원리가 있다. 중요한 몇 가지를 언급하기로 한다.

1) 군집의 크기

군집화의 목적은 자료에 내재되어 있는 그룹들을 찾아내는 것이다. 찾아낸 그룹, 즉 군집이 유용하기 위해서는 그 크기가 너무 작지 않아야 한다. 물론 1 · 2개의 특이점으로 구성된 군집이 있을 수도 있지만, 전체 집단이 1,000개인 경우, 5개나 10개의 개체로 이루어진 군집은 너무 작다고 할 수 있다. 물론 군집의 최소 크기가 얼마라고 확정해 놓을 수는 없지만 대략 전체 집단의 5%는 되어야 한다[군집의 크기가 작더라도 실제 중요도가 큰 경우, 예컨대 소수라도 고소득자들이 묶여 나온 경우에는, 해당 군집을 삭제해서는 안 된다]. 만약 찾아낸 군집이 이에 못 미친다면 다음 몇 가지 방안을 고려하여야 한다.

- 군집 수를 줄여서 다시 군집화를 해본다.
- 작은 군집을 가장 가까운 보다 큰 군집에 병합시킨다.
- 군집의 실제 중요도가 작은 경우 자료 셋에서 제거한다. 이 경우엔 군집화가 전체가 아닌 일부에 적용되는 결과가 된다.

2) 군집 수

찾아진 군집들의 수가 상당히 크다면 각 군집을 파악하고 활용하는 것이 쉽지 않다. 군집 수는 가급적 12개 이내인 것이 좋다. 드물기는 하지만 군집 수를 30개 정도로 크게 하는 경우도 있다. 자료의 특성에 따라, 그리고 자료에 대한 이해 수준 및 활용 목적에 따라 적절한 군집 수가 다르다.

3) 타당성

군집화 결과는 활용에 앞서 타당성이 검토되어야 한다.

첫째, 군집화에 쓰인 변수에서뿐만 아니라 다른 중요한 외적 특성 변수에서도 의미 있는 차이가 있어야 한다. 예컨대, 기존 품목의 구매이력을 근거로 군집화를 하였다면 관련 신제품의 구매의향에 있어 군집간 차이가 나타날 수 있어야 군집화 결과가 좋다고 말할 수 있다.

둘째, 데이터 마이닝에서는 전체 자료를 훈련 데이터(training data)와 테스트 데이터(test data)로 나누어 하나는 모델링에 쓰고 다른 하나는 모델링 결과의 평가를 위해서 쓰는 경우가 많은데, 군집화에서도 자료를 임의 분할하여 각각에 군집화 방법을 적용한다면 군집화 결과의 재현성(타당성)을 살필 수 있다. 이것을 효과적으로 사용하면 K-평균 군집화에서 군집 수를 결정하는 데 활용할 수도 있다. 이에 대한 세부 사항은 부록 B의 "클레멘타인을 활용한 K-평균 군집화 결과의 재현성 평가"를 참조하기 바란다.

5.3.1 K-평균 군집화 (K-means Clustering)

K-평균 군집화는 가장 자주 쓰이는 비계층적 군집화 방법이다. K-평균 군집화에서의 'K'는 군집의 수인데 분석자가 사전에 정해야 한다. 또한 '평균'은 각 군집을 대표하는 군집 중심이며, 개체와 중심간 거리에 관한 측도로 K-means에서는 유클리드 거리가 사용된다.

K-means의 첫 번째 단계는 다음 방법에 따라 첫 군집 중심을 정하는 일이다.

MaxMin 방법

1) 첫 개체를 첫 번째 군집의 중심으로 한다.
2) 첫 개체를 제외한 나머지 개체 각각에 대하여 첫 번째 군집 중심까지의 거리를 계산하여, 그 거리가 가장 큰 개체를 두 번째 군집 중심으로 한다.
3) 이제까지 군집 중심으로 선택되지 않은 나머지 개체 각각에 대하여 가장 가까운 기존 군집 중심까지의 거리를 계산하여, 그 중 가장 큰 거리에 대응하는 개체를 신규 군집 중심으로 한다.
4) 앞 단계를 반복하여 모두 K개의 군집 중심을 확보한다.

즉, MaxMin 방법의 의도는 가급적 멀리 떨어진 K개의 개체를 첫 군집 중심으로 확보하려는 데 있다.

두 번째 단계는 각 개체별로 가장 가까운 군집중심을 찾아 배치하는 일이다. 이 때 유클리드 거리를 사용한다.

세 번째 단계는 군집별로 배당된 개체들을 집합하여 군집 중심(cluster

centroid)을 새로 계산한다.

그리고 두 번째 단계와 세 번째 단계를 중지조건이 만족될 때까지 반복 수행한다. 흔히 쓰이는 중지조건은 반복수가 사전 지정된 어떤 값에 도달하거나 군집 중심의 변화량이 사전 지정된 어떤 값 이하로 떨어지는 경우이다.

〈그림 3.1〉을 보라. K-Means의 각 단계를 묘사하고 있다.

〈그림 3.1〉
K-Means의 각 단계

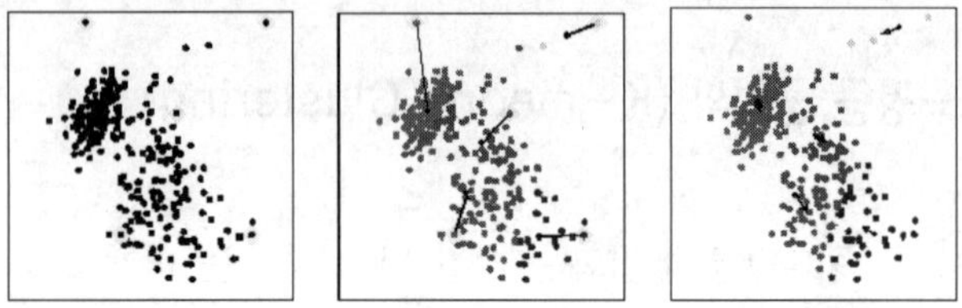

단계1 단계 2와 3 반복

거리 산출

앞에서 이야기한 대로 K-평균 군집화에서는 유클리드 거리가 사용된다. 따라서 각 변수의 척도를 어떻게 잡느냐에 따라 결과가 크게 좌우된다. 예컨대 군집화에 4개 변수 X_1, X_1, X_3, X_4를 쓰는 경우에서 3개 변수(X_1, X_1, X_3)가 0−100점 척도에 있고 마지막 변수 X_4가 0−10점 척도에 있다면 개체간 거리, 또는 개체와 군집 중심간 거리는 0−10점 척도의 X_4에는 거의 의존하지 않는다. 따라서 군집화에 사용될 모든 변수는 적절하게 사전 척도화되어 처리된다. 클레멘타인 군집화에서는 다음과 같은 사전 표준화가 적용된다.

1) 연속형 변수의 경우: 범위 표준화가 다음과 같이 적용된다.

변환 자료값 = (원 자료값 − 최소값) / (최대값 − 최소값)

예를 들어, 변수 X의 자료값 0.2, 0.5, 0.8, 1.4, 2.6이라고 하자. 여기서 최소값 = 0.2, 최대값 = 2.6이므로 원 자료값 0.8에 대한 새 자료값은 다음과 같게 된다.

변환 자료값 = (0.8−0.2)/(2.6−0.2) = 0.6/2.4 = 0.25

이런 식으로 변수 X의 새 자료값은 0.0, 0.125, 0.25, 0.5, 1.0이 된다. 따라서 범위 표준화에 의해 새 자료값은 모두 0과 1 사이에 놓이게 된다.

참고: 통계학에서는 평균을 0, 표준편차를 1로 하는 표준화가 적용되지만 데이터 마이닝에서는 앞서 설명한 범위 표준화가 흔히 적용된다. 평균-표준편차 표준화가 많은 계산을 필요로 하기 때문이다[그러나 두 방법 모두 일부 일탈 자료에 로버스트(robust)하지 않다. 따라서 각 군집화 변수별로 특이점의 사전 확인이 필요하다].

2) 이항 변수(flag field)의 경우: 어떤 변수가 2개 값만을 갖는 경우 한 값을 0, 다른 한 값을 1로 재코딩한다. 예컨대 성별(gender) 변수에서 여자(female)이면 0, 남자(male)이면 1로 코드를 바꾸면 된다. 실패/성공 결과를 나타내는 변수도 마찬가지이다. 실패(fail)면 0, 성공(success)이면 1로 코드를 바꾼다. 따라서 두 항간의 거리는 1이 된다.

3) 세트 변수(set field)의 경우: 어떤 변수가 3개 이상의 범주를 취하는 경우이다. 예컨대 범주가 C1, C2, C3라고 하자. 그러면 다음과 같이 3개 더미(dummy) 코드를 써서 세트 변수를 숫자로 표현할 수 있다.

C1이면 (1, 0, 0),   C2이면 (0, 1, 0),   C3이면 (0, 0, 1)

더미 코드화는 간편하지만, 연속형 변수와의 형평성 문제가 수반된다. 범위 1로 표준화된 연속형 변수에서 2개 개체간 최대 차이(=유클리드 거리)는 1이지만, 범주형 변수에서 2개 개체간 최대 차이는 그보다 커진다. 예컨대 앞의 C1과 C2간 유클리드 거리는 $\sqrt{(1-0)^2+(0-1)^2}=\sqrt{2}=$ 1.414가 된다. 따라서 서로 다른 유형의 변수간 형평성을 지키려면, 범주형 변수의 코딩시 1이라는 코드를 $\sqrt{2}$의 역수인 $1.414^{-1}=0.707$로 바꿔야 한다. 때문에, 클레멘타인 군집화에서 세트 변수의 각 범주에 대한 더미 코드값을 0.707로 바꾸는 것이 디폴트이다[K-means 노드의 Expert 옵션에서, Encoding value for sets = 0.707].

적용 사례

한 사례로서 이동전화 통화량 자료를 분석해보기로 한다. 〈그림 3.2〉는 이를 위한 클레멘타인 스트림 'Kmeans.str' 이고 사용할 자료명은 'churn.txt'

이다. 개체는 1477개이다.

〈그림 3.2〉
K-means 군집화를 위한 클레멘타인 스트림
(Kmeans.str)

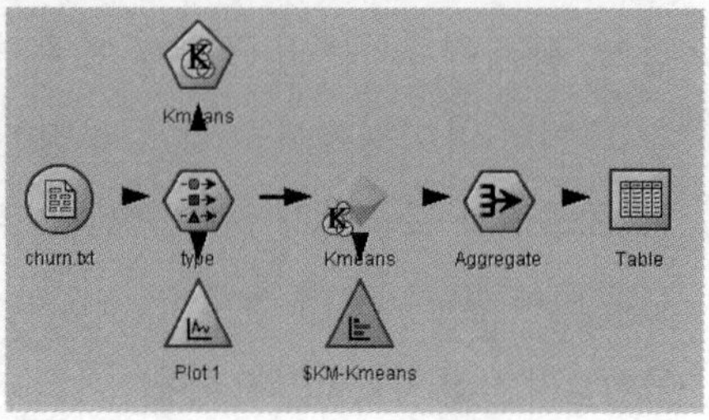

Type 노드를 열어보면 다음과 같이 여러 필드가 나타나는데 이 중에서 장거리 통화량(LONGDIST), 국제통화량(International), 시내통화량(LOCAL) 등 세 변수를 군집화 변수로 잡기로 한다. 즉 통화 행태 기록(log)들을 바탕으로 고객들을 군집화하고자 한다.

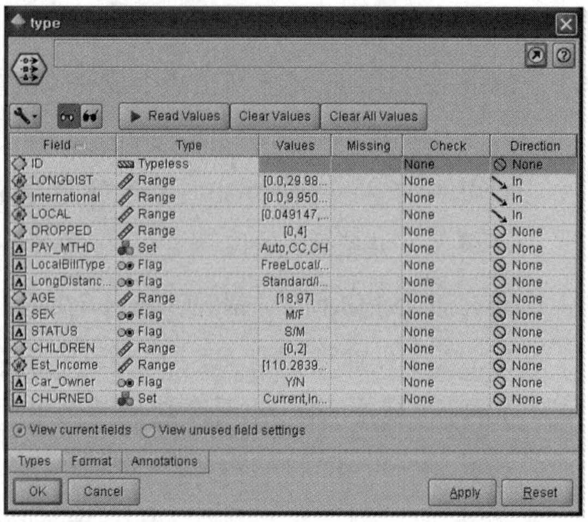

Field	Type	Values	Missing	Check	Direction
ID	Typeless			None	None
LONGDIST	Range	[0.0,29.98...		None	In
International	Range	[0.0,9.950...		None	In
LOCAL	Range	[0.049147,...		None	In
DROPPED	Range	[0,4]		None	None
PAY_MTHD	Set	Auto,CC,CH		None	None
LocalBillType	Flag	FreeLocal/...		None	None
LongDistanc...	Flag	Standard/I...		None	None
AGE	Range	[18,97]		None	None
SEX	Flag	M/F		None	None
STATUS	Flag	S/M		None	None
CHILDREN	Range	[0,2]		None	None
Est_Income	Range	[110.2839...		None	None
Car_Owner	Flag	Y/N		None	None
CHURNED	Set	Current,In...		None	None

데이터 마이닝의 첫 단계는 자료 탐색이다. 자료의 분포를 대략 파악해 두기 위해 세 변수간 산점도(scatter plot)를 살펴보기로 한다. 다음은 Plot 노드를 적용하여 얻은 결과이다[앞의 스트림은 3개의 플롯 중 하나만 수행한다].

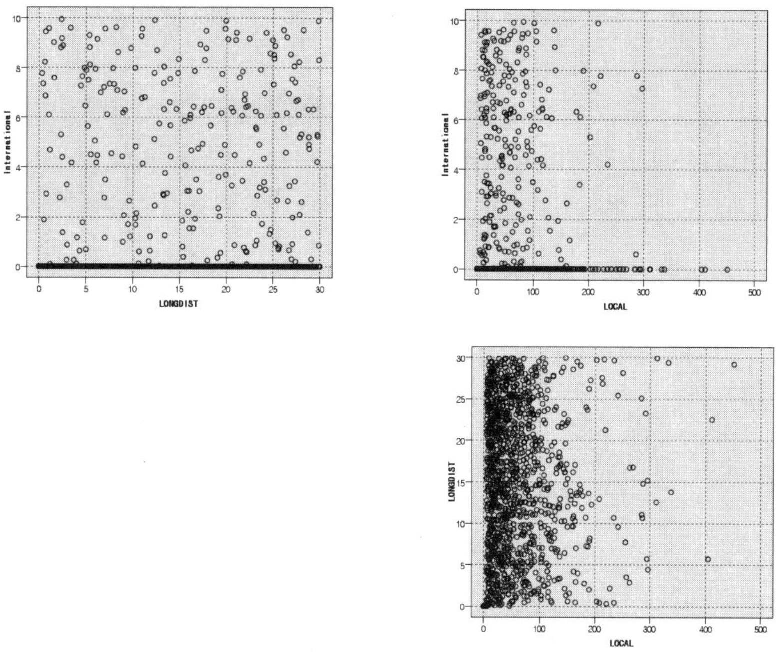

많은 수의 사용자들의 국제통화량(International)이 0이고, 시내통화량(LOCAL)의 분포는 0에서 가장 크고 그 후로는 점차 지수적으로 작아지는 밀도를 보이고 있으며 장거리통화량(LONGDIST)은 0과 30 사이에서 거의 균일한 밀도를 보이고 있다[지수분포의 형태를 취하고 있는 시내통화량(LOCAL)에 대하여는 로그 변환을 하는 것이 바람직하지만 여기서는 변환 없이 군집화에 들어가기로 한다].

전체 개체(사용자)를 5개의 K-평균 군집화로 묶어 보기로 한다. 클레멘타인 스트림의 K-means 노드에서

Number of clusters = 5

로 세팅되어 있음을 확인해 보라.

K-means로 모델이 생성되어 그것을 살펴본(Browse) 결과, 총 15회의 반복이 있었고(Summary 탭), 그 결과 군집 1은 73개의 개체를 포함하는데 군집 중심은 장거리 7.28분, 국제 7.17분, 시내 73.2분임을 알 수 있다(Model 탭). 그 밖의 다른 군집에 대하여도 개체 수와 각 변수의 평균을 볼 수 있다. 그것을 레코드 처리 노드의 하나인 Aggregate를 써서 한눈에 볼 수 있

게 정리하는 것이 보기 좋다. 다음은 Aggregate 노드의 편집 창이다.

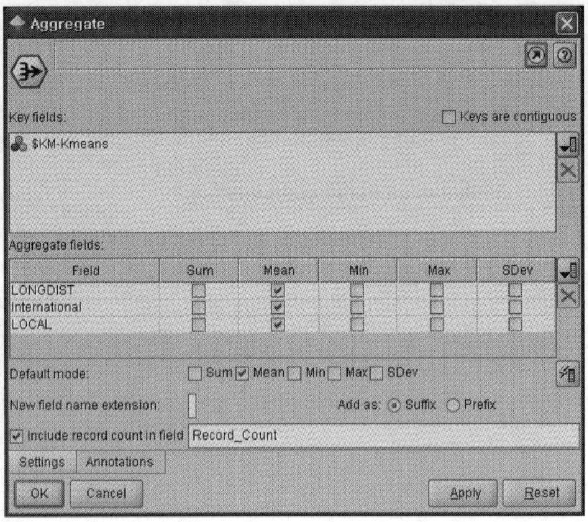

이제 결과를 Table 노드로 보자.

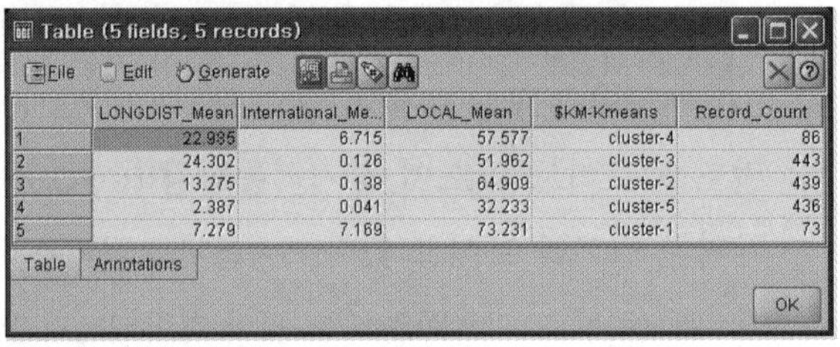

Table (5 fields, 5 records)

	LONGDIST_Mean	International_Me...	LOCAL_Mean	$KM-Kmeans	Record_Count
1	22.985	6.715	57.577	cluster-4	86
2	24.302	0.126	51.962	cluster-3	443
3	13.275	0.138	64.909	cluster-2	439
4	2.387	0.041	32.233	cluster-5	436
5	7.279	7.169	73.231	cluster-1	73

결국 다음과 같은 해석이 가능하다.

1) 군집 5와 군집 1은 국제 통화량이 많다는 점에서 공통점을 갖는다[평균 6.7분, 7.2분]. 단, 군집 1은 장거리 통화량이 월등하게 많다는 점에서 군집 5와 구별된다[평균 23.0분, 7.3분]. 시내통화량에서는 큰 차이가 없다[평균 57.6분, 73.2분]. 한 마디로 군집 1은 가치고객 군임을 알 수 있다.
2) 군집 2, 군집 3, 군집 4는 모두 국제 통화량이 매우 작다[평균 0.1, 0.1, 0.0분]. 장거리 통화량에 있어 군집 2, 군집 3, 군집 4는 작아지는 순서의 통화량을 갖는다[평균 24.3분, 13.3분, 2.4분]. 시내 통화량에서는 군집 2와 군집 3이 비슷하고 군집 4는 작다[평균 52.0분, 65.0분, 32.3분]. 한 마디로,

군집 4는 가장 가치가 작은 사용자 군이라고 할 수 있다.

그렇다면 세 군집에서 외적 특성변수인 이탈률(churning rate)에 있어 차이가 있는가를 보자. 다음은 Distribution 노드의 편집 창이다. 각 군집내에서의 상대적 비율을 보고자 "Normalize by color" 에 체크 표를 하였다.

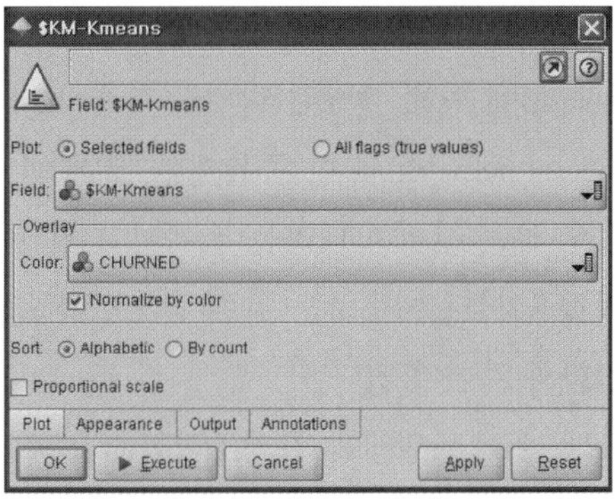

다음이 그 결과이다[Current = 현재 사용자, InVol = 비자발적 이탈자, Vol = 자발적 이탈자].

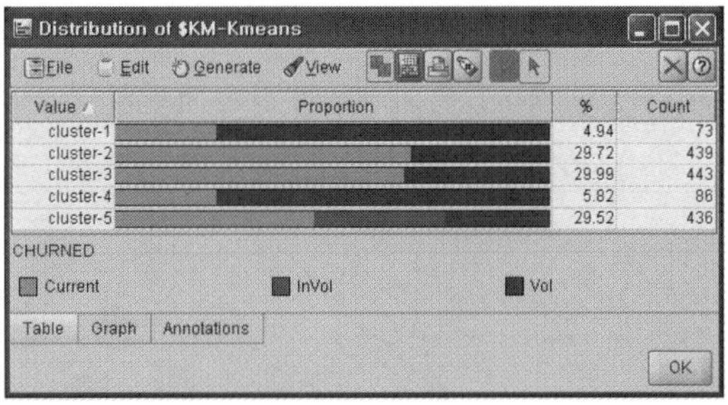

군집 5에서 비자발적 이탈자가 많음을 볼 수 있다. 군집 5가 중요고객 집단이므로 이는 좀더 그 이유를 알아볼 필요가 있다. 또한 염려가 되는 것은 자발적 이탈자 비율인데 이것은 군집 1과 군집 4에서 매우 큼을 알 수 있다. 여기에서 군집 4는 가치가 낮은 집단이지만 군집 1은 국제 통화와 장거리 통화가 많은 중요고객 집단임을 기억해야 한다. 따라서 전화회사에서는 시급히 그 이유를 파악하여 이 집단에 속한 사람들의 이탈을 방지할 수 있는 방법을 연구하여야 한다.

5.3.2 코호넨 네트워크 (Kohonen Network)

코호넨 네트워크는 1980년대 초반 핀란드의 전기공학자 코호넨(Teuvo Kohonen)에 의해 개발된 비지도 학습(unsupervised learning) 인공지능 신경망(neural network)의 한 종류이다. 코호넨 네트워크는 어떤 무엇의 예측을 목표로 하는 것이 아니라는 점에서 K-평균 군집화와 마찬가지이되, 비슷한 개체들을 서로 이웃하는 위치에 오도록 스스로 배치한다는 점에서 K-평균 군집화와 차이가 있다.

코호넨 네트워크는 자기조직화지도(Self-Organizing Map, SOM)라고도 하는데 유사한 관측개체들을 가까이에 놓이도록 그리드 상에 배열시키기 때문이다. 〈그림 3.3〉을 보라. 각 입력변수는 그리드 상의 뉴런들과 연결되는데 강도는 제각각 다르다. 모든 뉴런은 상호 연결되어 있으며 입력노드와도 연결되어 있다. 개체가 접수되면 입력 노드가 신호를 만들어 그리드 상의 뉴런들에 보내는데 개별 뉴런들을 대표하는 것이 중량(weight) 벡터이다[중량 벡터들은 개체들과 같은 차원의 공간에 놓인다].

〈그림 3.3〉 코호넨 SOM의 개념도

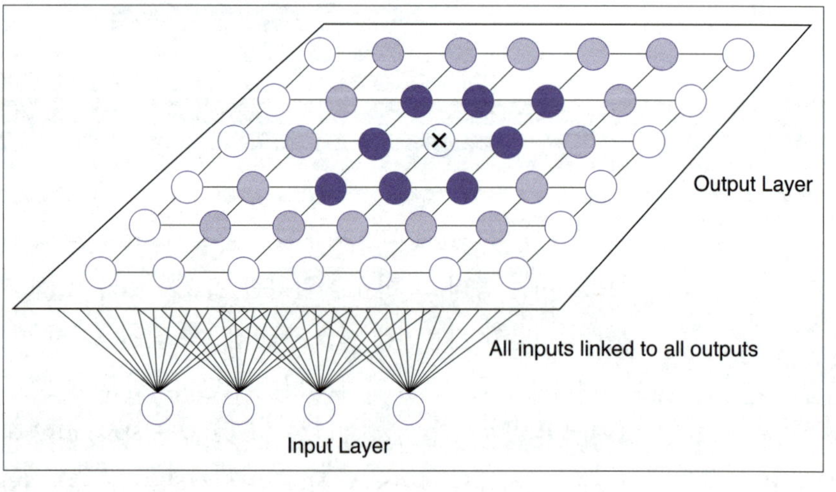

네트워크는 다음과 같이 만들어진다[학습한다]. 한 개체가 제시되면 그리드 상 모든 뉴런들 중에서 가장 유사한 뉴런을 찾게 되는데 그 뉴런을 승자(winner)라고 한다. 승자 뉴런은 새로 얻은 개체를 더 잘 수용하기 위하여 종전에 자신이 갖고 있던 중량 벡터와 새로 얻은 개체(관측값 벡터)의 가중 평균을 내어 중량 벡터를 업데이트한다. 코호넨 네트워크에서 자주 쓰이는 용어인 학습률(learning rate)은 중량벡터 산출시 새 개체의 반영비율로 정의된다. 여기까지는 K-평균 군집화와 마찬가지라고 볼 수 있다.

승자 뉴런뿐만 아니라, 승자 주변의 뉴런도 영향을 받는다. 즉 주변 뉴런의 중량 벡터도 업데이트되는데, 이 때 새 개체의 반영비율은 학습률에 비례하고 승자 뉴런으로부터의 거리에는 반비례하도록 결정된다. 한 개체에 대한 작업이 끝나면 다음 개체에 대하여 동일한 작업에 들어간다. 다만, 점차 작은 학습률을 적용하면서 승자 뉴런의 주변을 규정하는 이웃의 범위도 좁힌다. 이와 같이 개체들이 승자 뉴런 및 주변의 뉴런을 함께 변화시키기 때문에 결과적으로 이웃하는 뉴런들의 중량(weight)들이 유사하게 된다.

클레멘타인 코호넨 네트워크는 초기 중량 벡터가 임의로 결정되는데, 〈그림 3.4〉의 편집 창에서, 'Set random seed'를 체크하고 Seed 값을 지정하면 매번 같은 코호넨 네트워크가 형성된다[그렇지 않으면 매번 다른 출력이 나온다]. 코호넨 네트워크는 두 단계로 나뉘어 학습된다. 단계(Phase) 1에서는 이웃범위가 Neighbor1[=2, 디폴트]에서 시작하여 1씩 값이 감소해가며(Neighbor2+1까지) 학습률도 Eta1[=0.3, 디폴트]에서 시작하여 (Eta2까지) 점차 감소해간다. 학습률은, 사용자의 지시에 의해, 선형적(Linear) 또는 지수적(Exponential)으로 감소되는데, 전체 개체가 단일 집단에서 나온 것으로 추측되는 경우가 아니라면 선형적 감소방식을 선택하는 것이 좋다. 이러한 계산과정은 지정된 사이클 수 Cycles1[=20, 디폴트]만큼 순환 반복된다. 단계 1에서 사용되는 이웃범위의 크기 Neighbor1의 디폴트 값은 2인데 네트워크가 5×5 이하의 작은 규모라면 Neighbor1의 값으로 2가 괜찮다[왜냐하면 정중앙의 뉴런에 대하여는 모든 뉴런이 이웃이 되기 때문이다]. 따라서 작은 네트워크를 지정한 경우에는 섣불리 이 값을 변경해서는 안 된다.

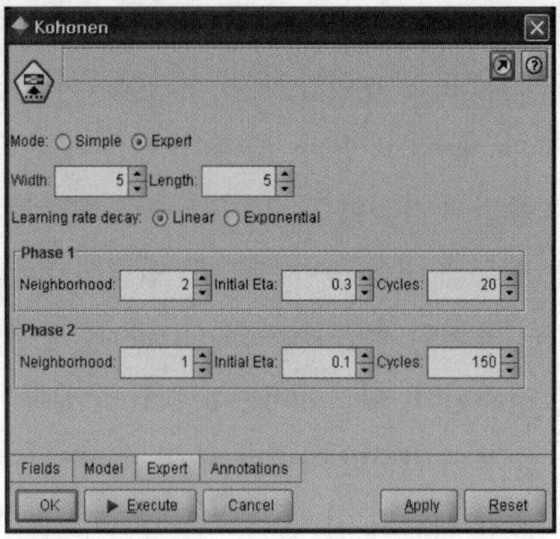

〈그림 3.4〉 클레멘타인 Kohonen 노드

단계(Phase) 2에서는 이웃범위가 Neighbor2[=1, 디폴트]에서 시작하여 1씩 감소하여 1에 이르며 학습률은 Eta2[=0.1, 디폴트]에서 시작하여 0까지 감소해간다. 이러한 계산과정은 지정된 사이클 수 Cycles2[= 150, 디폴트] 만큼 순환 반복된다. 단계 2에서 코호넨 네트워크가 정밀한 조정을 받게 되므로 Cycles2를 Cycles1보다 크게 잡는 것이 보통이다.

이와 같이 코호넨 네트워크에서는 수십 · 수백 회의 순환 계산을 하게 되므로 K-평균 군집화에 비하여 많은 계산이 요구된다. 그 대가로 코호넨 네트워크는 뉴런들의 2차원 그리드, 즉 자기조직화지도(SOM)를 얻게 되는데 이것은 비선형적 차원축소에 의한 다변량 개체들의 위상적 배열(topological ordering)로 볼 수 있다.

K-평균 군집화에서 군집 수를 사전에 지정하였듯이 코호넨 네트워크를 만들기 위해서는 그리드의 폭(Width)과 길이(Length)를 사전 지정해야 한다. 실제로 이것을 어떻게 잡아야 하는지에 대하여 썩 좋은 가이드라인은 없다. 다만, 만약 생각하는 군집 수가 K라면 각 군집당 4개에서 9개의 뉴런으로 표현 가능하다고 보면 총 뉴런의 수는 4K~9K이므로 이것을 곱의 형태로 분해하여 적절한 폭과 길이를 정할 수 있을 것이다. 예컨대 K=4인 경우엔 총 뉴런의 수가 16~36개이므로 4×4 그리드에서 6×6 그리드까지를 생각할 수 있다. 또는 6×4 그리드도 좋을 수 있다[코호넨 네트워크에서 가로 축과 세로축은 고유의 의미를 갖지 않으므로 분석자의 관점에서는 6×4 그리

드와 4×6 그리드가 다르지 않다]. 마찬가지로, K=5인 경우엔 20~81개의 뉴런이 적절하므로, 5×4, 5×5, …, 9×9, 10×8 그리드 등을 생각해 볼 수 있겠다.

또 다른 방법은 자료크기를 고려하여 그리드 크기를 $n^{1/4} \times n^{1/4}$에 상응하게 잡는 것이다(여기서 n은 입력 개체 수). 그렇게 하면 1개 그리드 점에 평균적으로 $n^{1/2}$개의 입력 개체가 배당된다. 예컨대 앞의 이동전화 통화량 자료에선 n=1477이므로 이에 대한 코호넨 그리드는 6×6이 되고($1477^{1/4}$= 6.19) 그리드 점에 평균 41개 개체가 집적된다(대신 비슷한 크기를 갖는 7×5, 9×4, 18×2 등을 고려할 수 있겠다). 만약 n=10,000이라면 코호넨 그리드는 10×10이 되고 그리드 점에 평균 100개의 개체가 쌓인다(10×10 대신 비슷한 크기를 갖는 12×8, 20×5, 33×3 등을 고려할 수 있겠다).

적용 사례

1절의 K-means에서 분석하였던 '이동전화 통화량' 자료를 계속 다루기로 한다. 〈그림 3.5〉는 이를 위해 우리가 완성할 클레멘타인 스트림이다. 군집화 변수는 앞에서와 같이 장거리 통화량(LONGDIST), 국제통화량(International), 시내통화량(LOCAL) 등 3개의 필드로 한다. 그리고 대략 5개로 예상되는 군집을 나타내기 위하여 5×5 그리드를 사용하기로 한다.

Kohonen 노드 편집 창에서 Set random seed, Seed = 123으로 지정하고, 학습률 감소를 'Linear'로 바꾸고, 이웃의 범위와 학습률에 관한 파라미터를

$$\text{Neighbor1} = 2,\ \text{Eta1} = 0.3;\ \text{Neighbor2} = 1,\ \text{Eta2} = 0.1$$

로 한다(디폴트). 〈그림 3.4〉를 보라.

〈그림 3.5〉 Kohonen 네트워크를 위한 클레멘타인 스트림: Kohonen.str

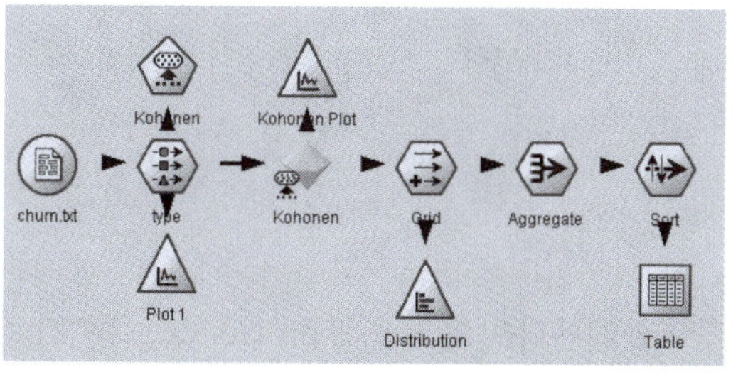

다음으로 코호넨 출력을 플롯해 보자. 모든 개체점이 (0, 0)부터 (4, 4)에 이르기까지 격자점에 위치하게 되므로 그냥 플롯한다면 자료점들의 분포를 전혀 볼 수 없게 된다. 따라서 다음과 같이 Plot 노드의 Options 탭에서 Agitation 기능을 활용해야 한다. 즉 좌표점에 ±0.5의 난수를 붙여 플롯함으로써 문제를 해결한다.

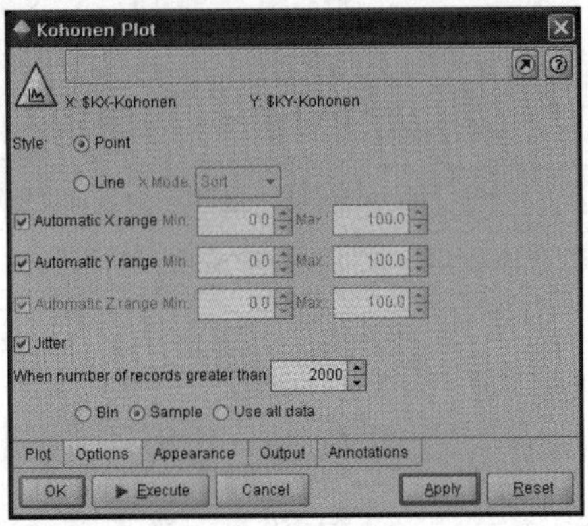

다음 플롯을 보라. 격자점 (0, 0)과 (4, 4)에 많은 관측이 몰려 있는 것을 볼 수 있다.

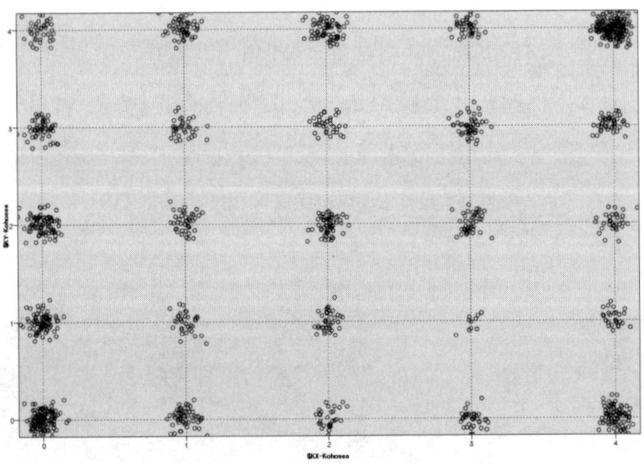

클레멘타인의 Kohonen Net 노드는 더 이상의 것을 보여주지 않는다. 따라서 그리드 점 (0, 0), (0, 1), (0, 2), (0, 3), (0, 4), …, (4, 0), (4, 1), (4, 2),

(4, 3), (4, 4) 별 변수 특성을 살펴볼 필요가 있다. 이를 위하여 Derive 노드에서 Grid라는 변수를

Grid = 'KX−Kohonen' >< 'KY−Kohonen'

으로 정의하고 LONGDIST, International, LOCAL 등의 세 군집화 변수의 평균을 보기로 한다. 이를 위해 Aggregate 노드를 사용하되 옵션으로 Include record count에 체크하도록 한다. 다음은 그리드 순서대로 군집화 변수들의 평균을 본 것이다.

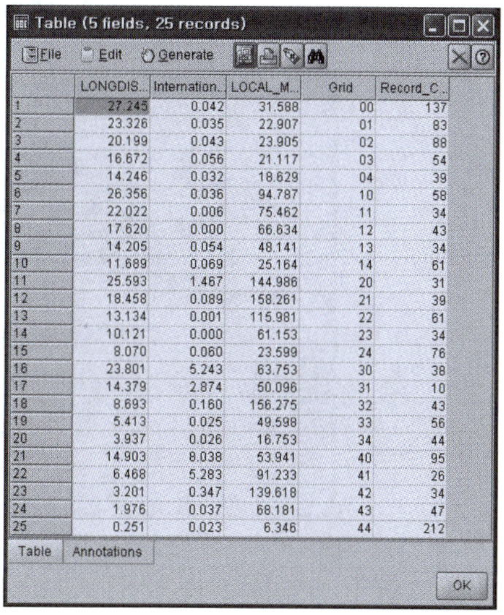
Table (5 fields, 25 records)

	LONGDIS...	Internation...	LOCAL_M...	Grid	Record_C...
1	27.245	0.042	31.588	00	137
2	23.326	0.035	22.907	01	83
3	20.199	0.043	23.905	02	88
4	16.672	0.056	21.117	03	54
5	14.246	0.032	18.629	04	39
6	26.356	0.036	94.787	10	58
7	22.022	0.006	75.462	11	34
8	17.620	0.000	66.634	12	43
9	14.205	0.054	48.141	13	34
10	11.689	0.069	25.164	14	61
11	25.593	1.467	144.986	20	31
12	18.458	0.089	158.261	21	39
13	13.134	0.001	115.981	22	61
14	10.121	0.000	61.153	23	34
15	8.070	0.060	23.599	24	76
16	23.801	5.243	63.753	30	38
17	14.379	2.874	50.096	31	10
18	8.693	0.160	156.275	32	43
19	5.413	0.025	49.598	33	56
20	3.937	0.026	16.753	34	44
21	14.903	8.038	53.941	40	95
22	6.468	5.283	91.233	41	26
23	3.201	0.347	139.618	42	34
24	1.976	0.037	68.181	43	47
25	0.251	0.023	6.346	44	212

그 결과를 요약하면 다음과 같이 표로 나타낼 수 있다[특성 수준이 높은 그리드를 5개씩 음영으로 나타내었음].

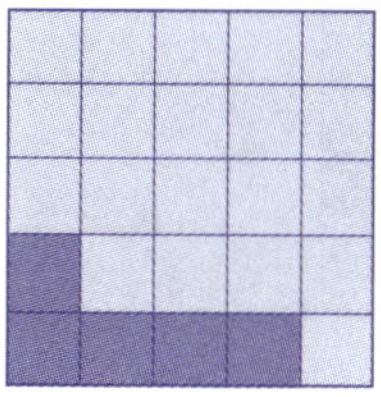
LONGDIST 높음

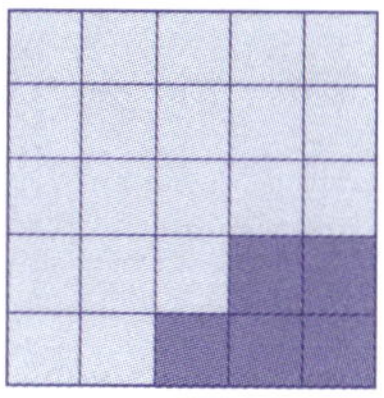
International 높음

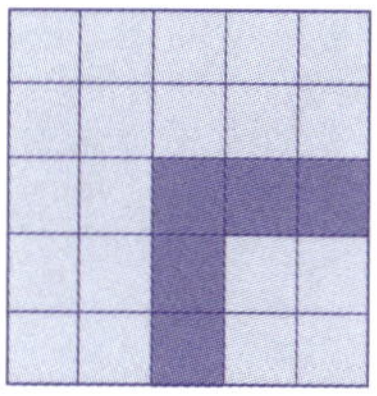
LOCAL 높음

그리드 점 (2, 0) 또는 (3, 0)이 가장 가치가 큰 고객 군이고 그 그리드 점을 중심으로 특성 있는 가치군이 산포되어 있음을 볼 수 있다. 그러면 5×5 그리드 점 군집 각각에서 이탈율은 어떠한가? 다음은 Distribution 노드에서 그리드별로 이탈 특성을 본 것이다.

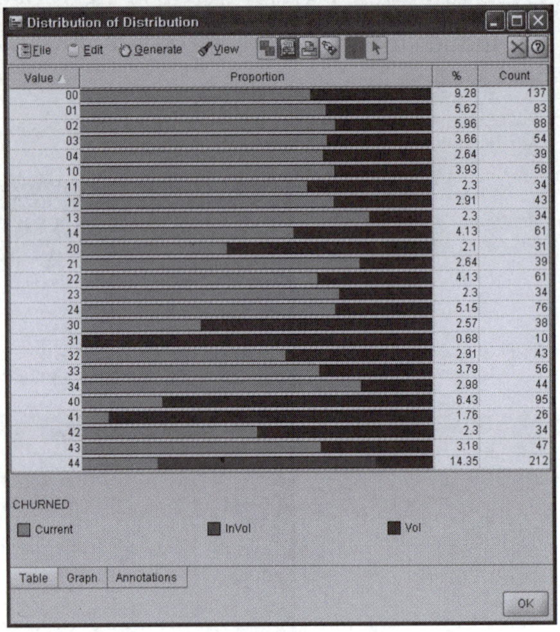

다음 그림은 이탈률이 높은 5개 그리드를 표현해 본 것이다. 국제통화량 (International)이 많은 5개 그리드와 정확히 일치하는 것을 볼 수 있다. 이 통신사의 국제통화 요금 정책/서비스에 문제가 있음이 명백하다.

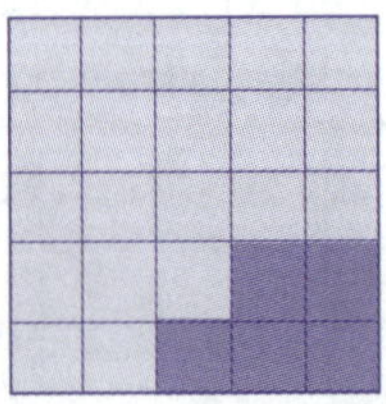

5.3.3 2단계 군집화 (Two-Step Clustering)

2단계(TwoStep) 군집화 알고리즘은 대규모 자료의 군집화에 매우 효율적이다. K-평균 군집화와 코호넨 네트워크가 자료 셋을 반복해서 읽는 데 반하여 2단계 군집화는 1개 개체를 1회만 읽어 처리하기 때문이다.

2단계(TwoStep) 군집화에서 제1단계는 순차적으로 개체(record)들을 묶는 과정이다. 1개 개체가 들어오면 거리에 기준하여 알고리즘은 새 개체를 기존의 군집에 병합시킬 것인지 아니면 새 군집으로 받을 것인지를 결정한다. 그러다가 군집 수가 사용자가 지정한 수보다 커지게 되면 거리 기준을 상향조정하여 군집간 거리가 새 기준에 미달하는 군집들을 병합시켜 총 군집 수를 줄인다. 이런 식으로 1단계를 마치면 다수의 예비 군집들이 형성되어 있게 된다.

제2단계는 예비 군집들을 계층적 군집화(hierachical clustering)시키는 과정이다. 즉 유사한 군집들을 계층적으로 응집시켜 몇 개의 군집 해를 만들고 BIC(Bayesian Information Criterion)와 같은 통계적 기준을 적용시켜 가장 좋은 군집 해를 찾아 출력한다['계층적 응집화(hierachical agglomeration)'란 한번 결합된 군집들은 다시 흐트러지지 않는다는 뜻이다]. 여기서 연속형 변수에 대하여는 정규분포를, 범주형 변수에 대하여는 다항분포를 적용하여 가능도 함수(likelihood function)를 활용하게 되는데 데이터 마이닝과 같은 분야에서 이런 가정이 항상 옳은 것은 아니다.

2단계 군집화에서 제1단계는 순차적으로 진행되기 때문에 개체들의 진입 순서에 의존적이다. 따라서 개체들의 입력자료 파일내 순서가 임의적이어야 한다. 보다 자세한 사항은 미국 SPSS사(www.spss.com)의 white paper "The SPSS TwoStep Cluster Component"를 참고하라.

적용 사례

앞에서 다루었던 이동전화사용량 자료에 적용해 보기로 한다. 군집화에 쓸 변수는 LOGDIST, International, LOCAL 등 3개로 이제까지와 동일하다(표준화 변환 적용). 〈그림 3.6〉은 2단계 군집화를 위한 클레멘타인 스트림이다.

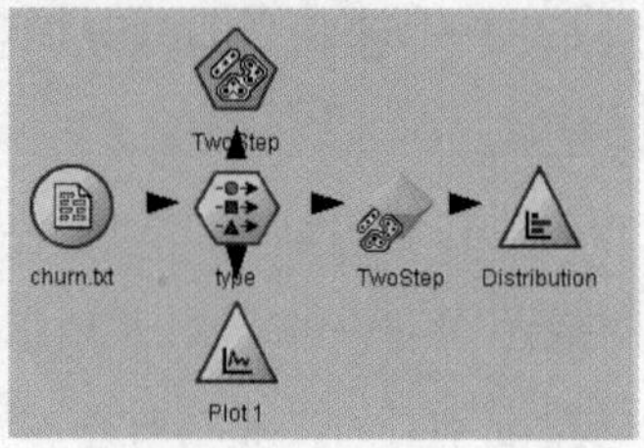

〈그림 3.6〉 TwoStep 군집화를 위한 클레멘타인 스트림 (twostep.str)

다음은 TwoStep 노드의 편집 창이다. 군집 수를 최대 9개, 최소 3개로 하였다.

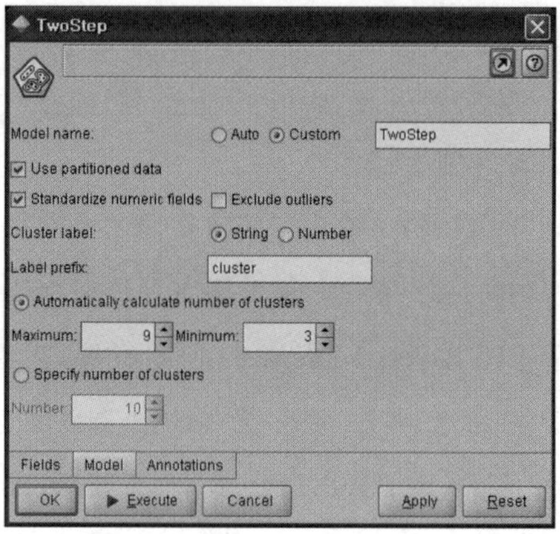

수행결과는 다음과 같다. 모두 4개의 군집이 형성되었음을 볼 수 있다. 옆에 각 군집에 대한 해석을 붙여 보았다[앞의 숫자는 평균, 괄호안의 숫자는 표준편차를 말함].

Final number of clusters = 4	
Cluster 1: 463 records	군집 1:
Numerics	
LONGDIST 3.573 (3.769)	장거리 전화 – 적다
International 0.045 (0.286)	국제전화 – 거의 없다
LOCAL 20.737 (20.85)	시내전화 – 적다

Cluster 2: 648 records	군집 2:
Numerics	
LONGDIST 20.873 (5.222)	장거리 전화 – 많다
International 0.132 (0.539)	국제전화 – 적다
LOCAL 40.011 (26.777)	시내전화 – 적다

Cluster 3: 213 records	군집 3:
Numerics	
LONGDIST 12.013 (7.607)	장거리 전화 – 보통
International 0.281 (1.059)	국제전화 – 적다
LOCAL 147.646 (66.684)	시내전화 – 매우 많다

Cluster 4: 153 records	군집 4:
Numerics	
LONGDIST 15.709 (8.79)	장거리 전화 – 많다
International 6.986 (1.736)	국제전화 – 적다
LOCAL 58.093 (44.922)	시내전화 – 약간 적다

이제 군집별로 이탈비율을 보기로 한다. 다음은 Distribution 노드로부터 얻은 것이다. 이탈률이 국제전화량이 많은 군집 2에서 유독 높은 것을 볼 수 있다.

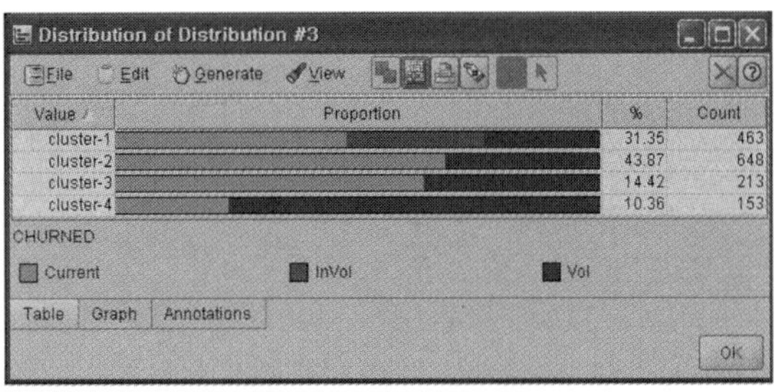

5.3.4 맺음말

데이터 마이닝 분야에서 코호넨 네트워크를 흔히 군집화 기법으로 분류하여 왔다. 그러나 코호넨 그리드의 각 점 자체가 개별 군집인 것은 아니다. 상호유사한 몇 개의 인접 그리드 점들이 모여서 1개 군집을 형성하는 것이다. 따라서 코호넨 SOM은 비선형 차원축소에 의한 자료 시각화(data visualization) 기법이며 일종의 비선형 주성분분석(nonlinear principal component analysis)으로 볼 수 있다.

연습문제

01 〈그림 3.2〉의 스트림 예에서 3개의 군집화 변수 중 Local을 log10(Local+1)로 변환한 뒤 5개 군집으로 K-평균 군집화하여 보라.

02 〈그림 3.5〉의 스트림 예에서 5×5 그리드 대신 6×4 그리드의 자기조직화지도(SOM)를 만들어 보라. 5×5의 경우와 어떤 차이가 있는가?

실습파일

- churn.txt 〈그림 3.2〉의 데이터
- Kmeans.str 〈그림 3.2〉의 클레멘타인 스트림
- Kohonen.str 〈그림 3.5〉의 클레멘타인 스트림
- twostep.str 〈그림 3.6〉의 클레멘타인 스트림

5.4 클레멘타인의 연관성 규칙

데이터 마이닝에서 '일반화 규칙 유도' (generalized rule induction), '연관성 규칙 발견' (association rule discovery), '친화성 분석' (affinity analysis), '장바구니 분석' (market basket analysis)은 모두 같은, 그러나 결정나무(decision tree)에서 말하는 규칙과는 다른, 특수한 패턴 탐지 방법이다. 여기서는 연관성 규칙이란 용어를 사용하는데, 이것은 특정한 품목(item)들이 동시에 존재하는 경향이 있는지를 탐지해낸다. 예컨대, 포도주를 사는 경우 빵과 치즈를 동시에 구입하곤 하는데, 연관성 규칙 알고리즘은 장바구니 자료에서 '포도주–빵–치즈' 의 공기성(共起性, co-occurrence)을 스스로 탐지해낸다. 뿐만 아니라, 상호배타적 관계인 음적 연관성(negative association)도 자료분석자의 관심일 수 있는데 이 역시 연관성 분석으로 다룰 수 있다. 예컨대, 소프트 드링크와 과일을 같이 사는 경우는 드물므로 '소프트 드링크–과일' 은 음적 연관성에 있다. 연관성 규칙의 표현 형식은 다음과 같다.

결론 ⇐ 전제(1) & 전제(2) & … & 전제(m)

Consequent　　　　Antecedents

그리고, 연관성 규칙을 평가하는 기준은 다음 두 가지이다:

지지도(support)는 전체 데이터 셋에서 전제가 성립하는 레코드들의 비율이다. 이것은 규칙 적용이 얼마나 일반적인가를 말한다[클레멘타인의 옛 버전에서는 포함률(coverage)이라고 하였다. 일부 데이터 마이닝 서적에서는 '전제&결론' 의 상대적 비율을 지지도라고 하므로 주의를 요한다].

신뢰도(confidence)는 전제를 충족하는 레코드 중에서 지정된 결론을 갖춘 레코드들의 비율이다. 이것은 전제가 결론을 함축할 가능도를 나타낸다[클레멘타인의 옛 버전에서는 정확도(accuracy)라고 하였다].

연관성 규칙은 이해하기 쉽고 전개하기도 좋지만 품목의 수가 늘어날수록 계산량이 기하급수적으로 늘어난다. 따라서, 품목의 수가 아주 큰 경우에는 계산 시간이 문제가 될 수 있다. 그런 경우엔, 또는 그런 경우가 아니더라도 품목을 적절하게 범주화하여 분석 품목의 수를 조정해야 할 필요가 있다. 예컨대, 분석 대상 품목이 100개 이상이라면 연관성 규칙을 직접 적용하기엔 그 수가 너무 많다. 따라서, 유사한 품목들을 묶어 일정 수(예컨대 24개) 이하로 분류하는 사전 작업이 필요하다.

음 규칙 (Negative Rules)

흔히 연관성 규칙에서 전제와 결론은 특정 품목 구입에 관한 진술로 표현된다. 예컨대 「구두와 핸드백을 구입한 고객은 액세서리를 구입한다」는 식이다. 그렇다면 「구두를 구입하였으나 핸드백을 구입하지 않은 고객은 양말을 구입한다」, 「쇠고기를 구입한 고객은 돼지고기를 구입하지 않는다」와 같은 음 규칙(negative rule)들을 클레멘타인으로 찾아낼 수 없는가? 그렇지 않다.

클레멘타인의 두 연관성 규칙 노드인 Apriori와 GRI의 편집 창에 아래와 같은 체크 박스가 있는데 디폴트로 박스가 체크되어 있으므로 음 규칙의 생성을 원하는 경우에는 박스내의 체크 기호를 없애면 된다.

☐ Only true values for flags

이제 클레멘타인이 제공하는 연관성 규칙 알고리즘을 설명하고 노드 사용법을 다루기로 한다.

5.4.1 아프리오리(Apriori) 알고리즘

아프리오리 알고리즘은 품목 코딩이 이항형이나 다항형인 경우에 적용 가능한 연관성 규칙이다. 따라서 연속형 변수까지 다루는 GRI 알고리즘에 비해 빠르다.

최소 지지도(minimum rule support), 최소 신뢰도(minimum confidence), 최대 전제 수(maximum number of antecedents) 등 3개의 파라미터에 의해 아프리오리 알고리즘이 제어되는데 이들 파라미터의 디폴트값은 각각

10%, 80%, 5개이다. 최소 지지도를 작게[크게] 지정할수록, 최소 신뢰도를 작게[크게] 지정할수록, 최대 전제 수를 크게[작게] 지정할수록 많은[적은] 수의 규칙이 생성되어 나오게 된다. 따라서 원하는 것보다 적은[많은] 수의 규칙이 생성된 경우에는 최소 지지도를 보다 작게[크게], 최소 신뢰도를 보다 작게, 최대 전제 수를 보다 크게 재지정해야 한다.

그런데 이들 세 전제에 맞는다고 꼭 유용한 규칙이지는 않다. 결론이 지칭하는 사건에 대한 추론이 사전적으로 생각되던 것에 비해 전제가 제시되었을 때 더욱 명료하게 되어야 한다. 이러한 규칙 선발을 위하여 클레멘타인 아프리오리 노드의 Expert 탭에서는 다음과 같은 다수의 모드가 제공된다.

규칙「$Y = y \Leftarrow X = x$」에 대하여

1) 신뢰도(rule confidence) 기준: 이것은 디폴트이다. 전제를 충족하는 레코드 중에서 지정된 결론을 갖춘 레코드들의 비율인 신뢰도, 즉 $p(y|x) = p(x, y)/p(x)$를 기준으로 의미 있는 규칙을 찾아낸다.

2) 신뢰도 차이(Confidence Difference) 기준: 이것은 사전 신뢰도와 사후 신뢰도간 차이가 큰 규칙을 찾아낸다. 즉 다음 기준을 의미한다.

$$|\text{사후신뢰도} - \text{사전신뢰도}| = |p(y|x) - p(y)|,$$

여기서 y는 결론을, x는 전제를 칭한다. 따라서

사전 신뢰도 (事前 信賴度, prior confidence) $= p(y)$,

사후 신뢰도 (事後 信賴度, posterior confidence, 신뢰도) $= p(y|x)$

로 표현된다.

3) 신뢰도 비(Confidence Ratio) 기준: 사전신뢰도와 사후신뢰도의 상대적 크기를 기준으로 한다. 즉 다음 기준을 의미한다.

$$1 - \min\left(\frac{p(y)}{p(y|x)}, \frac{p(y|x)}{p(y)}\right)$$

그런데

$$\text{신뢰도비: } \frac{p(y)}{p(y|x)} = \frac{p(x) \cdot p(y)}{p(x, y)}$$

이므로, X와 Y가 독립적이면 이것이 1이 되고 기준값은 0이 된다. 두

변수(품목)가 독립적인 경우야말로 연관성 규칙의 사용자에겐 흥미롭지 않으므로 신뢰도비 기준은 신뢰도비가 얼마나 1과 차이가 나는가를 규칙의 유용성에 대한 측도로 정의하는 것이다. 발생빈도가 작은 품목의 예측에 특히 유용한 방법이다.

4) 사전 · 사후 정보량 차이(Information Difference to Prior) 기준:
정보량 이득(Information Gain, 엔트로피 감소량)과 지지도(support)를 동시에 고려한다.

5) 정규화 카이제곱(Normalized Chi-square) 기준:
전제 (0, 1) 및 결론 (0, 1)의 결합빈도를 $\begin{pmatrix} f_{00} & f_{01} \\ f_{10} & f_{11} \end{pmatrix}$로 표기할 때,

$$z^2 = \frac{(f_{00}f_{11} - f_{01}f_{10})^2}{f_{01}f_{1+}f_{+0}f_{+1}}$$

이 큰 것을 찾는다.

적용 사례

사례로서 S-마켓의 고객 786명의 장바구니 자료를 분석해 보기로 한다. 2개의 자료파일이 사용되고 있는데 하나는 고객이 구매한 품목을 분류하여 해당 품목의 구매여부를 코딩한 파일이다(괄호 안의 F와 T는 해당 품목의 없음과 있음을 나타냄, 파일명: Shopping1a.dat).

1) Ready made (F:51%, T:49%),
2) Frozen foods (F:60%, T:40%)
3) Alcohol (F:61%, T:39%),
4) Fresh vegetables (F:92%, T:8%)
5) Milk (F:81%, T:19%),
6) Bakery goods (F:57%, T:43%)
7) Fresh meat (F:97%, T:3%),
8) Toiletris (F:90%, T:10%)
9) Snacks (F:52%, T:48%),
10) Tinned goods (F:54%, T:46%)

다른 하나는 다음과 같이 고객별로 몇 개의 인구사회적 변수 정보와, 자료를 훈련용과 테스트용으로 분할하기 위한 코드가 있는 파일이다(파일명: Shopping1b.sav).

11) Gender (Female:54%, Male:46%)

12) Age (18−30:30%, 31−40:25%, 41−50:17%, 51−60:16%, 61+:12%)

13) Marital status (Single:25%, Married:24%, Separated:19%, Widowed:19%, Divorced:13%)

14) Children (No:65%, Yes:35%)

15) Working status (No:17%, Yes:83%)

16) Train (0: 50.5% → 테스트, 1: 49.5% → 훈련)

〈그림 4.1〉은 Apriori 규칙을 끌어내는 클레멘타인 스트림이다.

〈그림 4.1〉
Apriori 노드에 의한
연관성 규칙 생성:
apriori.str

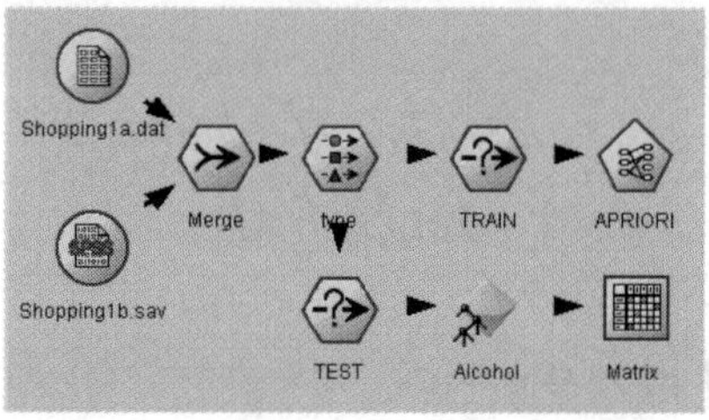

Apriori 노드의 Model 및 Expert 탭에서 다음과 같이 최소 지지도 = 5%, 최소 신뢰도 50%, 최대 전제 수 =3으로 지정하자. 그리고 Only true values for flags에서 체크 표시를 없애서 음 규칙 생성을 가능하게 하자.

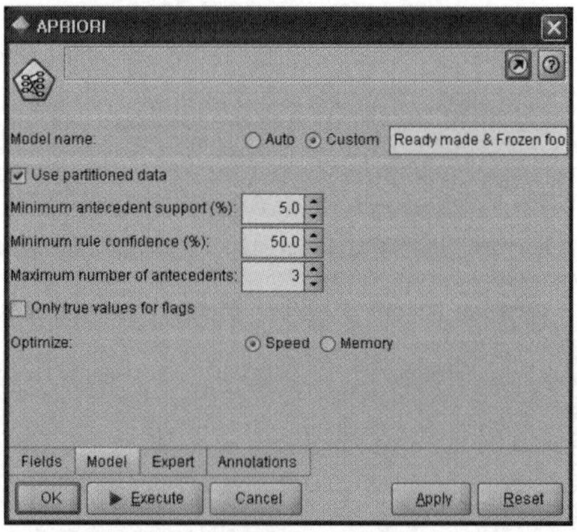

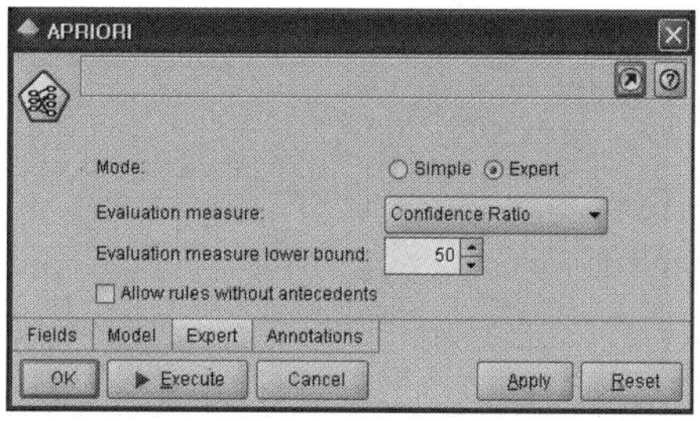

앞의 Expert 탭에서

$$1-\min\left(\frac{\text{사후신뢰도}}{\text{사전신뢰도}},\ \frac{\text{사전신뢰도}}{\text{사후신뢰도}}\right)\geq 0.50$$

을 지정한 것이다. 예컨대 품목 Alcohol의 경우 사전 신뢰도가 39%이므로 대략 40%로 치면 생성되어 나올 규칙의 사후신뢰도는

$$\frac{\text{사후신뢰도}}{\text{사전신뢰도}}\geq 0.50 \ \text{ or } \ \frac{\text{사후신뢰도}}{\text{사전신뢰도}}\geq 2$$

$$\Rightarrow \frac{\text{사후신뢰도}}{0.40}\leq 0.5 \ \text{ or } \ \frac{\text{사후신뢰도}}{0.40}\geq 2.0$$

$$\Rightarrow \text{사후신뢰도} \leq 0.20 \ \text{ or } \ \text{사후신뢰도} \geq 0.80$$

이게 된다[사후 신뢰도 0.20 이하인 규칙은 Alcohol을 구입하지 않을 것임을 의미한다].

다음 출력은 이상과 같은 옵션 하에 생성된 규칙 중 일부이다(결론 Consequent의 알파벳 순서 중 앞 부분).

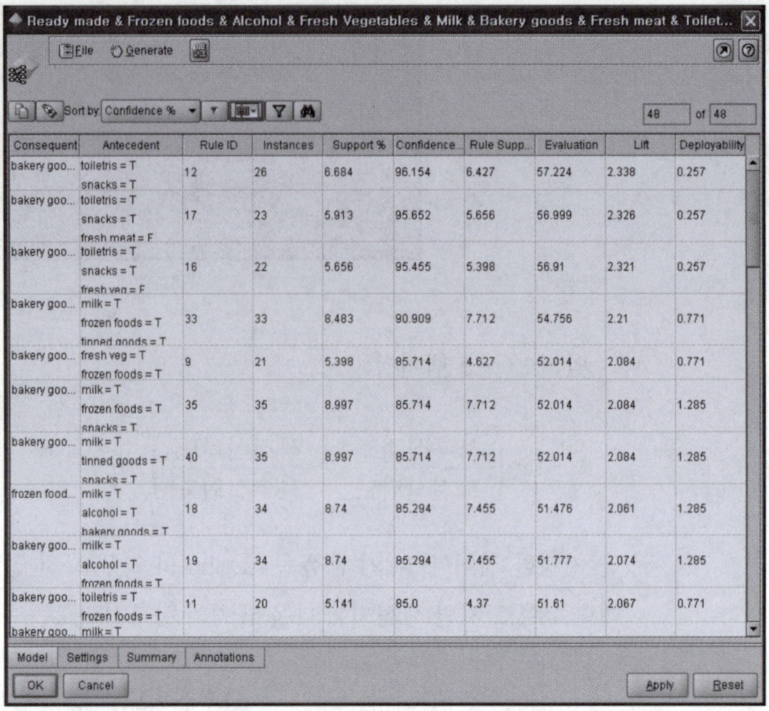

신뢰도(Confidence)가 가장 높은 상위 7개 규칙이 모두 Bakery goods에 관한 것임을 알 수 있다. 첫 번째 규칙은 toiletris와 snacks를 사면 Bakery goods를 살 확률이 96%로 매우 높음을 알 수 있다.

특별히 Alcohol 구입에 관한 규칙 생성 및 적용 예를 들어보기로 한다. Apriori의 출력에서 Alcohol에 대한 Ruleset을 생성시켜 스트림 창(pane)에 넣고 테스트 자료에 이것을 적용하여 결과를 보면 다음과 같다.

테스트 자료		Alcohol [실제]		
		F	T	합계
$A-Alcohol [예측]	F	225	129	354
	T	13	30	43
	합계	238	159	397

따라서 Alcohol= 'T' 로 예측된 총 43 사례 중에서 실제 Alcohol 구입으로 나타난 사례가 30건으로 'T' 예측 정확도는 30/43 = 70%이다.

※ 당연한 이야기이지만 훈련 자료로부터 생성된 연관성 규칙을 훈련 자료에 재적용하는 경우 신뢰도는 부풀려진다[이 작업을 위한 클레멘타인 스트림은 〈그림 1〉을 조금만 고쳐 만들 수 있다]. 총 44건이 Alcohol = 'T' 로 예측[분류]될 텐데 이 중에서 34건이 실제 Alcohol 구입 사례이다. 따라서 'T' 예측 정확도는 34/44 = 77%로 테스트 자료에서의 70%에 비해 크게 나온다.

5.4.2 GRI (일반화규칙유도) 알고리즘

GRI 알고리즘은 규칙 선발에 있어 아프리오리 알고리즘과는 다른 기준을 사용한다. 또한 GRI는 아프리오리와는 달리 수치형 변수를 전제에 넣을 수 있다[그러나 아프리오리와 마찬가지로 플래그(flag, binomial; 이항형)나 셋(set, multinomial) 필드만을 결론에 사용한다].

GRI는 개별 규칙의 정보함량(information content)을 평가하여 쓸만한 규칙들을 추려내는 데 있어, 'J 측도(measure)' 를 사용한다. J 측도는 지지도(support)와 신뢰도(confidence)간 거래(trade-off)라고 할 수 있는데 곧 자세히 설명될 것이다. GRI에서는 전제에 포함될 최대 품목 수 외에 생성할 규칙 수를 미리 지정할 수 있다.

J 측도

GRI 알고리즘에서 특정 규칙의 가치를 평가하는 데 쓰이는 J 측도는 다음과 같이 정의된다.

규칙「$Y=y \Leftarrow X=x$」에 대하여

$$J = p(x)\left[p(y \mid x) \cdot \log\frac{p(y \mid x)}{p(y)} + (1-p(y \mid x)) \cdot \log\frac{1-p(y \mid x)}{1-p(y)}\right]$$

여기서 $p(x)$와 $p(y)$는 각각 $X=x$와 $Y=y$에 대한 단순확률(주변확률,

marginal probability)이고 $p(y \mid x)$는 $X=x$가 주어졌을 때 $Y=y$에 대한 조건부확률(conditional probability)이다.

이렇게 정의되는 J에서 대괄호 부분은 $p(y \mid x)=p(y)$일 때 최소값 0을 취하며 $p(y \mid x)$가 $p(y)$로부터 벗어날수록(커지는 방향이든지 아니면 작아지는 방향이든지에 관계 없이 $p(y \mid x)$가 $p(y)$로부터 멀어질수록) 커지게 되어 있다. 다시 말하여 J에서 대괄호 부분은 $X=x$가 $Y=y$의 결정에 강한 전제가 될수록 큰 양의 값을 취한다고 하겠다. 여기에 지지도 $p(x)$를 곱함으로써 J는 해당 규칙의 '쓸모', 즉 가치를 나타낸다. 다시 말하여 J 측도는 전제의 지지도 $p(x)$와 결론에 대한 단순확률 $p(y)$ 대비 조건부 확률(신뢰도) $p(y \mid x)$의 향상도를 아우르는 개념이라고 할 수 있다[여기서 X나 x는 다수의 개별 전제를 엮는 복합적 전제를 나타낼 수 있도록 벡터값을 취하기도 한다].

GRI 알고리즘은 개별 규칙별로 J 측도를 계산하여 현재 보관하고 있는 규칙들의 최소 J 값보다 크면 새 규칙을 보관함에 넣는다. 이런 식으로 GRI는 일정 선 이상의 J 값을 갖는 모든 규칙들을 생성해내는 것이 아니라 상대적으로 큰 J 값을 갖는 일정 수 이내의 규칙들을 출력한다.

아까 말한 대로 GRI는 연속형 변수를 전제문에 넣기도 한다. 예를 들면 이런 식이다.

$$C = c \Leftarrow A < 35 \text{ and } B = b$$

〈그림 4.2〉
GRI 노드에 의한 연관성 규칙 생성: gri.str

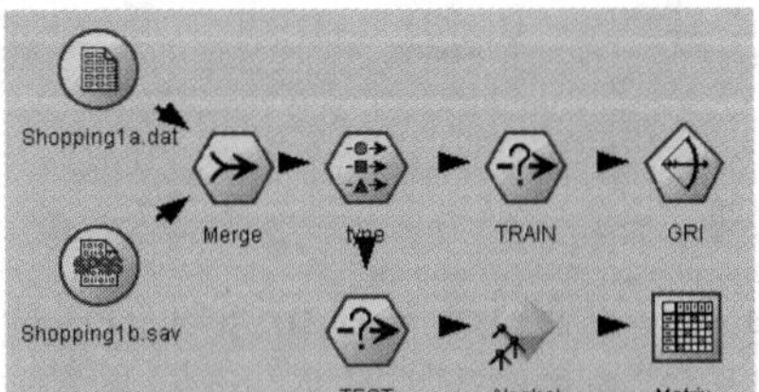

적용 사례

사례로서 앞 소절에서 다루었던 S-마켓의 고객 786명의 장바구니 자료에 GRI 규칙을 적용해 보기로 한다. 〈그림 4.2〉는 GRI 규칙 생성을 위한 클레멘타인 스트림이다.

다음의 GRI 노드 Model 탭에서는 최소 지지도 = 0%, 최소 신뢰도= 50%, 최대 전제 수 = 3, 최대 규칙 수 = 50으로 지정되었다. 다음 편집 창을 보라.

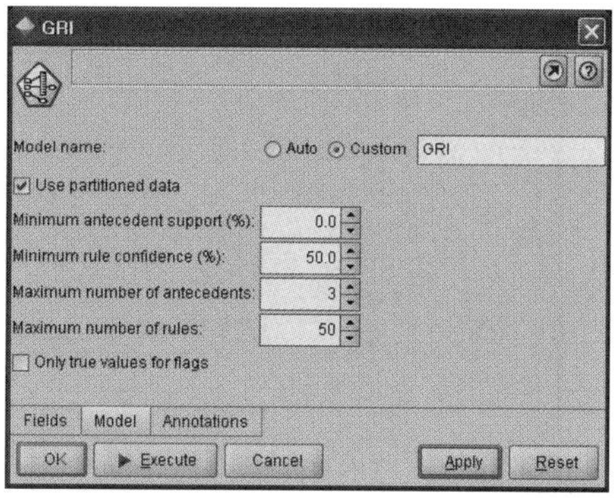

다음은 이상과 같은 옵션 지정 하에 출력된 규칙 중 일부이다(Consequent의 알파벳 순서). 총 50개의 규칙이 나타나고 있으며 첫째 규칙은 alcohol, toiletries, snacks —> bakery goods인데 신뢰도가 100%임을 알 수 있다. 즉 위 3개 품목을 산 사람들은 모두 bakery good를 구매하였다는 것을 의미한다.

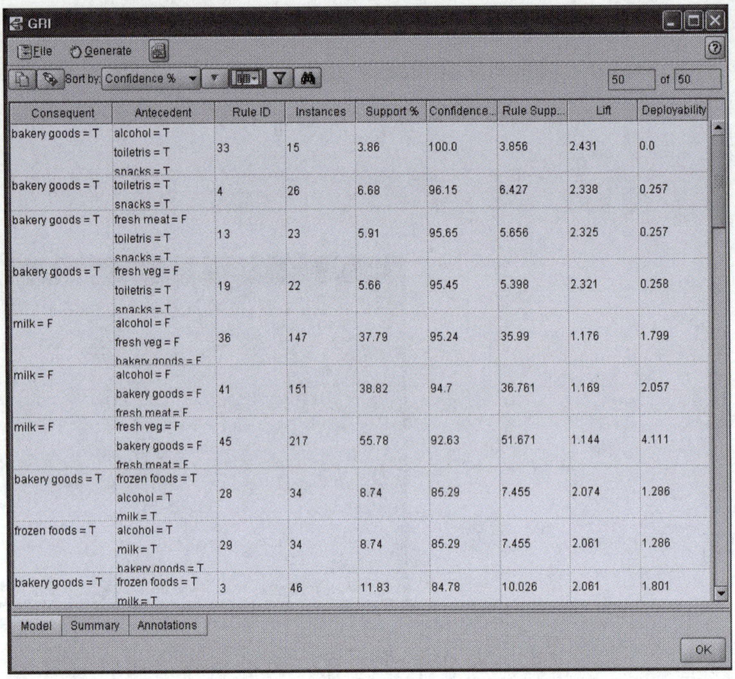

Consequent	Antecedent	Rule ID	Instances	Support %	Confidence...	Rule Supp...	Lift	Deployability
bakery goods = T	alcohol = T toiletris = T snacks = T	33	15	3.86	100.0	3.856	2.431	0.0
bakery goods = T	toiletris = T snacks = T	4	26	6.68	96.15	6.427	2.338	0.257
bakery goods = T	fresh meat = F toiletris = T snacks = T	13	23	5.91	95.65	5.656	2.325	0.257
bakery goods = T	fresh veg = F toiletris = T snacks = T	19	22	5.66	95.45	5.398	2.321	0.258
milk = F	alcohol = F fresh veg = F bakery goods = F	36	147	37.79	95.24	35.99	1.176	1.799
milk = F	alcohol = F bakery goods = F fresh meat = F	41	151	38.82	94.7	36.761	1.169	2.057
milk = F	fresh veg = F bakery goods = F fresh meat = F	45	217	55.78	92.63	51.671	1.144	4.111
bakery goods = T	frozen foods = T alcohol = T milk = T	28	34	8.74	85.29	7.455	2.074	1.286
frozen foods = T	alcohol = T milk = T bakery goods = T	29	34	8.74	85.29	7.455	2.061	1.286
bakery goods = T	frozen foods = T milk = T	3	46	11.83	84.78	10.026	2.061	1.801

Alcohol 구입에 관한 규칙 생성 및 적용 예를 들어보기로 한다. GRI의 출력에서 Alcohol에 대한 Ruleset을 생성시켜 스트림 창(pane)에 넣고 테스트 자료에 이것을 적용하여 얻은 다음 결과를 보자.

테스트 자료		Alcohol [실제]		
		F	T	합계
$A-Alcohol [예측]	0	204	88	292
	1	34	71	105
	합계	238	159	397

따라서 Alcohol = 'T' 로 예측된 총 105 중에서 실제 Alcohol 구입으로 나타난 사례는 71건으로 'T' 예측 정확도는 71/105 = 68%이다.

※ 훈련 자료로부터 생성된 연관성 규칙을 훈련 자료에 재적용하는 경우

신뢰도는 부풀려지는 것은 당연하다. 그러나 이 사례에서는 그렇지 않다. Alcohol로 예측[분류]된 총 92 사례 중에서 실제 Alcohol 구입으로 기록된 사례가 62건으로 신뢰도는 62/92 = 67%로 테스트 자료에서의 68%와 비슷하게 나타난다. 다시 말하자면, GRI 규칙이 다소 안정적이라고 할 수 있다.

Apriori 규칙과 GRI 규칙을 비교해 보자. 이를 위하여 다음과 같은 이득함수를 생각하기로 하자.

이득표		Alcohol [실제]	
		0	1
$A-Alcohol [예측]	0	$0	-$10
	1	-$10	$50

그러면 Apriori 규칙과 GRI 규칙에 대한 총 이득은 각각 다음과 같게 된다.

Apriori : (−$10) × 129 + (−$10) × 13 + $50 × 30 = $ 80

GRI : (−$10) × 88 + (−$10) × 34 + $50 × 71 = $2330

따라서 이와 같은 이득구조 하에서는 GRI 규칙이 훨씬 낫다.

5.4.3 맺음말

Apriori와 GRI를 비교해 보자. Apriori가 GRI보다 빠르게 작동한다. 그러나 GRI는 연속형 필드를 전제에 넣을 수 있다는 점이 장점이다[물론 연속형 필드를 분석자 판단하에 이산화한 뒤 Apriori를 적용하는 것은 가능하다]. Apriori에서는 다섯 개의 기준 중 하나를 선택하여 쓸 수 있는 데 반하여 GRI에서는 한 가지 선택측도만 쓸 수 있다. 그러나 이것을 어느 쪽의 장·단점이라고 말하기는 어렵다.

지지도와 신뢰도를 지정한다든가 이항 범주 중 어느 쪽을 참 값으로 할 것인가를 결정하기 위해서는 다음 몇 가지를 고려해야 할 것이다.

- 항목간 희귀한 결합, 또는 음적 연관성(negative association)에 관심이 있는가?
- 높은 지지도에 관심이 있는가? 아니면 높은 신뢰도에 관심이 있는가?
- 사전확률(단순확률)과 사후확률(조건부 확률)의 차이에 관심이 있는가? 아니면 그 비에 관심이 있는가?

※ 연관성 규칙의 한 종류라고 할 수 있는 순차성 규칙과 Sequence 노드에 대하여는 3장의 별첨을 참조하기 바란다.

실습파일

– shopping1a.dat	〈그림 4.1〉의 거래기록 데이터
– shopping1b.sav	〈그림 4.1〉의 인구사회적 정보 데이터
– apriori.str	〈그림 4.1〉의 클레멘타인 스트림
– gri.str	〈그림 4.2〉의 클레멘타인 스트림

chapter_06

고객관계관리에서의 데이터 마이닝 사례

SPSS Clementine이 제공하는 CRM CAT(Clementine Application Template) 사례 중 모델링 부분을 위주로 설명한다. 구체적으로 고객 가치의 분류 및 활용, 마케팅 캠페인에 대한 고객 반응의 예측, 고객세분화 · 군집화, 고객층 이동과 이탈 등이 포함된다. 모델링 기법에는 C5.0 분류, 신경망, 로지스틱 회귀, K-means 군집화, 코호넨 망(Network) 등과 이와 관련한 여러 시각화 도구가 다루어진다.

본 장은 CRM CAT의 자료를 따와서 모델링 부분만 다루고 있고 그것도 설명의 편의를 위하여 상당부분 재구성하였으므로, 관심 있는 독자는 *Clementine Application Template for Customer Relationship Management 6.5*를 참조하기 바란다(\Program Files\Clementine\6.5\help\Documents\CRMCAT.pdf).

또한 본 장에서 분석한 Clementine 스트림을 따라 하여도 분석과정의 랜덤성 때문에 분석결과는 이 책의 결과와 다를 수 있다.

차 례

Chapter 06

고객관계관리에서의 데이터 마이닝 사례

6.1 들어가며

고객관계관리는 새 고객을 확보하면서 시작된다. 초기에는 새 고객과의 거래가 기업에 부의 수익, 즉 손실을 초래한다. 예컨대 은행의 경우 새 고객에 통장을 발급해주게 되는데 그 과정에서 새 통장의 발급에 따른 직접 비용과 인건비가 들 뿐만 아니라 거래 데이터베이스에 그 통장에 대한 레코드가 기입될 수 있도록 공간을 확보해야 하기 때문에 정보 인프라 비용의 일부를 간접 지출하는 셈이 된다. 신용카드나 통신 회사의 경우에는 신규 고객 확보시 적지 않은 비용이 발생하는 것은 주지의 사실이다. 그러나 거래가 계속됨에 따라 고객은 기업에 수익을 가져다주게 된다.

고객 가치의 증진을 위하여 중요한 것은 〈그림 1.a〉에서 볼 수 있는 2개의 화살표이다. 고객이 많은 구매를 하도록 하는 것이 하나이고(↑), 다른 하나는 고객이 오랜 기간 거래하도록 하는 것이다(→). 전자는 추가판매(cross-selling)와 상승판매(up-selling)를 의미하고, 후자는 이탈(attrition, churn) 방지를 통하여 가능하다(고객이 가져다주는 총 수익은 〈그림 1.a〉에서 0에서 마지막 시점까지의 곡선에 대한 적분이라고 할 수 있다).

〈그림 1.a〉 시간경과에 따른 고객의 가치 변화

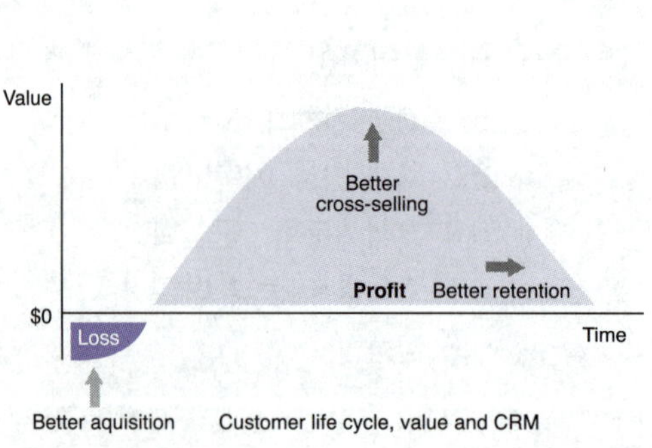

CRM(customer relationship management, 고객관계관리)의 핵심 아이디어는 "모든 고객이 평등하게 중요한 것은 아니다"라는 점이다. 고객 A가 1,000원의 수익을 가져다주는 반면 고객 B는 1,000,000원의 수익을 가져다 준다면 어떻게 A와 B를 동등하게 대접할 수 있겠는가? 상위 20% 고객이 기업 수익의 80%를 가져다준다는 20-80 법칙이라는 것이 있는데 이 규칙은 이러한 개념을 막연히 수치화하여 표현한 것일 뿐 두루 적용 가능한 보편규칙이라고는 말할 수는 없다. 오히려 우수고객과 비우수고객이라는 이분화는 너무 단순한 분류라고 할 수 있다. CRM CAT에서는 고객 분류를 〈그림 1.b〉에서 보듯 고객을 5개 클래스로 나눈다. 5개 클래스(층)는 최상(Top), 상(Big), 중(Medium), 하(Small), 휴면(Inactive) 등이다. 보기에서는 누적비율 기준 1%, 5%, 20%, 80%가 층 구분의 기준으로 되어 있다.

〈그림 1.b〉
고객 가치 피라미드

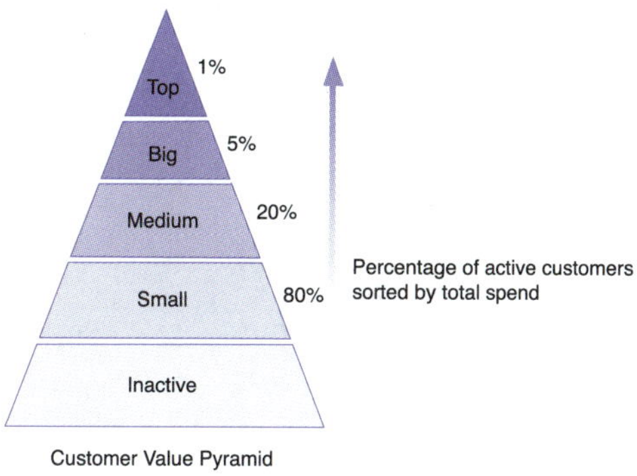

CRM CAT에서는 고객의 가치층간 이동을 중시한다. 고객 가치 피라미드에서의 상승 이동과 하락 이동이 고객의 어떤 인구적 · 사회적 요인과 관련 있는지를 알아보고 특히 휴면(Inactive) 층으로의 이동인 이탈에 대하여 관심을 갖는다. 또한 추가판매를 위한 마케팅 캠페인에 고객이 반응할 것인가 아닌가를 예측하는 모형을 개발하고 활용함으로써 추가판매 및 상승판매를 효율적으로 운용하고자 한다.

CRM CAT도 CRISP-DM(CRoss-Industry Process for Data Mining)이라는 데이터마이닝 관련업계 표준절차를 따라 구성된다(www.crisp-dm.org 참조).

〈그림 1.c〉를 보라. 그러나 여기서는 클레멘타인 버전 11.1을 기준으로 모델링 위주로 다루기로 한다. 전 과정에 대하여 *Clementine Application Template for Customer Relationship Management 6.5*를 참조하기 바란다.

〈그림 1.c〉
데이터 마이닝의
CRISP-DM 프로세스

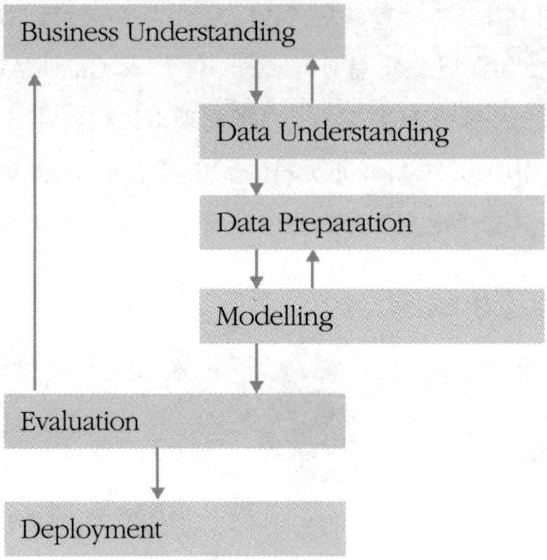

6.2 고객 가치 분류

기업의 입장에서 보면 모든 고객이 평등한 것은 아니다. 가치가 큰 고객이 있고 그렇지 않은 고객이 있다. 어떤 고객은 큰 수익을 가져다주고 어떤 고객은 작은 수익을 가져다주기 때문에 가치측면에서 동등하다고 할 수 없다. 따라서 이 사례 기업에서는 고객의 가치를 일정기간 거래금액을 기준으로 다음과 같이 5개 클래스로 분류하였다.

클래스 1 (Top) : 560명, 구성비율 0.5%, 누적비율 0.5%
클래스 2 (Big) : 2059명, 구성비율 1.7%, 누적비율 2.2%
클래스 3 (Medium) : 7829명, 구성비율 6.5%, 누적비율 8.7%
클래스 4 (Small) : 44242명, 구성비율 36.8%, 누적비율 45.5%
클래스 5 (Inactive) : 65481명, 구성비율 54.5%, 누적비율 100.5%

여기서 클래스 5(Inactive)는 거래실적이 거의 없는 고객, 즉 휴면고객의 층이다. 이 외에, 거래일이 일정기간에 못 미치는 신규고객은 별도로 분류하였다.

클래스 6 (New) : 19961명

여기서 다음과 같은 비즈니스 질문이 제기된다.

"어떤 요인들이 고객 클래스의 결정과 연관이 있는가?"

그것을 알 수 있다면 기업의 입장에서는 여러 가지 액션을 취할 수 있을 것이다. 그런데 그것을 알아내기 위해서는 고객 개개인에 대한 정보가 필요하다. 다행히 이 기업은 훌륭한 고객 데이터베이스를 갖추고 있다.

〈그림 2〉는 이에 대한 질문에 답하고자 사용한 클레멘타인 스트림이다. 하나하나를 설명하기로 한다.

〈그림 2〉
클레멘타인 스트림
m1.str

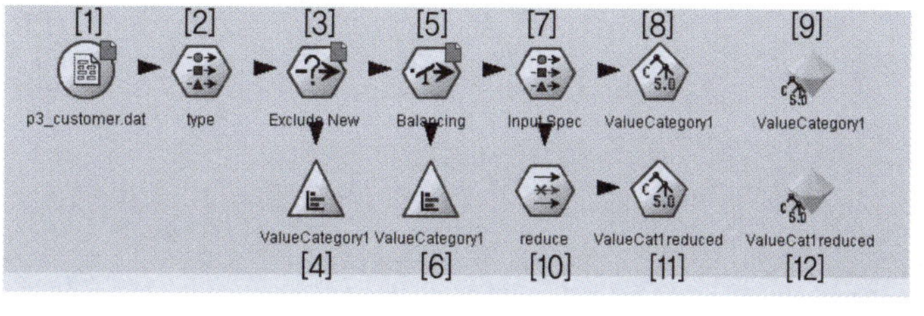

[1]+[2] 자료 읽기(p3_customer.dat) 및 Type 노드

자료를 읽는다. 변수는 35개이고 관측개체는 모두 140,132개이다.

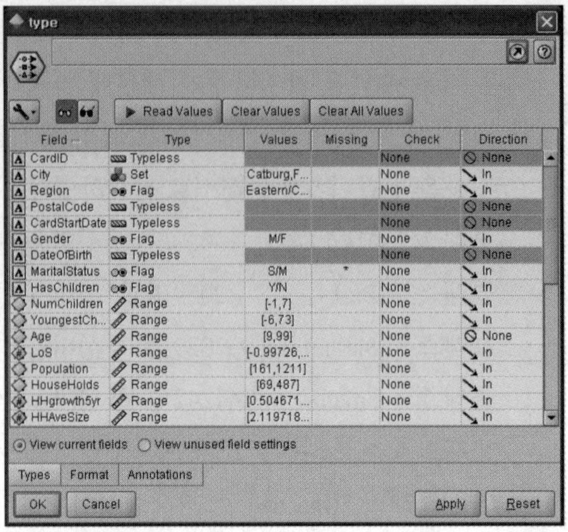

Field	Type	Values	Missing	Check	Direction
CardID	Typeless			None	None
City	Set	Catburg,F...		None	In
Region	Flag	Eastern/C...		None	In
PostalCode	Typeless			None	None
CardStartDate	Typeless			None	None
Gender	Flag	M/F		None	In
DateOfBirth	Typeless			None	None
MaritalStatus	Flag	S/M	*	None	In
HasChildren	Flag	Y/N		None	In
NumChildren	Range	[-1,7]		None	In
YoungestCh...	Range	[-6,73]		None	In
Age	Range	[9,99]		None	None
LoS	Range	[-0.99726,...		None	In
Population	Range	[161,1211]		None	In
HouseHolds	Range	[69,487]		None	In
HHgrowth5yr	Range	[0.504671...		None	In
HHAveSize	Range	[2.119718...		None	In

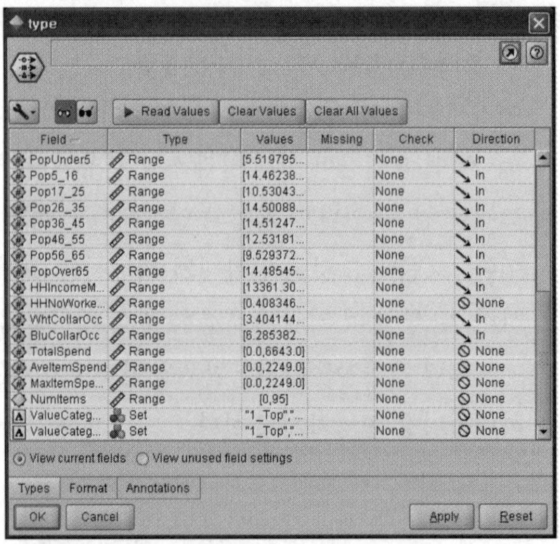

Field	Type	Values	Missing	Check	Direction
PopUnder5	Range	[5.519795...		None	In
Pop5_16	Range	[14.46238...		None	In
Pop17_25	Range	[10.53043...		None	In
Pop26_35	Range	[14.50088...		None	In
Pop36_45	Range	[14.51247...		None	In
Pop46_55	Range	[12.53181...		None	In
Pop56_65	Range	[9.529372...		None	In
PopOver65	Range	[14.48545...		None	In
HHIncomeM...	Range	[13361.30...		None	In
HHNoWorke...	Range	[0.408346...		None	None
WhtCollarOcc	Range	[3.404144...		None	In
BluCollarOcc	Range	[6.285382...		None	In
TotalSpend	Range	[0.0,6643.0]		None	None
AveItemSpend	Range	[0.0,2249.0]		None	None
MaxItemSpe...	Range	[0.0,2249.0]		None	None
NumItems	Range	[0,95]		None	None
ValueCateg...	Set	"1_Top","...		None	None
ValueCateg...	Set	"1_Top","...		None	None

[3] Select 노드(Exclude New): 6개월 이상 거래고객을 총 거래금액을 기준으로 세분화하였기 때문에 거래기간이 이에 못 미치는 신규고객(클래스 6)에 대하여는 현 시점에서 고객가치 등급을 부여하기 어렵다. 여기서의 모형화는 고객가치 클래스를 결정짓는 요인을 알아내는 것이기 때문에 클래스 6은 분석에서 제외되어야 한다. 이에 따라 다음과 같이 Select 노드가 설정되었다.

Discard if ValueCategory1 = '6_New'

여기서 ValueCategory1은 첫 6개월간 거래실적을 바탕으로 파악한 가치고객 등급이다.

[4] 자료분포(Distribution 노드): 신규고객을 제외, 클래스 1부터 클래스 5까지의 고객에 대한 분포를 파악한다. 그 결과는 다음과 같다.

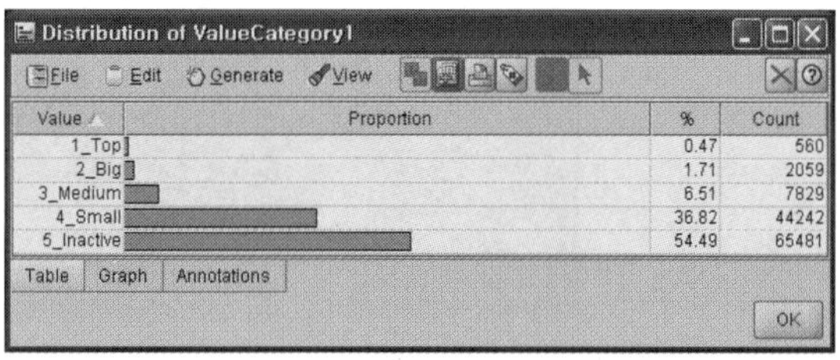

[5] Balancing(Balance 노드): 앞에서 본 바와 같이 클래스 1(Top) 고객은 전체의 0.5%에 불과하다. 클래스 2(Big) 고객 1.7%, 클래스 3(Medium) 고객 6.5% 등으로 클래스 4(Small) 36.8%, 클래스 5(Inactive) 54.5%에 비하여 작다. 이렇게 클래스 구성비에 불균형이 있으면 클래스에 관한 통계적 모델링이 어렵다. 따라서 다음과 같이 클래스마다 추출률을 달리하여 균형을 잡는 작업이 필요하다.

클래스 1 → 추출률 1	(모두 선택)
클래스 2 → 추출률 0.5	(관측 2개 중 1개꼴로 선택)
클래스 3 → 추출률 0.2	(관측 5개 중 1개꼴로 선택)
클래스 4 → 추출률 0.04	(관측 25개 중 1개꼴로 선택)
클래스 5 → 추출률 0.025	(관측 40개 중 1개꼴로 선택)

[6] 자료분포(Distribution 노드): Balancing의 결과, 클래스 1부터 클래스 5까지의 고객에 대한 분포가 다음과 같이 변경된다.

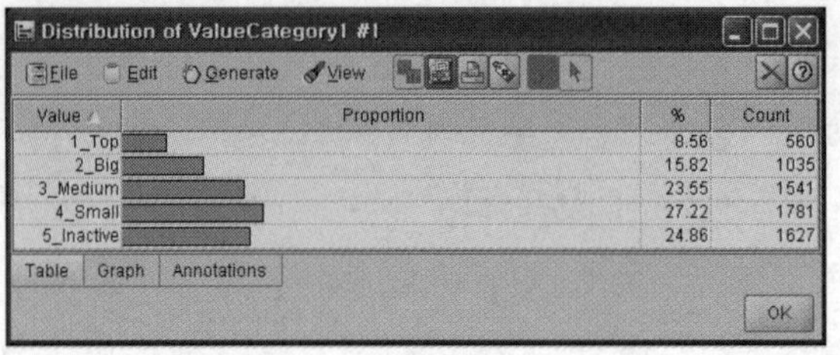

[7] 입력 · 출력 변수 지정(Type 노드): 고객가치 클래스에 대한 모델링에서 사용할 입력변수와 출력변수를 지정한다. 여기서 사용할 입력변수와 출력변수는 다음과 같다.

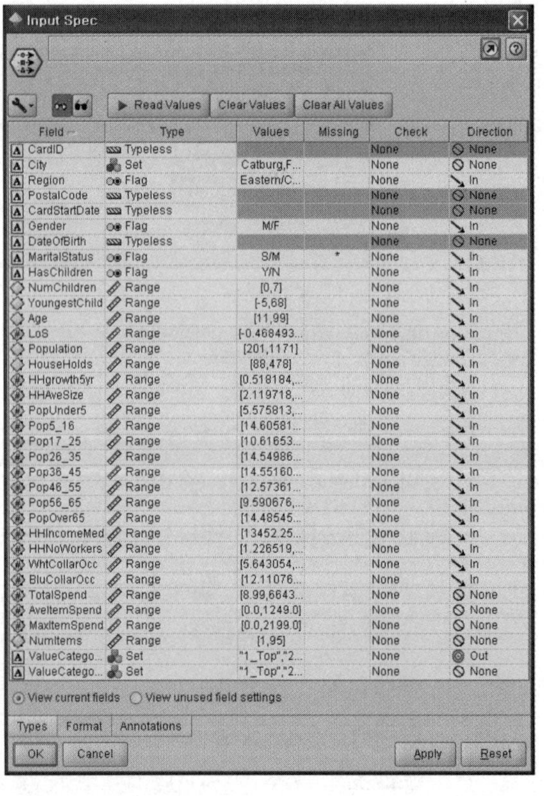

[8] C5.0 모델링 노드: 나무구조 분류를 생성시키기 위해 C5.0 알고리즘을 사용하기로 하자. 다음은 C5.0 모델링 노드의 내부이다.

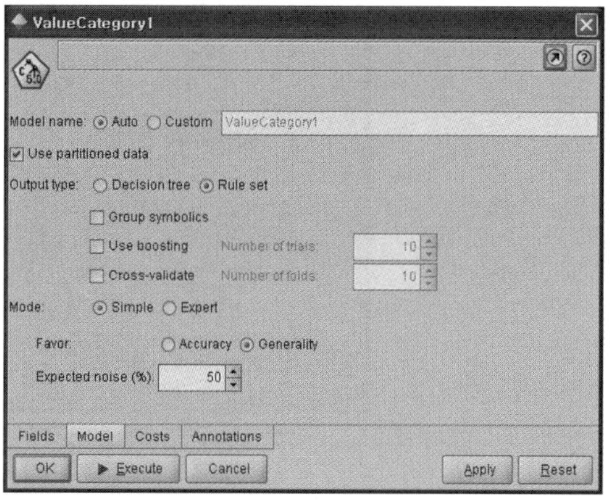

[9] C5.0 모델링 결과: 지면 제약상 클래스 1(Top)에 대하여 설정된 규칙만을 선택하여 살펴보기로(Browse!) 한다. 다음에서 모든 규칙은

Rule # (n, p) : if 조건1 and 조건2 and …, then —> 클래스

로 표현되어 있는데, n은 조건에 해당하는 관측 수이고 p는 신뢰확률이다.

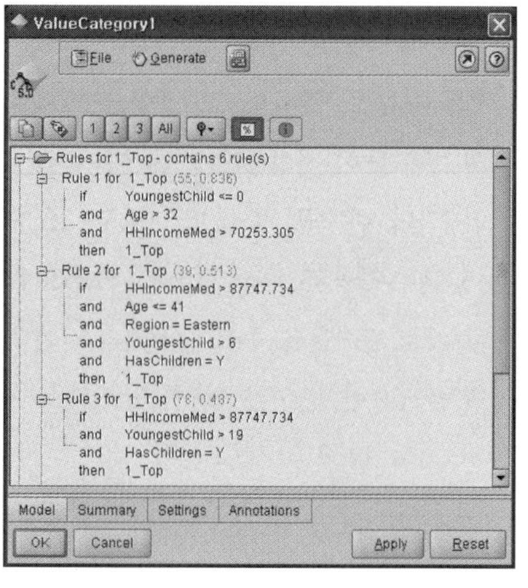

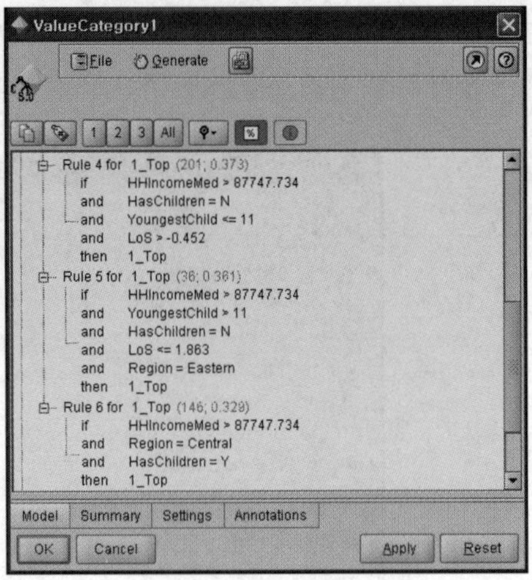

예컨대 Rule 1의 경우, n = 55, p = 0.836인데 이것은

YoungestChild <= 0

and Age > 32

and HHIncomeMed > 70253.305

에 해당하는 관측이 55개이고 이 중에서 83.6%가 클래스 1(Top) 고객임을 말한다.

[10] Filtering 노드(reduce): 앞의 모델링에서는 주소지에 관련된 인구지리적 변수들이 사용되었는데 여기서는 그 중 일부를 빼기로 한다. 즉 앞의 [7]의 변수들 중에서 Pop5−16, Pop17−25, Pop26−35, Pop36−45, Pop46−55, Pop56−65, PopOver65 등 7개 변수를 제외하기로 한다(이들 변수들은 주소지 구역의 나이대 분포에 관한 것인데 어쩌면 모델링에 불필요한 변수가 될 수 있으므로 제외하여 보는 것이다). 노드 명을 'reduce' 라고 하기로 한다.

[11] & [12] C5.0 모델링 노드 및 결과: 'reduce' 자료에 대한 것이다. 여기서도 지면 제약상 클래스 1(Top)에 대하여 설정된 규칙만을 선택하여 살펴보기로 한다.

Rule 1, 3, 5는 [9]의 것과 일치하고 나머지는 약간씩 다른 것을 볼 수 있다. 여기서 Rule 2를 해석하여 보자.

Rule 2 for 1_Top: (33, 0.606)	해석
if HHIncomeMed > 87747.734	가구당 중위수 소득이 87K+이고
and Age <= 32	본인의 나이가 32세 이하이고
and HasChildren = Y	자녀가 있고
and Region = Central	Central 지역에 거주하는 고객은
then -> 1_Top	클래스 1이다 (확률 61%).

Rule 3, 4, 5 등은 신뢰도가 51%, 49%, 37%로 그다지 높지 않다. 그래도, 분석자료에서의 클래스 1 비율 8%에 비하면 상당히 높으므로 이런 규칙들은 매우 유용하다고 할 수 있다.

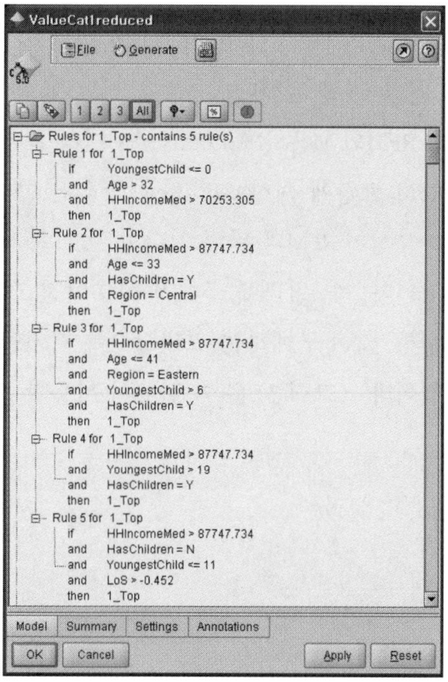

결 론 : 이와 같은 데이터 마이닝 작업으로 우리는 어떤 고객이 가치 있는 고객이고 어떤 고객들은 아닌가를 알게 된다. 고객 이해의 과정이라고 할 수 있다.

6.3 고객 반응 예측모형

소비자 제품을 판매하는 기업에서는 판매촉진을 위하여 수시로 마케팅 캠페인을 실시한다. 일차적으로 목표집단을 설정하고 그 집단에 속하는 고객에 효과적으로 접근할 수 있는 경로를 연구한 다음 구매 제안을 한다. 잘 정의된 집단이라고 하더라도 고객의 반응은 다양할 수밖에 없는데, 그렇다면 '무엇이 소비자의 반응을 결정 · 설명하는 요인들인가' 는 모든 마케팅 연구자의 주요 관심일 것이다. 이 절에서는 홈 쇼핑 업체가 개별우편(Direct Mail)으로 고객에 연말연시 쇼핑을 제안한 사례에서 RFM 방식의 캠페인 효과 모형을 구현해 본다.

- RFM의 R은 'Recency' 의 머리 글자이다. 즉 가장 최근 구매의 시점을 말한다.
- RFM의 F는 'Frequency' 의 머리 글자이다. 얼마나 자주 구매가 이루어졌는가를 말한다.
- RFM의 M은 'Monetary' 의 머리 글자이다. 구매금액을 말한다.

RFM 모형에 의한 고객반응 분석은 개별 고객이 마케팅 캠페인에 반응할 가능성이 RFM과 관련 있다고 보고 통계적 분석을 통하여 관련성을 밝히는 것이다. 즉, 최근에 구매가 이루어진 고객일수록, 자주 구매를 하는 고객일수록, 많이 구매하는 고객일수록 캠페인에 반응할 확률이 높다고 생각하는 것이다. 〈그림 3〉은 이 절에서 사용할 클레멘타인 스트림이다.

〈그림 3〉
클레멘타인 스트림
m2.str

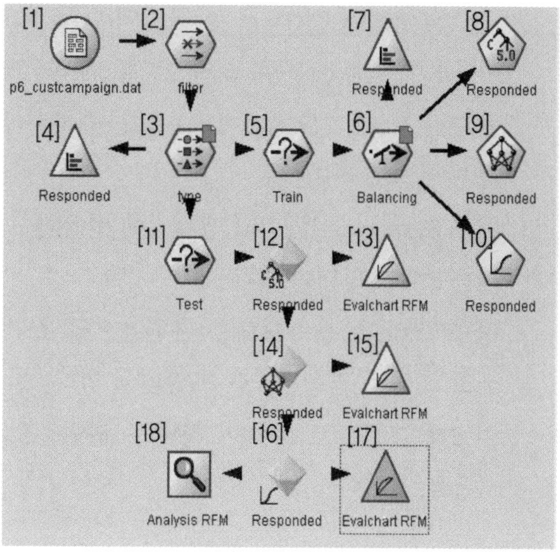

[1]+[2]+[3] 자료 읽기(p6_custcampaign.dat), Filter 및 Type 노드

자료를 p6_custcampaign.dat로부터 읽는다. 그리고 대부분의 변수들을 삭제시키고 오직 다음 4개 변수만 남긴다. 관측개체는 모두 33,694개이다.

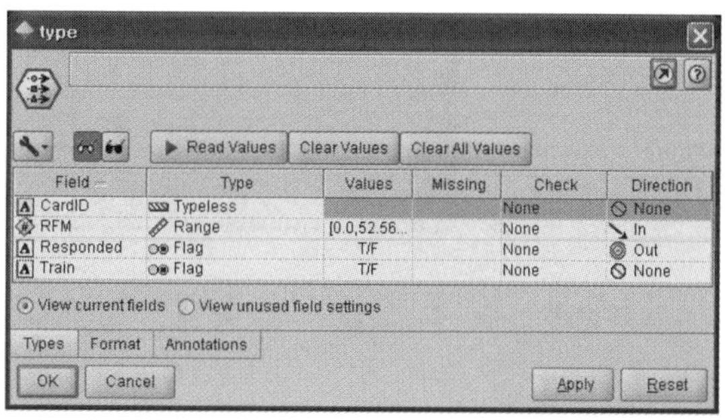

• 변수 RFM은 Recency · Frequency · Monetary를 지표화한 것으로 다음과 같이 사전 정의되어 있다.

RFM = Recency 점수 + Frequency 점수 + Monetary 점수,

여기서

Recency 점수 = 12 − 최근 구매후 경과 월(月)

Frequency 점수 = 총 쇼핑 횟수

Monetary 점수 = 총 구입액(단위: 1000불)

이다(RFM을 Recency, Frequency, Monetary 점수에 어떤 가중치를 줘서 더하는 것이 최선인가도 생각해볼 수 있는 문제이다.). 일단 제시된 RFM의 정의를 따르기로 하자.

- 변수 Responded는 DM 캠페인에 반응한 사례는 T로, 반응하지 않은 사례는 F로 코딩되어 있다.
- 변수 Train은 관측개체를 훈련용으로 쓰려는 경우엔 T로, 검증용으로 쓰려고 하는 경우는 F로 코딩되어 있다. 전체 자료를 변수 Train에 의하여 2개 그룹으로 나누어 하나는 훈련용으로, 다른 하나는 검증용으로 사용할 것이다.

[4] Distribution 노드: 변수 Responded의 분포를 본 것이다. 반응 사례가 3.1%에 불과하므로 반응 모델링을 위해서는 Balancing이 필요함을 알 수 있다. 이후 [6] 참조.

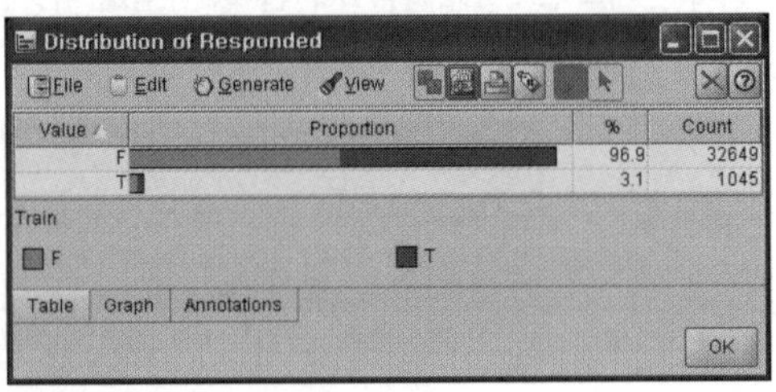

[5] Select 노드: 훈련자료만을 선택하여 남긴다.

[6] Balance 노드: 반응 고객 비율이 3.1%에 불과한 반면 무반응 고객은 96.9%가 되므로 반응 고객은 2배로 두되 무반응 고객은 0.12배만 추출하여 남김으로써 대략 반응 대 무반응의 비율이 1:2가 되도록 한다.

[7] Distribution 노드: Balancing 이후 변수 Responded의 분포를 본 것이다. 반응 사례가 33.63%가 된 것을 볼 수 있다.

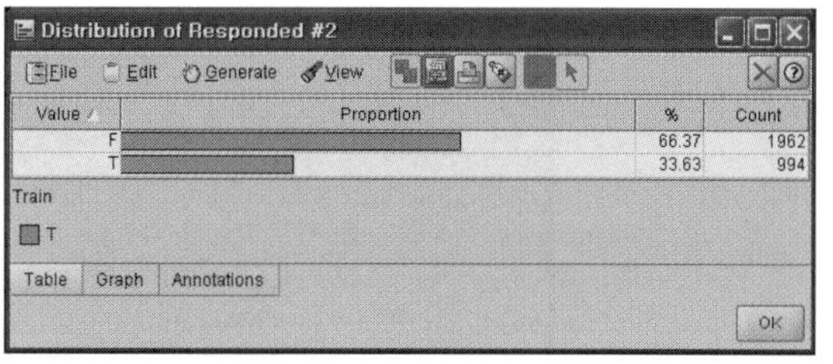

[8] & [12] C5.0 모델링 및 결과: 변수 Responded에 대한 C5.0 모델링 결과 다음과 같이 3개의 규칙이 생성되어 나오는 것을 볼 수 있다. 즉, RFM 점수가 7.079보다 크고 14.945보다 작으면 반응한다는 것이고 RFM 점수가 7.079 이하이거나 14.945 이상이면 반응하지 않는다는 것이다. 반응예측 규칙의 신뢰도는 57.9%, 무반응예측 규칙의 신뢰도는 100%이다. Balancing된 훈련 자료에서 반응 고객 비율 33.6%, 무반응 고객 비율이 66.4%인 것에 비하면 개선이라고 할 수 있다.

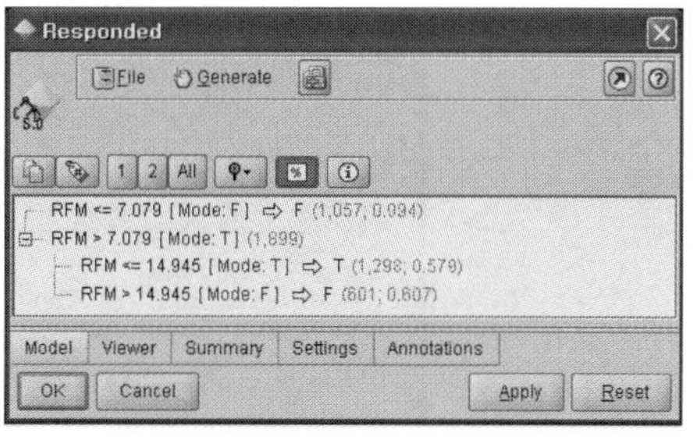

[9] & [14] 신경망 모델링 및 결과: 다음은 변수 Responded에 대한 신경망(Neural Nets) 모델링 노드의 내부이다. 신경망 훈련 방법에는 Quick, Multiple, Prune, Exhaustive Prune, RBFN(Radial Basis Function Nets) 등이 있는데 여기서는 'Quick'을 지정하였다(클레멘타인에서 'Quick'은 가장 기본적인 신경망 모델링 방법이다).

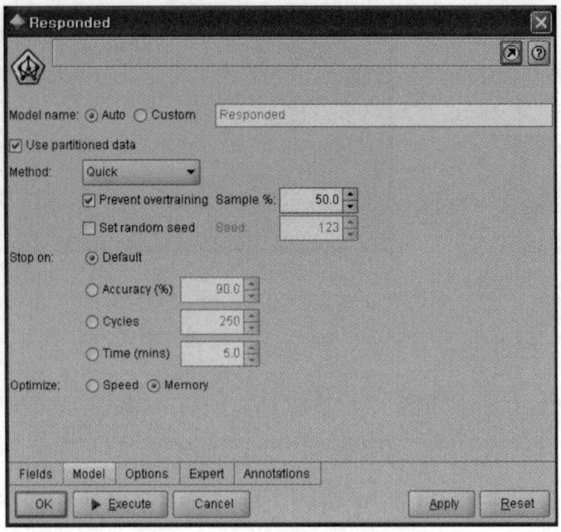

신경망 분석 결과는 다음과 같다. 은닉층에 3개의 뉴런이 사용되었으며 총 정확도가 72.6%인 것을 볼 수 있다.

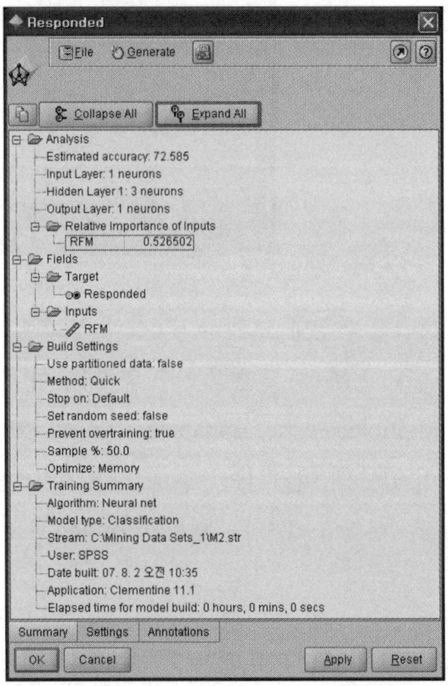

[10] & [16] 로지스틱 회귀 모델링 및 결과: 변수 Responded에 대한 로지스틱 회귀 모델링 결과를 읽을 수 있다. 적합 모형은 다음과 같다.

$$\log \{ P(F \mid \text{RFM}) / P(T \mid \text{RFM}) = -1.434 + 0.064\ \text{RFM},$$

즉

$$\log \{ P(F \mid \text{RFM}) / P(T \mid \text{RFM}) = 1.434 - 0.064\ \text{RFM}$$

이것은 RFM 점수가 1점 오르면(내리면) 고객 반응 오즈(odds)가 $e^{-0.064}=0.94$배(1.07배)가 됨을 뜻한다. RFM 점수가 2점 오르면 오즈가 $0.88(=0.94^2)$배가 되고, RFM 점수가 3점 오르면 오즈가 $0.83(=0.94^3)$배가 된다.

Model Fitting Information

Model	-2 Log Likelihood	Chi-Square	df	Sig.
Intercept Only	3629.954			
Final	3327.847	302.107	1	.000

Parameter Estimates

Responded(a)		B	Std. Error	Wald	df	Sig.	Exp(B)	95% Confidence Interval for Exp(B) Lower Bound	95% Confidence Interval for Exp(B) Upper Bound
F	Intercept	-1.434	.063	516.250	1	.000			
	RFM	.064	.004	266.844	1	.000	1.066	1.058	1.074

a The reference category is: T

[11] Select 노드: 모형 평가를 위하여 테스트 자료만을 선택한다.

[13] C5.0 모형에 대한 평가 차트(Evaluation Chart) 노드: 생성된 C5.0 모형을 실제 테스트 자료에 적용하여 어느 정도 예측이 정확한가를 그래프로 보기로 하자.

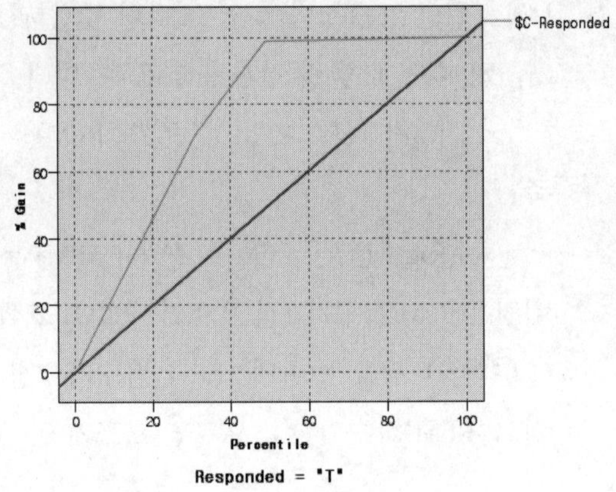

이 그래프는 이득 도표(Gain Chart)라는 것인데, 전체 고객을 예측 점수가 높은 순서대로 정렬하였을 때 앞에서부터의 퍼센트 비율을 X축에 놓고 전체 반응고객 대비 그 퍼센트 비율에 해당하는 그룹에서의 반응 고객의 상대적 비율을 Y축에 놓아 플롯한 그래프이다. 그러므로 (0, 0)에서 시작하여 (100, 100)에서 끝나는 상승곡선의 형태로 나오는데, 대부분의 경우, 상승률이 처음에는 높다가 갈수록 둔화된다. 위의 C5.0 모형의 이득도표에서는 대략 예측 점수 상위 50% 그룹에서의 반응자가 전체 반응자의 100%인 것을 볼 수 있다. 만약 예측 모형이 사실 아무 소용이 없는 임의 규칙에 지나지 않는다면 예측 점수 상위 50% 그룹에서의 반응자는 전체 반응자의 50%에 그칠 것이다.

[15] C5.0과 신경망 모형에 대한 평가 차트(Evaluation Chart) 노드: 신경망 모형의 예측 정확도를 테스트 자료에 적용하여 다음 이득도표를 얻는다. 스트림의 윗단에 C5.0 모형이 주어져 있으므로 이 그림에서는 C5.0과 신경망 모형에 대한 평가 차트가 동시에 주어진다. 결과적으로 두 모형의 이득도표는 거의 동일함을 알 수 있다.

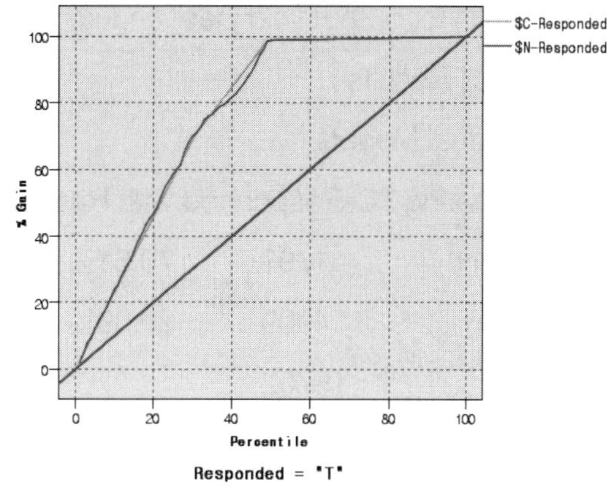

[17] C5.0, 신경망, 그리고 로지스틱 모형에 대한 평가 차트(Evaluation Chart) 노드: 이 도표에 의할 때, C5.0과 신경망 모형의 이득도표는 거의 동일하나, 로지스틱 모형의 경우 중간부분에서는 조금 낮은 결과를 보임을 알 수 있다.

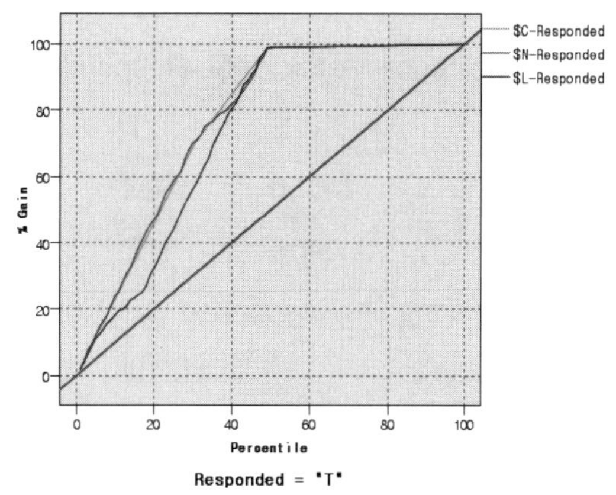

[18] 예측 모형의 분석적 평가: 앞서 생성된 3개의 예측 모형 각각에 대하여, 그리고 상호간 비교 분석을 하기로 하자. 다음 출력에서 볼 수 있듯이 C5.0 모형의 정확도는 70.6%, 로지스틱 모형의 정확도는 85.4%, 신경망 모형의 정확도는 67.8%로 나타난다.

Results for output field Responded

Overall Results

Individual Models

Comparing $C-Responded with Responded

Correct	11793	70.61%
Wrong	4909	29.39%
Total	16702	

Coincidence Matrix for $C-Responded (rows show actuals)

	F	T
F	11407	4747
T	162	386

Comparing $L-Responded with Responded

Correct	14267	85.42%
Wrong	2435	14.58%
Total	16702	

Coincidence Matrix for $L-Responded (rows show actuals)

	F	T
F	14155	1998
T	436	112

Comparing $N-Responded with Responded

Correct	11319	67.77%
Wrong	5383	32.23%
Total	16702	

Coincidence Matrix for $N-Responded (rows show actuals)

	F	T
F	10904	5250
T	133	415

반응예측 사례 중 실제 반응고객의 비율을 보자. C5.0 모형은 7.5%(=386/(4747+386))이고, 로지스틱 모형은 5%(=122/(1999+122)), 신경망 모형은 7%(=415/(5250+415))이다. C5.0이 가장 좋다.

결 론: 이상의 분석을 종합하면, RFM 점수에 의한 반응 고객 예측은 성공적인 것으로 보인다. C5.0이나 신경망 모형으로 예측 점수 상위 35−45% 그룹에만 DM을 하는 것으로 전체 반응 고객의 80−90%를 확보할 수 있다고 할 수 있다. DM 비용을 상당히 절약할 수 있을 것이다.

추기(追記) 1: 이 절의 고객반응 예측모형에서는 RFM을

RFM = Recency(단위:월) + Frequency(회) + Monetary(1000불)

로 정의하여 유일한 예측변수로 쓴 바 있다. 그러나 반드시 그렇게 해야 하는 것은 물론 아니다. Recency, Frequency, Monetary 각각을 설명변수로 한 모형을 생각하는 것이 향상된 결과를 만들 가능성이 있다.

추기(追記) 2: 클레멘타인 CRM CAT의 m3_predictresp.str에서는 RFM 점수 외에 다수의 인구사회적 변수들을 추가하여 반응예측 모형의 개선을 시도하였으나 더 나은 결과를 보이지는 못하였다.

6.4 고객세분화 · 군집화

고객세분화(segmentation), 즉 군집화(clustering)는 고객이해를 위한 지식 인프라라고 할 수 있다. 성향이 비슷한 고객들끼리 묶어 여러 개의 그룹을 만들어 놓으면, 향후 다양한 캠페인에서 타깃을 정하는 데 요긴하게 활용할 수 있기 때문이다. 이 절에서 고객들을 군집으로 묶기 위해서 사용하는 변수들은 고객 개개인의 거래이력 특성들이다(캠페인에 대한 고객반응을 군집화 결과의 평가를 위해 사용할 것이기 때문에 군집화 작업시 투입하지 않았다). 〈그림 4〉가 여기서 사용할 클레멘타인 스트림이다.

〈그림 4〉
클레멘타인 스트림
m3.str

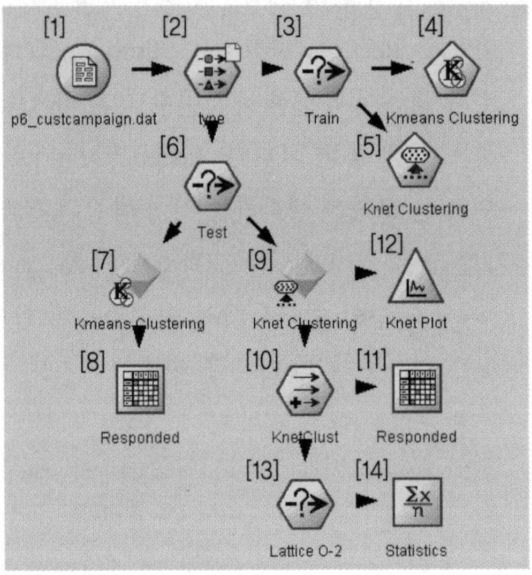

[1]+[2] 자료 읽기(p6_custcampaign.dat)와 Type 노드

자료를 p6_custcampaign.dat로부터 읽는다. 여기서 군집화를 위하여 사용할 변수들은 다음 7개 카테고리별 구매품목 수이다.

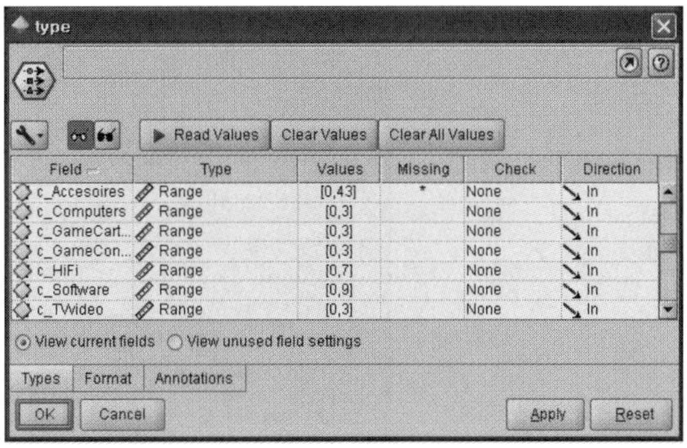

[3] Select 노드: 훈련자료만을 선택하여 남긴다.

[4] & [7] K-평균 군집화(K-means Clustering) 노드: 여기서는 군집 수를 10개로 지정하기로 한다. 수행결과를 살펴보면(Browse!) 다음과 같다.

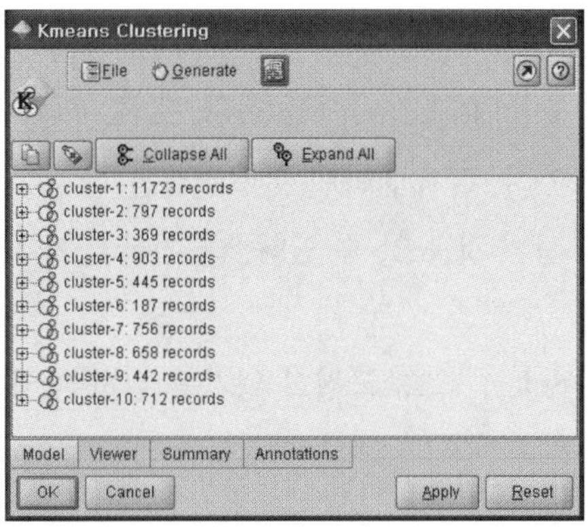

다음 화면은 10개 군집 중 첫 2개 군집의 중심을 보여 준다.

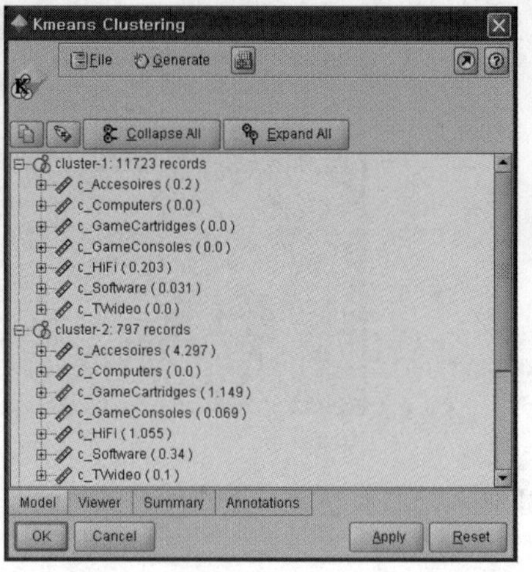

10개 군집 각각에 대하여 중심을 잘 살펴봄으로써 각 군집의 특성을 알 수 있게 된다.

[5] & [9] Kohonen Network 노드: 여기서는 Net의 크기를 5×5로 하여 보았다. 클레멘타인 수행결과를 살펴보면(Browse!) 모두 25개의 뉴런이 형성된 것을 알 수 있다. 더 이상 구체적인 결과는 나타나지 않는다.

[6] Select 노드: 군집화 평가를 위하여 테스트 자료만을 선택한다.

[8] (K-means에 따른) Matrix 노드: K-means로 형성된 군집별로 얼마나 고객 반응률에 있어 차이가 있는가를 보기 위한 것이다. 이렇게 하는 이유는 군집화(세분화)란 고객성향이 그룹내에는 상호 유사하고 그룹간에는 상호차이가 날수록 성공적이기 때문이다. 윗 각 군집별 중심에 의할 때 그룹들 중 군집 3, 6, 7, 9는 여러 품목을 구입한 고객들로 구성되어 있는 것을 볼 수 있다. 이 외에도 군집 4, 10은 값나가는 품목인 컴퓨터나 오디오(Hi−Fi)를 1대 이상 구입한 고객으로 구성되어 있어 가치 있는 그룹이다. 아래 표에 의할 때, 군집 2, 5, 7, 10 등은 반응률이 전체 평균인 3.1%의 두배 이상으로 반응률이 높은 집단으로 분류할 수 있다. 반면에

가장 큰 군집인 군집 1은 반응률이 2%대에 그쳐 매우 낮은 것을 알 수 있다.

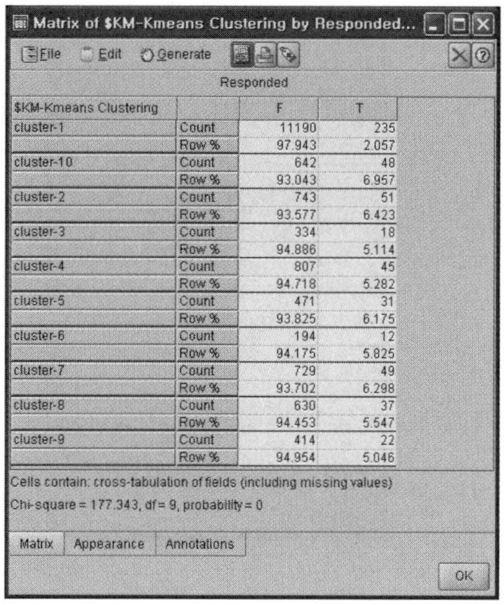

Matrix of $KM-Kmeans Clustering by Responded...

File Edit Generate

$KM-Kmeans Clustering		F	T
cluster-1	Count	11190	235
	Row %	97.943	2.057
cluster-10	Count	642	48
	Row %	93.043	6.957
cluster-2	Count	743	51
	Row %	93.577	6.423
cluster-3	Count	334	18
	Row %	94.886	5.114
cluster-4	Count	807	45
	Row %	94.718	5.282
cluster-5	Count	471	31
	Row %	93.825	6.175
cluster-6	Count	194	12
	Row %	94.175	5.825
cluster-7	Count	729	49
	Row %	93.702	6.298
cluster-8	Count	630	37
	Row %	94.453	5.547
cluster-9	Count	414	22
	Row %	94.954	5.046

Responded

Cells contain: cross-tabulation of fields (including missing values)

Chi-square = 177.343, df = 9, probability = 0

Matrix | Appearance | Annotations

OK

[10] (Kohonen Net에 따른) Derive 노드: Kohonen Network로 형성된 5×5 격자 그리드의 X 좌표(=0, 1, 2, 3, 4)와 Y 좌표(=0, 1, 2, 3, 4)를 결합하여 1개 변수를 만든다. 격자점 각각을 군집으로 간주할 수 있기 때문이다. 즉, Kohonen Network 결과는 0−0, 0−1, 0−2, 0−3, 0−4, 1−0, …, 4−4 등 25개 군집으로 나타내진다.

[11] (Kohonen Net에 따른) Matrix 노드: Kohonen Network로 형성된 5×5 네트의 격자 군집별로 고객반응률에 얼마나 차이가 있는가를 보기로 하자.

빈도

Matrix of KnetClust by Respo...

File Edit Generate

KnetClust	F	T	Total
	Responded		
0_0	387	21	408
0_1	164	8	172
0_2	510	36	546
0_3	88	8	96
0_4	753	42	795
1_0	26	6	32
1_1	6	0	6
1_2	38	2	40
2_0	519	39	558
2_1	328	15	343
2_2	355	13	368
2_3	484	34	518
2_4	2118	186	2304
3_0	143	6	149
3_1	83	3	86
3_2	41	1	42
4_0	639	50	689
4_1	21	0	21
4_2	420	30	450
4_3	51	2	53
4_4	8980	46	9026
Total	16154	548	16702

Cells contain: cross-tabulation of fields (including missi...

Chi-square = 546.852, df = 20, probability = 0

Matrix Appearance Annotations

OK

행 퍼센트

Matrix of KnetClust by Respo...

File Edit Generate

KnetClust	F	T	Total
	Responded		
0_0	94.853	5.147	100
0_1	95.349	4.651	100
0_2	93.407	6.593	100
0_3	91.667	8.333	100
0_4	94.717	5.283	100
1_0	81.250	18.750	100
1_1	100.000	0.000	100
1_2	95.000	5.000	100
2_0	93.011	6.989	100
2_1	95.627	4.373	100
2_2	96.467	3.533	100
2_3	93.436	6.564	100
2_4	91.927	8.073	100
3_0	95.973	4.027	100
3_1	96.512	3.488	100
3_2	97.619	2.381	100
4_0	92.743	7.257	100
4_1	100.000	0.000	100
4_2	93.333	6.667	100
4_3	96.226	3.774	100
4_4	99.490	0.510	100
Total	96.719	3.281	100

Cells contain: cross-tabulation of fields (including missi...

Chi-square = 546.852, df = 20, probability = 0

Matrix Appearance Annotations

OK

[12] 플롯(Plot) 노드: Kohonen Network로 형성된 5×5 네트의 격자점 주변에 소속 개체들을 산란시켜(jittering) 자료밀도를 표현하는 동시에 고객반응(Responded)을 표현하여 보았다. 반응자가 도수로는 (4, 4) 격자점에 가장 크지만 반응비율로는 (0, 3), (1, 0), (2, 4), (4, 0) 등에서 상대적으로 높음을 볼 수 있다. 다시 살펴보면 격자점 (4, 4)에는 가장 많은 고객이 밀집하여 있으나 반응률은 0.5%에 불과해 즉 비가치 고객군이고 격자점 (1, 0)에는 많지 않은 고객이 있으나 반응률이 19%로 매우 높음을 알 수 있다.

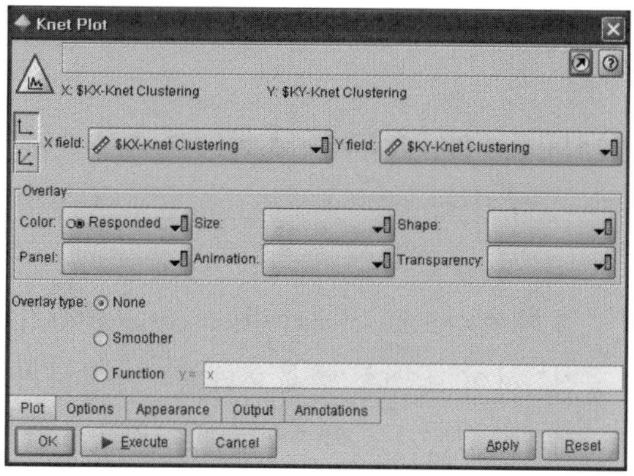

• 플롯 노드의 내부 (1/2)

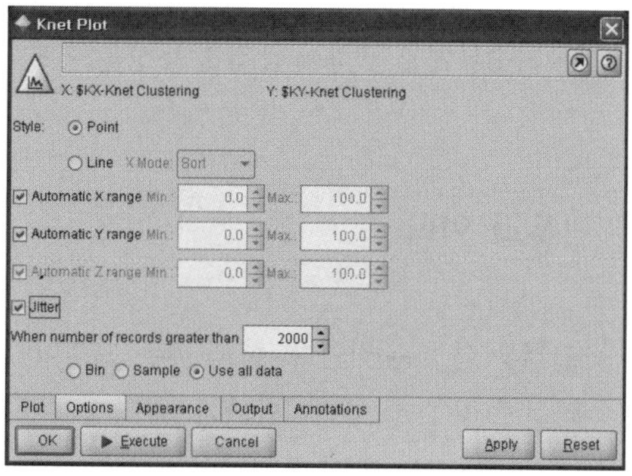

• 플롯 노드의 내부 (2/2)

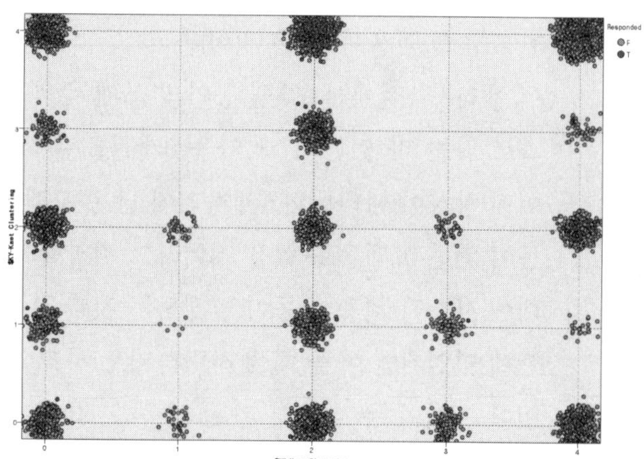

• 코호넨 네트 (반응값 겹쳐 표현)

[13] Select 노드: 가치 고객군을 분석하기 위하여 격자점 (1, 0)을 선택한다.

[14] Statistics 노드: 해당 군(=(1, 0) 격자점)의 7개 군집화 변수의 평균점을 구한다.

결 론: 이상으로 거래이력(transactions)에 기초하여 고객 군집을 세분화 · 군집화하여 보았다. 실제 마케팅에 응용하기 위해서는 이들 군집에 어떤 고객들이 있는가를 이해하는 것도 중요한 일이다. 그것을 파악하기 위해서는 군집별 인구 · 사회적 특성을 밝혀야 할 것이다. 예컨대, 고객 본인의 나이, 성, 자녀 유무 및 주거지역의 중간 주택가격, 사무직/노무직 비율 등에 대한 기술통계를 구하여 군집별 특성을 구체화할 필요가 있다.

6.5 고객층 이동과 이탈

고객은 항상 움직인다. 한때 좋은 고객이었다가 금세 이탈하기도 하고 한때는 그저 그런 고객이었다가 어느 새 우량 고객이 되기도 하는 것이다. 이것을 미리 예측할 수 있을까? 개개인에 대하여는 정확히 예측할 수 없다고 하더라도 내재하는 통계적 경향을 탐지해낸다면 고객이해 및 관리에 중요한 도움을 얻을 수 있을 것이다.

우리가 1절에서 6개월 동안의 구매 금액을 바탕으로 고객들을 5개 클래스로 나눈 바 있는데 그 다음 6개월을 추적하여 다시 클래스로 구분하면 어떤 양상이 나타날까? 제자리에 남은 고객들도 있을 것이지만 클래스 변동이 있는 고객들도 있을 것이라고 짐작할 수 있다. 그것은 아버지와 아들 대에 사회적 계층 이동이 발생하는 것과 같은 현상이다. 아버지는 높은 계층에 있었지만 아들 대에 하락하기도 하고 그 반대도 빈번히 일어난다. 무엇이 고객의 층 이동과 관련 있을까? 특히 최하층인 '탈락'으로의 이동과 관련 있는 요인을 알 수 있을까?

〈그림 5〉가 이 절에서 다룰 클레멘타인 스트림이다.

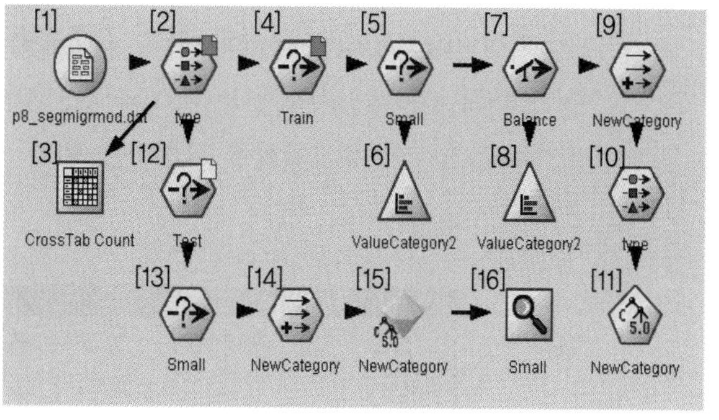

〈그림 5〉
클레멘타인 스트림
m4.str

[1] & [2] 자료 읽기와 Type 노드

자료를 p8_segmigmod.dat로부터 읽는다. 여기서 사용할 변수들은 다음과 같다(거래이력 관련 변수들은 사용하지 않을 것이다).

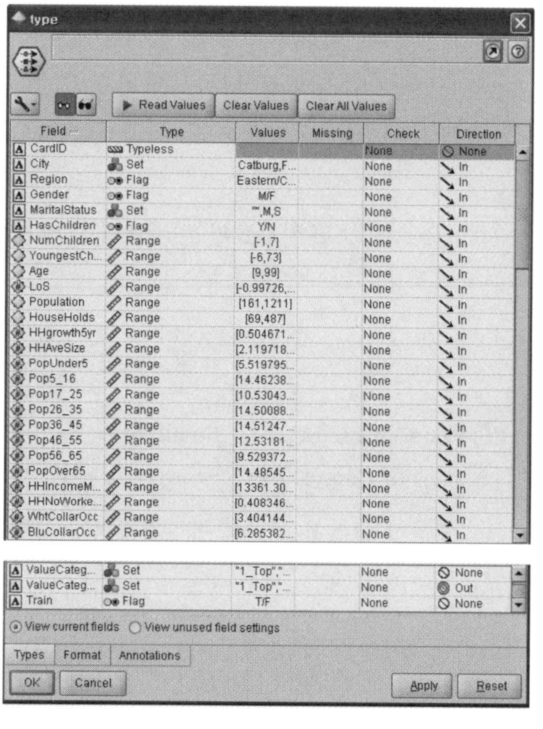

[3] Matrix 노드: 여기서 주된 관심은 6개월 사이에 발생한 고객층(클래스) 이동에 관한 것이다. 첫 6개월 동안의 구매 금액을 기준으로 나눈 클래스가 ValueCategory1이고 다음 6개월을 추적하여 구분한 것이 ValueCategory2이다. Matrix 노드는 ValueCategory1과 Value Category2 사이의 교차표를 작성하기 위한 것이다. 다음이 그 결과이다.

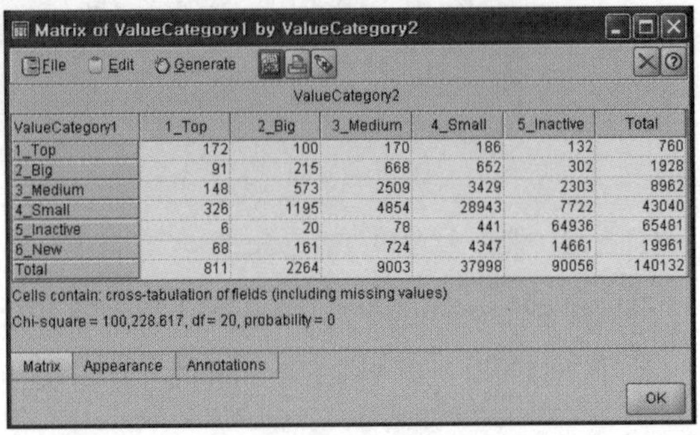
Matrix of ValueCategory1 by ValueCategory2

	ValueCategory2					
ValueCategory1	1_Top	2_Big	3_Medium	4_Small	5_Inactive	Total
1_Top	172	100	170	186	132	760
2_Big	91	215	668	652	302	1928
3_Medium	148	573	2509	3429	2303	8962
4_Small	326	1195	4854	28943	7722	43040
5_Inactive	6	20	78	441	64936	65481
6_New	68	161	724	4347	14661	19961
Total	811	2264	9003	37998	90056	140132

Cells contain: cross-tabulation of fields (including missing values)
Chi-square = 100,228.617, df = 20, probability = 0

이 절에서는 '4_Small' 층을 주시한 분석 사례를 보일 것이다. 크기가 큰 층이므로 기업의 입장에서는 잘 가꾸면 큰 수익을 기대해 볼 수 있기 때문이다(다른 층에 대한 분석은 m4.str의 일부분만 편집하여 사용하면 된다).

[4] Select 노드: 훈련자료만을 선택하여 남긴다.

[5] Select 노드: ValueCategory1 = '4_Small' 인 사례들을 수집한다.

[6] Distribution 노드: '4_Small' 층의 훈련자료 중 ValueCategory2의 분포를 보면 다음과 같다. 고객의 2/3 정도가 '4_Small' 층에 남고 15% 정도가 상향 이동하고 18% 정도가 하향 이동하는 것을 볼 수 있다.

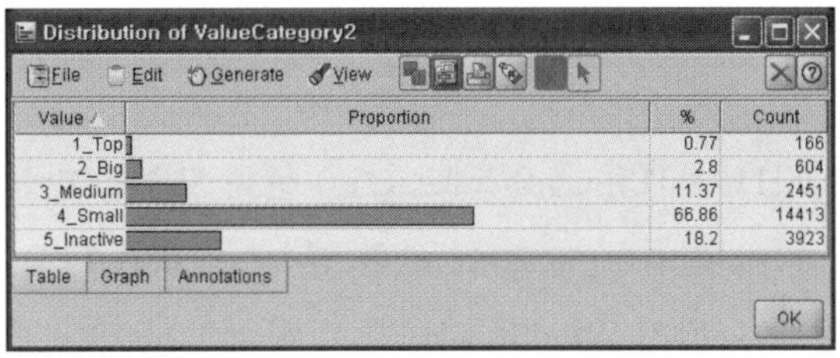

[7] Balance 노드: ValueCategory2 기준 '4_Small' 인 사례들이 너무 많으므로 이 사례들을 1/2로 줄여서 모델링에 들어가기로 한다. 다른 층에 대하여는 조정하지 않는다.

[8] Distribution 노드: Balance 작업 이후 ValueCategory2의 분포를 다시 본 것이다. 이제 모델링에 사용할 자료에서는 1/2 정도가 동일 층에 잔류하고 22% 정도가 상승, 27% 정도가 하락하는 것으로 나타난다.

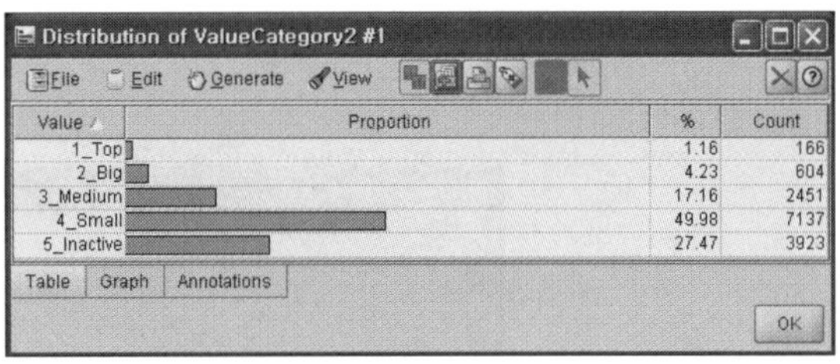

[9] Derive 노드: 최종 모델링에 쓸 종속변수는 ValueCategory2 대신 이를 다음과 같이 변환한 NewCategory이다(이렇게 한 이유는 '1_Top' 과 '2_Big' 의 크기가 너무 작기 때문이다).

If ValueCategory2 = '1_Top', '2_Big', '3_Medium', then NewCategory = 'Up' ;

Else NewCategory =ValueCategory2

즉, '상승(Up)' 과 '잔류(4_Small)', 그리고 '하락(5_Inactive)' 의 3개 수준으로 분리된다.

[10] Type 노드: 새로 만든 NewCategory 변수를 종속변수로 지정하기 위한

것이다.

[11] & [15] C5.0 노드: C5.0 분류 모형을 만든다. 생성된 모형을 훑어보면, 잔류(4_Small)에 관한 규칙이 7개가 나오는데 이것은 별로 관심거리가 되지 않는다. 다음으로 하락(5_Inactive)에 관한 규칙이 21개가 나오고 상승(Up)에 관한 규칙이 29개나 나온다. 그 중 하락 · 상승 각각에 대하여 2개씩만 살펴보기로 한다.

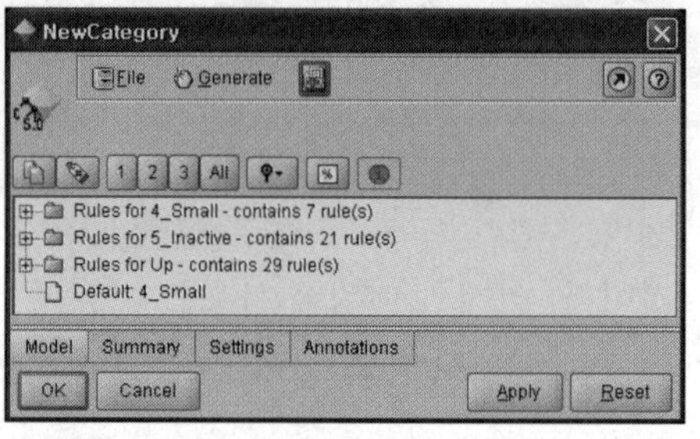

하락(5_Inactive)에 관한 2개 규칙

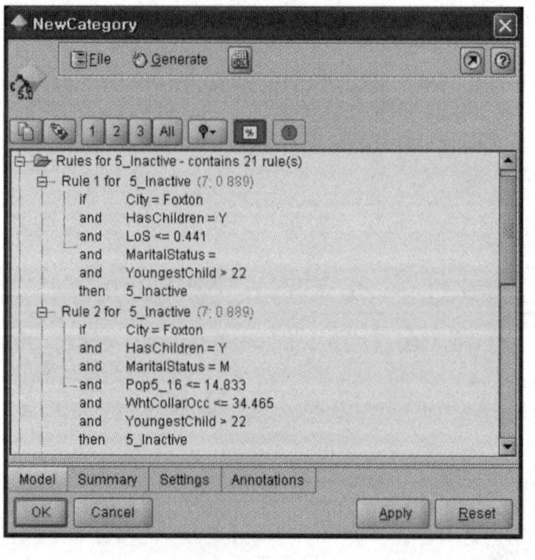

상승(Up)에 대한 2개 규칙

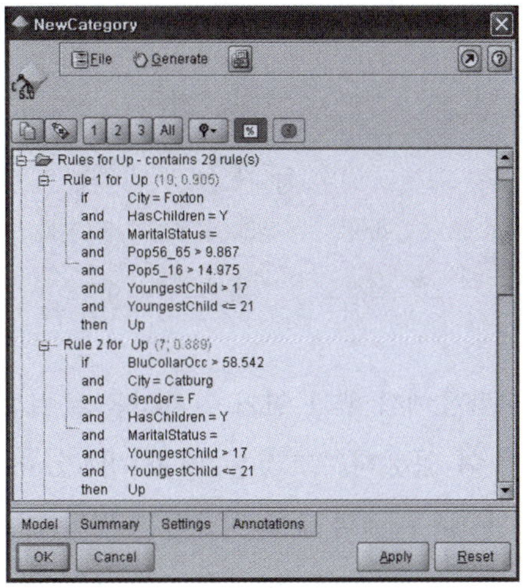

각자 위 규칙들을 읽고 해석해 보기 바란다.

[12] & [13] Select 노드: 테스트 자료에서 ValueCategory1이 '4_Small' 인 사례만 선택하여 모은다. 우리가 만든 규칙 자체가 그런 사례들을 대상으로 만들어졌기 때문이다.

[14] Derive 노드: [9]와 마찬가지이다.

[16] Analysis 노드: 생성된 분류규칙의 최종 평가를 위한 분석 노드이다. 다음과 같은 결과가 나왔다.

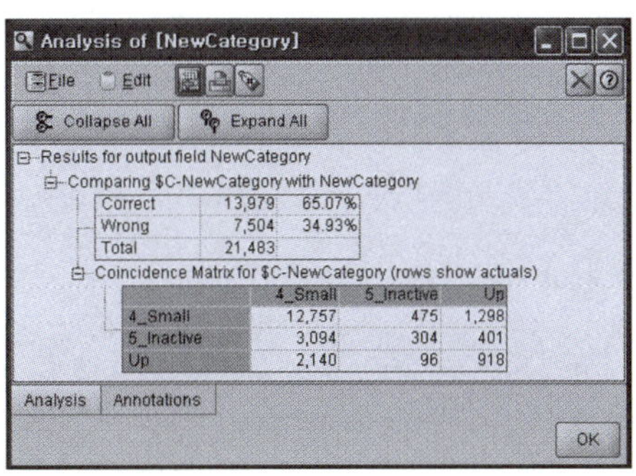

이것은 최종적으로 어떤 의미를 갖는가? 다음과 같이 마지막 일치 행렬표를 정리해 보기로 한다(잔류, 즉 '4_Small' 을 설명의 편의상 삭제하였다).

		예측	
		하락	상승
실제	하락	304	401
	상승	96	918

이 교차표에서 행과 열의 일치성을 보여주는 지표로 감마(Gamma; γ)를 활용할 수 있겠다. 그것은 일치 쌍(Concordant Pair)의 수와 비일치 쌍(Discordant Pair)의 수를 비교하는 것인데

$$C=304\times918=297{,}072\ ,\ D=401\times96=38496$$

이고 그것의 크기를 지표화한 감마는 다음과 같이 산출된다.

$$\gamma=\frac{C-D}{C+D}=\frac{279072-38496}{279072+38496}=0.76$$

이것이 완벽한 일치도를 의미하는 1에는 못 미치지만 0보다 상당히 크므로 우리가 만든 고객층 이동 및 이탈 예측 모형이 의미를 갖는다고 할 수 있다.

결 론: 고객의 층(層)간 이동을 지속적으로 모니터링(monitoring)하여 전반적인 추세를 주시하여야 할 뿐만 아니라 이동 원인에 대한 통계적 분석과 함께 고객 개인관리차원의 대응도 할 필요가 있다.

6.6 맺음말

이제까지 클레멘타인을 써서 몇 가지 CRM 모델링을 해 보았다. 이 장을 마치며 우리나라 실정에서 성공적인 CRM을 위한 전제조건을 생각해 보자.

첫째, CRM을 위해서는 데이터베이스 체계 확보 등 사내 정보 인프라가 단단해야 한다. 그러나 그것만으로 충분한 것은 아니다. 그 안에 내실 있는 정보가 담겨져야 한다. 이에 따라 첫 CRM 프로젝트의 가장 중요한 성과는 기존의 고객 데이터가 분석적 CRM을 하기에 얼마나 부족한가를 인식하는 데 있다고 한다면 지나친 자조(自嘲)일까?

둘째, 성공적인 CRM을 위해서는 전사적 협업이 필요하다. CRM 부서가 앞서간다는 것뿐이지 모든 조직원이 한 마음이 되지 않으면 성과를 거둘 수 없다. 특히 데이터가 정확히 입력되고 관리되어야 한다는 것을 모두가 이해해야 한다. 실질적인 실천을 위해서는 부서간 조율이 필요할 것이다.

실습파일

- m1.str
- m2.str
- m3.str
- m4.str

- p3_customer.dat
- p6_custcampaign.dat
- p8_segmigrmod.dat

부록 A

지도학습모형에서의 입력변수 중요도 평가

요 약

지도학습(supervised learning) 모형에서 입력변수(input variables)의 중요도는 모든 데이터 마이너들이 알고 싶어 하는 정보이다. 현재 클레멘타인에서는 신경망에 대하여 입력변수 중요도가 제공되고 있으나 나무형 분류 및 회귀에서는 그렇지 않다. 본 기술보고서에서 우리들은 신경망과 나무형 모형에서 입력변수 중요도 평가를 위한 일반적 방법론을 제시하고 클레멘타인에서 구현할 것이다.

중심용어 지도학습모형, 신경망, 나무형 모형, 입력변수 중요도, 임의순열.

※ 이 부록은 SPSS White Paper 0301 "클레멘타인을 활용한 지도학습모형에서의 변수 중요도 평가"(허명회 · 이용구, 2003)를 재수록한 것이다.

부록A 지도학습모형에서의 입력변수 중요도 평가

A.1 배경 및 방법론

최근 10년 사이 지도학습(supervised learning) 방법론의 중심이 기존의 선형회귀에서 벗어나 신경망이나 나무형 분류/회귀 등으로 옮아가고 있다. 선형회귀는 간단하고 그간 충분히 연구되었던 데 비하여, 신경망과 나무형 분류/회귀 등의 새로운 방법론은 유연하기는 하나 복잡하고 아직은 발전단계에 있으므로 해결되어야 문제들이 여러 가지 있다. 입력변수(설명변수)의 중요도 평가가 그 가운데 한 문제가 아닐까?

선형회귀 모형에서 설명변수의 중요도에 대하여도 여러 관점이 있기는 하지만 많은 연구자들은 베타계수로써 그것을 평가한다. 다음 적합 선형회귀모형을 생각하자.

$$\hat{y} = b_0 + b_1 x_1 + \cdots + b_p x_p$$

변수 x_j에 대한 베타 계수는

$$\beta_j = b_j s_j / s_y , \quad j = 1, \cdots, p$$

로 정의되는데, 여기서 s_j는 설명변수 x_j의 표준편차이고 s_y는 종속변수 y의 표준편차이다. 베타 계수에 대한 해석에는 여러 가지가 있지만 우리는 개념 확장을 염두에 두어 다음과 같이 x_p의 경우를 고려하기로 한다.

새 개체의 입력 벡터값$(x_1, \cdots, x_{p-1}, x_p)$ 중에서 $x_1, \cdots, x_{p-1}$는 가용하나 x_p가 입수되지 않았다고 하자. 그러나 종속변수 y에 대한 예측이 꼭 요구된다면, 부득불 x_p값을 대체해 넣어야 한다. 이 작업을 맡은 연구자 甲은 훈련 표본내 x_p의 자료값 $x_{1p}, \cdots, x_{np}$ 중 하나를 임의로 택하였고 다른 연구자 乙도 독립적으로 그렇게 하였다고 하자. 그러면 두 연구자의 예측값 차이는

$$b_p(x^*_p - x^{**}_p) \quad (1)$$

가 되는데 여기서 x^*_p와 x^{**}_p는 갑과 을이 독립적으로 뽑은 x_p 자료값이다. 수리적으로 어렵지 않게 (1)이 평균이 0, 표준편차가

$$\sqrt{2}\,|b_p|\,s_p \quad (2)$$

인 변동성을 가짐을 보일 수 있으므로, (2)가 작으면 해당변수의 중요도도 또한 작다고 할 수 있겠고 크면 클수록 해당변수의 중요도가 크다고 할 수 있겠다. 상대적 평가를 위하여

$$y^* - y^{**} \quad (3)$$

의 변동성을 보기로 하자(y^*와 y^{**}는 훈련표본내 독립적으로 선택된 y의 두 자료값). (3)이 평균 0, 표준편차

$$\sqrt{2}\,s_y \quad (4)$$

인 분포를 따르므로 (2)를 다음과 같이 척도화할 수 있다.

$$\sqrt{2}\,|b_p|\,s_p / \sqrt{2}\,s_y \quad \text{즉,}\ |b_p|\,s_p / s_y \ (= |\beta_p|)$$

다시 말하여, 선형회귀모형에서는 절대값 베타계수 $|\beta_j|$을 설명변수 x_j의 상대적 중요도에 대한 측도로 생각할 수 있다($j = 1, \cdots, p$).

선형회귀에서의 이와 같은 아이디어를 신경망이나 나무형 회귀와 같이 연속형 출력을 갖는 지도학습 모형에 평행하게 적용하여 보자. 이제 적합모형

$$\hat{y} = f(x_1, \cdots, x_p)$$

에서 변수 x_p의 중요도에 대한 측도를 유도하여 보기로 한다.

한 개체의 입력 벡터값$(x_1, \cdots, x_{p-1}, x_p)$ 중에서 $x_1, \cdots, x_{p-1}$는 가용하나 그렇지 않은 x_p에 대하여 甲은 훈련 표본내 x_p의 자료값 $x_{1p}, \cdots, x_{np}$ 중 x^*_p를 택하였고(임의로), 乙은 x^{**}_p를 택하였다고 하자(임의로). 그러면 갑과 을의 예측값 차이는

$$f(x_1, \cdots, x_{p-1}, x^*_p) - f(x_1, \cdots, x_{p-1}, x^{**}_p) \quad (1)'$$

가 된다. (1)′의 변동을 앞에서는 평균제곱으로 보았지만 여기서는 강건성(robustness) 관점에서 평균절대값으로 계측하도록 한다. 이에 따라, (1)′을 $(x_{i1}, \cdots, x_{i,p}),\ i = 1, \cdots, n$에 대하여 망라한

$$\frac{1}{n}\sum_{i=1}^{n} |\, f(x_{i1}, \cdots, x_{i,p-1}, x^*_{ip}) - f(x_{i1}, \cdots, x_{i,p-1}, x^{**}_{ip}) \,| \quad (2)'$$

을 변수 x_p의 중요도로 볼 수 있다. 이에 대한 비교 자(尺)로서 훈련 표본내 독립적으로 선택된 y의 두 자료값 y^*와 y^{**}의 차이

$$y^* - y^{**} \tag{3'}$$

를 고려할 수 있고, 앞과 같은 방식으로 (3)′의 변동성을

$$\frac{1}{n}\sum_{i=1}^{n} | y^*_i - y^{**}_i | \tag{4'}$$

으로 나타낼 수 있다.

따라서 우리들은 설명변수 x_p의 상대적 중요도를 (2)′/(4)′으로 정의한다.

$$\text{Imp}(x_p) = \frac{\frac{1}{n}\sum_{i=1}^{n} | f(x_{i1}, \cdots, x_{i,p-1}, x^*_{ip}) - f(x_{i1}, \cdots, x_{i,p-1}, x^{**}_{ip}) |}{\frac{1}{n}\sum_{i=1}^{n} | y^*_i - y^{**}_i |}$$

같은 방식으로 $\text{Imp}(x_1), \cdots, \text{Imp}(x_{p-1})$을 정의할 수 있다.

여기서 이 방법론과 관련된 부대사항을 몇 가지 기술하기로 한다.

[1] x^*_{ij}와 x^{**}_{ij} 및 y^*_i와 y^{**}_i의 선택에는 임의성이 개입하므로 $\text{Imp}(x_j)$가 항시 정해진 값을 취하지는 않는다. 그러나 n이 충분히 크면 그것의 변동성은 현실적으로 무시할 수 있을 만큼 작게 된다.

[2] x^*_{ij}와 x^{**}_{ij} 및 y^*_i와 y^{**}_i의 선택 방법으로 완전임의추출(복원 임의추출)이 있고 비복원 임의추출이 있다. 여기서는 비복원 임의추출을 하기로 한다(허명회 · 이용구(2003)에서는 복원추출을 활용한 바 있다). 즉 $(x_{1j}, \cdots, x_{nj})$와 $(y_1, \cdots, y_n)$의 임의순열(random permutation)을 생성시켜 활용하기로 한다.

[3] 출력변수가 연속형이 아닌 지도학습 모형의 경우 앞의 방법을 사실상 그대로 적용할 수 있다. 이에 대하여는 3절 사례에서 직접 다루기로 한다.

2절에서는 신경망 모형에, 3절에서는 C5.0 모형에 앞의 입력변수 중요도 측정 방법을 적용한 사례를 제시할 것이다.

A.2 신경망 사례

Clementine 7.0 User' s Guide(SPSS, 2002)의 "부정탐지(Fraud Detection)" 예에 적용해 보기로 한다. 관개(arable development) 또는 휴경을 근거로 농업 지원금을 정부에 청구한 사례에서 청구액(claimvalue, Claim for Grant)의 적정성을 평가하기 위해 신경망 모형이 개발되었다(관개 목적에 한정). 중복신청 농가는 분석표본에서 제외되었다.

종속변수는 청구액이며 입력(설명) 변수는 다음 6개이다.

- farmincome. 연간 농장 수입(실수값)
- landquality. 토지 질 등급(정수값)
- maincrop. 主작물(옥수수/밀/감자/rapeseed)
- farmsize. 농장 크기(정수값)
- rainfall. 연간 강우량 등급(정수값)
- region. 지역(midlands/north/southwest/southeast).

Clementine 11에서 생성된 신경망 모형은 다음과 같다.

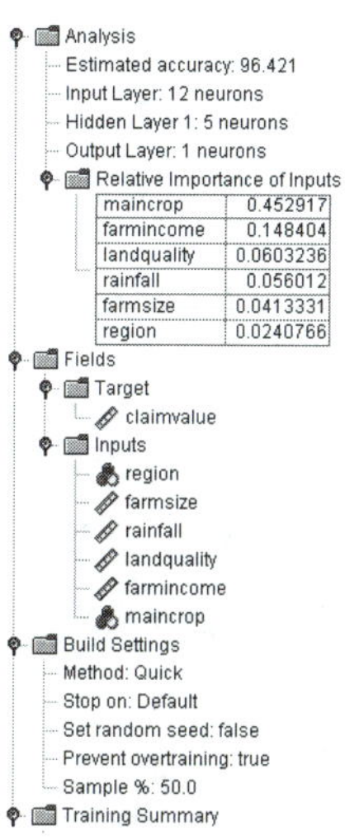

클레멘타인의 모델 요약을 보면 "Relative Importance of Inputs"라는 항목이 있는데, 이것은 우리가 1절에서 제시한 방법과 달리 다음과 같이

계측된 것이다(Watkins, 1997).

i 번째 개체의 x_p에 대하여

$$\max(f(x_{i1}, \cdots, x_{i,p-1}, x^*_{ip}) - f(x_{i1}, \cdots, x_{i,p-1}, x^{**}_{ip})) \quad (5)$$

를 산출한다(여기서 최대화(max)의 arguments x^*_{ip}와 x^{**}_{ip}는 연속형 변수의 경우 x_p의 전 범위를 4등분하여 얻는 5개 경계값이고 세트 변수의 경우는 모든 범주이다). 모든 $i(=1, \cdots, n)$에서 (5)를 산출하고 평균을 낸다. 이것을

$$\max(y_i{}^* - y_i{}^{**}) \quad (6)$$

와 비교한다(여기서 y_i^*와 y_i^{**}는 $y_1, \cdots, y_n$ 중 하나이다.). 따라서 (6)은 실제로 $y_{\max} - y_{\min}$이다.

따라서 1절의 방법과 클레멘타인 Neural Net이 제공하는 입력변수의 상대적 중요도는 기본 개념에 있어 동일하다고 할 수 있다. 다른 점이라면 1절의 방법이 (1)′과 같은 임의 차이(random difference)를 기본요소로 하는 반면, 클레멘타인 방법은 (5)와 같은 최대 차이(maximum difference)를 기본요소로 한다는 점이다. 후자가 극단값에 의하여 민감하게 움직일 것이므로 로버스트하지 않지만 전자는 극단값에 덜 의존하므로 로버스트하다.

〈그림 1〉이 1절의 방법에 따라 입력변수의 중요도 산출을 위한 클레멘타인 스트림이다. 슈퍼 노드 Claim for Grant는 종속변수의 평균 절대값 임의차이 (4)′을 산출하기 위한 것이고, 슈퍼노드 FarmIncome, …, 슈퍼노드 Region은 6개 입력변수 각각에 대하여 평균 절대값 임의차이 (2)′을 계산해낸다. 슈퍼노드의 Zoom-In 상태에 대하여는 〈그림 2a, b〉를 보라.

〈그림 1〉
클레멘타인 스트림
var_neural_grant.str

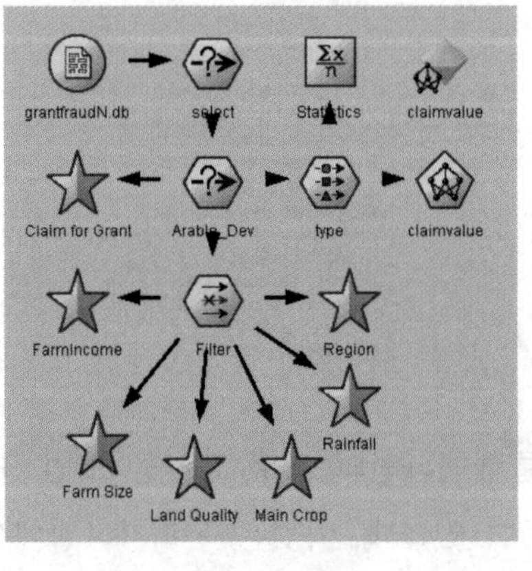

〈그림 2a〉
슈퍼노드 Claim for Grant: 종속(출력) 변수의 평균 절대값 임의차이 산출

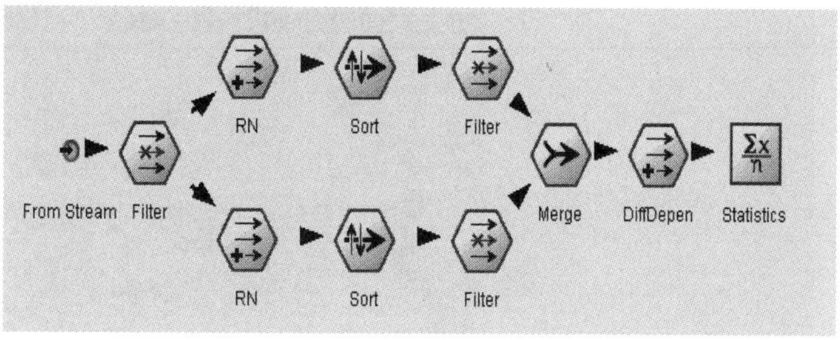

〈그림 2a〉의 슈퍼노드 Claim for Grant를 간단히 설명하기로 한다. Filter 노드에서는 종속변수인 Claim Value만 빼고 모두 삭제한다. Derive 노드 RN에서는 Uniform(1.0) 난수를 생성하고 Sort 노드에서 Claim Value를 난수의 순으로 배열함으로써 종속변수 n개 자료값들의 임의순열을 만든다. Filter 노드에서는 Claim Value의 임의순열을 claimvalue1로 명명한다. 아래의 노드 열 RN → Sort → Filter도 마찬가지이다. 단, Filter 노드에서 Claim Value의 임의순열을 claimvalue2로 명명한다. Merge 노드로 2개의 임의순열을 나란히 놓는다. Filter 탭에서는 이제 더 이상 필요하지 않은 2개의 난수(RN) 열을 제거한다.

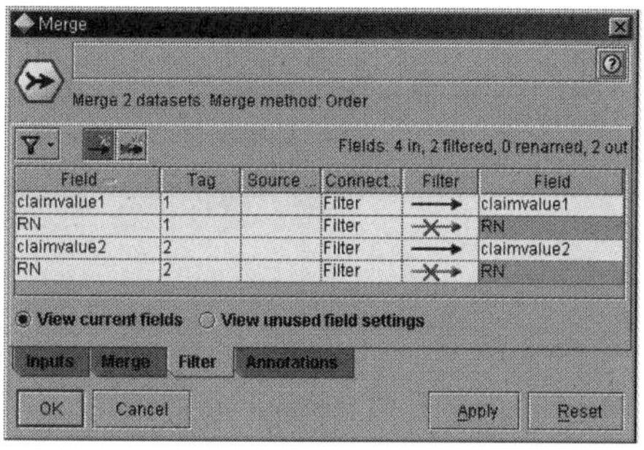

다음의 Derive 노드에서 claimvalue1과 claimvalue2의 차이를 산출하고 클레멘타인의 신경망 노드에서 디폴트 전처리인 범위 표준화를 같이 시행한다(485,011은 종속변수의 최대값이고 17,374.7은 최소값이다). 표준화된 임의차이를 DiffDepen으로 명명한다.

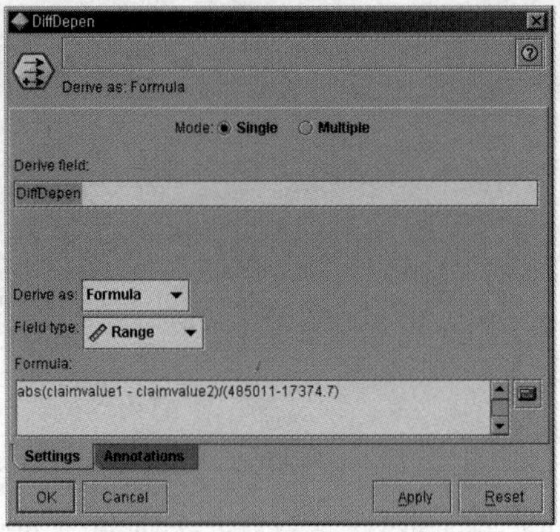

마지막으로 Statistics 노드에서 DiffDepen에 대한 각종 기술통계를 본다. 다음 출력에서 보듯이 DiffDepen의 평균, 즉 종속변수의 평균 절대값 차이 (4)′은 0.224이다.

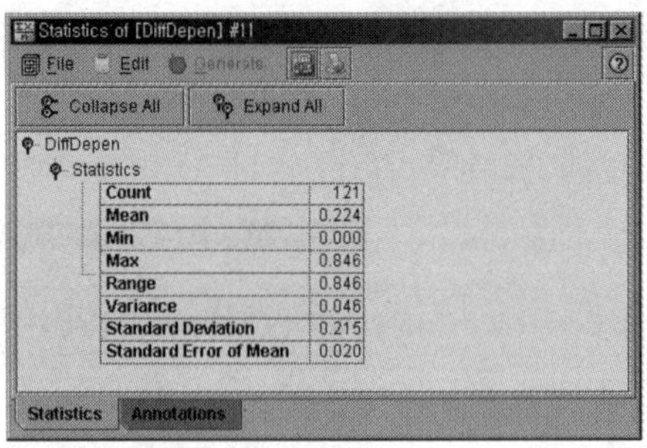

이 노드는 모든 입력변수 중요도 측도에서 분모로 공통 사용되므로 여러 번 반복수행하여 정확도를 높이는 것이 바람직하다. 슈퍼노드를 모두 5회 실행한 결과 DiffDepen의 평균이

0.224(화면), 0.227, 0.247, 0.238, 0.220

이 나왔다. 이것들을 다시 평균한 0.231을 (4)′의 실현 값으로 쓰기로 한다.

〈그림 2b〉
슈퍼노드
FarmIncome: 설명
(입력)변수의 평균 절
대값 임의차이 산출

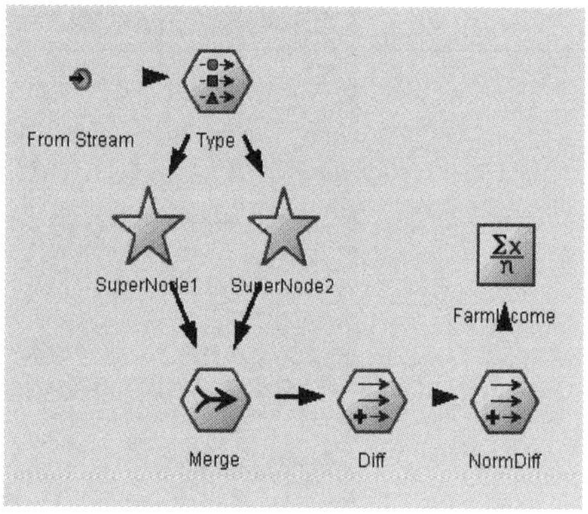

〈그림 2b〉에서 슈퍼노드 FarmIncome을 보자. Type 노드는 후속되는 2개의 슈퍼노드의 분기점으로 활용되었다. Sub-SuperNode(슈퍼노드내 슈퍼노드)인 Super Node1과 SuperNode2는 (1)′의 산출을 위해 필요한 신경망 예측값 2개를 만들어내기 위한 것인데 잠시 후에 Zoom-In하여 보게 될 것이다.

Merge 노드는 2개의 예측값을 한데 모으기 위한 것이다. 다음을 보라 (Filter 탭에서 2개 Sub-SuperNodes의 산출값을 각각 \$N-claimvalue1과 \$N-claimvalue2로 명명).

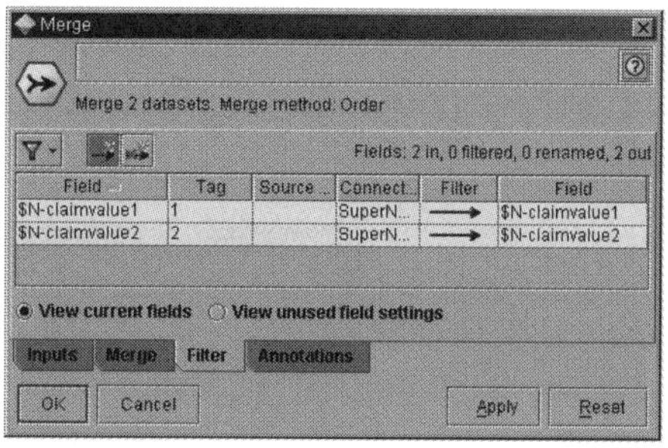

첫 번째 Derive 노드 Diff에서는 \$N-claimvalue1과 \$N-claimvalue2의 차이를 산출하고 두 번째 Derive 노드 NormDiff에서는 그것을 종속변수의 범위에 맞추어 척도화하였다(485,011은 종속변수의 최대값이고 17,374.7은 최소값이다). 범위 표준화된 예측값 차이를 NormDiff로 명명하였다.

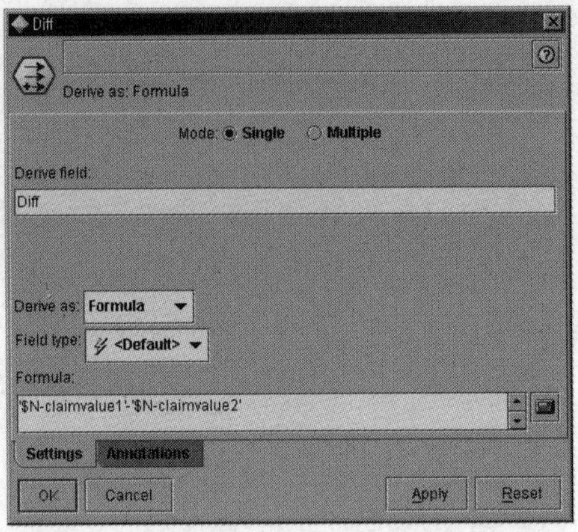

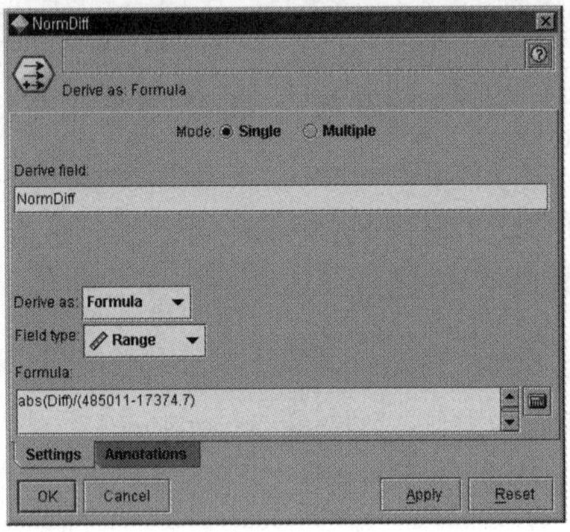

다음은 Statistics 노드의 출력인데 입력변수 FarmIncome에 대한 NormDiff의 평균, 즉 (2)′이 0.123으로 산출되었음을 볼 수 있다.

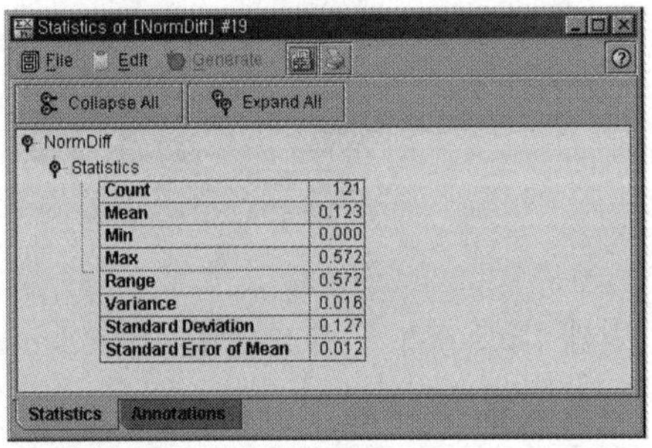

이와 같은 과정을 다른 입력변수들에 대하여 실행한다. 이것이 각각 슈퍼

노드 FarmSize, …, 슈퍼노드 Region이다. 〈표 1〉은 실행 슈퍼노드의 실행 결과를 모아 정리한 것이다. FarmIncome의 상대적 중요도가 53%로 가장 크게 나왔고 그 다음으로 RainFall 31%, Land Quality 25%, FarmSize 22% 등이 나타났다. 반면 Main Crop과 Region의 중요도는 각각 4%와 3%로 나타나 출력변수(예측) 값 결정에서 역할이 미미한 것으로 드러났다.

표1 농업 지원금 사례의 신경망 모형에서 입력 변수의 중요도

	평균절대값차이	상대적 중요도(%)
Y : Claim Value	0.231	---
X1: Farm Income	0.123	53
X2: Farm Size	0.051	22
X3: Land Quality	0.057	25
X4: Main Crop	0.009	04
X5: Rain Fall	0.072	31
X6: Region	0.008	03

다시 〈그림 2b〉로 돌아가 Sub-SuperNode인 SuperNode1을 Zoom-In하여 보자. 〈그림 3〉을 보라.

〈그림 3〉
SuperNode1: FarmIncome 슈퍼노드 내 슈퍼노드

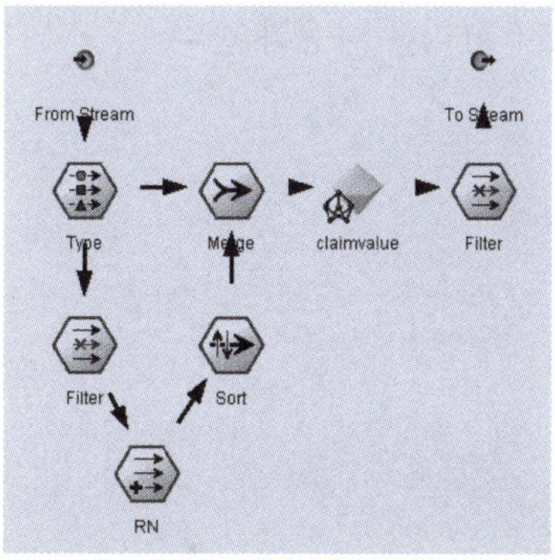

Filter 노드에서는 해당 설명변수인 farmincome만 빼고 모두 삭제한다. Derive 노드 RN에서는 Uniform(1.0) 난수를 생성하고 Sort 노드에서 farmincome을 난수의 순으로 배열함으로써 farmincome *n*개 자료값들의 임의순열을 만든다. Merge 노드에서는 이렇게 섭동된 farmincome을 다른 설명변수들과 붙인다. 그리고 claimvalue에 대한 신경망에 입력시켜 예측값인 $N-claimvalue를 출력시킨다. Filter 노드에서는 그것을 $N-claimvalue1으로 명명한다. SuperNode2도 이와 마찬가지이다(단, 신경망 예측값을 $N-claimvalue2로 명명한다).

A.3 C5.0 사례

한 사례로서 이동전화 통화량 자료를 분석해 보기로 한다. 이 사례에서 관심은 고객의 이탈문제인데 여기서는 고객의 이탈상태를 나타내는 세트(set) 변수 Churned(= 'Vol' 자발적 이탈, 'InVol' 비자발적 이탈, 'Current' 현재고객)를 다음과 같이 재코딩한 Leaver라는 플랙(flag) 변수를 목표(출력)변수로 쓰기로 한다.

Leaver = 'T' , if Churned = 'Vol' ,
= 'F' , if Churned = 'InVol' or 'Current' .

설명(입력)변수는 장거리 통화량(LongDist), 국제통화량(International), 시내통화량(Local), …, Car_Owner 등 13개 필드이다. Clementine 11에서 얻은 C5.0 규칙은 다음과 같다.

```
SEX = M [ Mode: F ]
    International <= 0.98562801 [ Mode: F ]
        AGE <= 29 [ Mode: F ]
            Est_Income <= 37248.602 [ Mode: T ]
                LONGDIST <= 5.3976998 [ Mode: F ] ⇨ F
                LONGDIST > 5.3976998 [ Mode: T ] ⇨ T
            Est_Income > 37248.602 [ Mode: F ] ⇨ F
        AGE > 29 [ Mode: F ] ⇨ F
    International > 0.98562801 [ Mode: T ]
        LocalBillType = FreeLocal [ Mode: T ] ⇨ T
        LocalBillType = Budget [ Mode: T ]
            LONGDIST <= 23.132799 [ Mode: T ]
                International <= 8.83284 [ Mode: F ]
                    International <= 4.4367599 [ Mode: T ] ⇨ T
                    International > 4.4367599 [ Mode: F ] ⇨ F
                International > 8.83284 [ Mode: T ] ⇨ T
            LONGDIST > 23.132799 [ Mode: T ] ⇨ T
```

```
SEX = F [ Mode: T ]
    LOCAL <= 4.8926601 [ Mode: F ]
        LOCAL <= 3.0915301 [ Mode: F ]
            LocalBillType = FreeLocal [ Mode: F ] ⇨ F
            LocalBillType = Budget [ Mode: T ]
                CHILDREN <= 1 [ Mode: F ] ⇨ F
                CHILDREN > 1 [ Mode: T ] ⇨ T
        LOCAL > 3.0915301 [ Mode: F ] ⇨ F
    LOCAL > 4.8926601 [ Mode: T ]
        AGE <= 39 [ Mode: F ]
            AGE <= 29 [ Mode: T ]
                Est_Income <= 52997.5 [ Mode: T ] ⇨ T
                Est_Income > 52997.5 [ Mode: F ]
                    International <= 4.22086 [ Mode: F ] ⇨ F
                    International > 4.22086 [ Mode: T ] ⇨ T
            AGE > 29 [ Mode: F ]
                International <= 0.94094199 [ Mode: F ] ⇨ F
                International > 0.94094199 [ Mode: T ] ⇨ T
        AGE > 39 [ Mode: T ] ⇨ T
```

분류규칙을 살펴보면 총 13개 설명변수 중에서 8개 변수만이 보이는데, 1단계 분리에서 Sex가 나타나고, 2단계 분리에서 International과 Local이, 그리고 3단계 분리에서 Age과 LocalBillType 등이, 4단계 분리에서 Est_Income과 Children 등이, 그리고 마지막으로 5단계 분리에서 LongDist가 나타나고 한번 나왔던 변수가 후속 단계에서 다시 나오는 것도 볼 수 있다. 직관적으로 상위 분리에서 나타나는 변수일수록 중요도가 높을 것이라고 생각할 수 있지만 이에 대한 정량화 및 검토가 필요하다.

〈그림 4〉가 C5.0 모형에서 입력변수의 중요도 산출을 위한 클레멘타인 스트림이다.

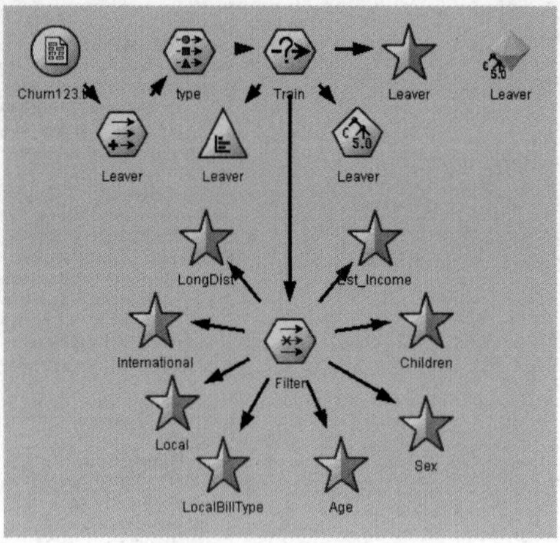

〈그림 4〉
클레멘타인 스트림
var_c50a_churn.str

C5.0과 같이 범주 값을 출력하는 지도학습 모형의 경우, 특정 범주를 1, 다른 범주를 0으로 코딩하자. 그러면 입력변수의 섭동에 의한 예측값 차이인 (1)′과 변수 차이인 (2)′은 두 값이 같으면 0, 다르면 ±1이 된다. 다시 말하면, 설명변수 x_p의 독립적인 임의 대체 결과가 예측에 아무 영향을 주지 않았으면 0, 차이가 생겼으면 절대값이 1이 되는 것이다. 그 외에는 2절 신경망의 경우와 같다. 따라서 다른 부분만 설명하기로 한다.

다음은 목표(종속) 변수의 2개 임의적 예측값의 절대값 차이인 DiffDepen을 산출하는 Derive 노드와 Statistics 출력이다. 목표변수의 평균 절대값 차이, 즉 (4)′이 0.455로 산출된 것을 볼 수 있다.

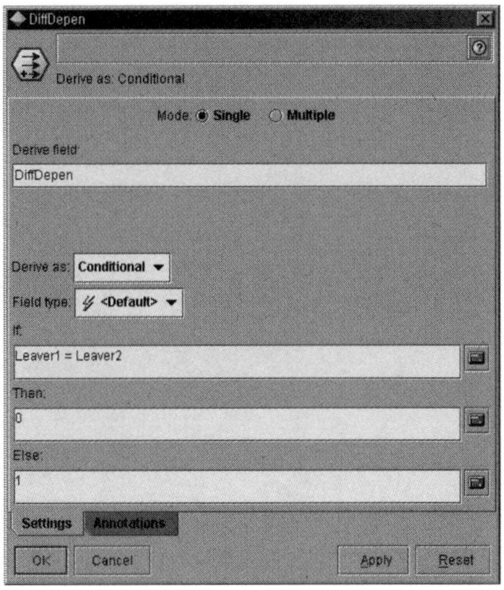

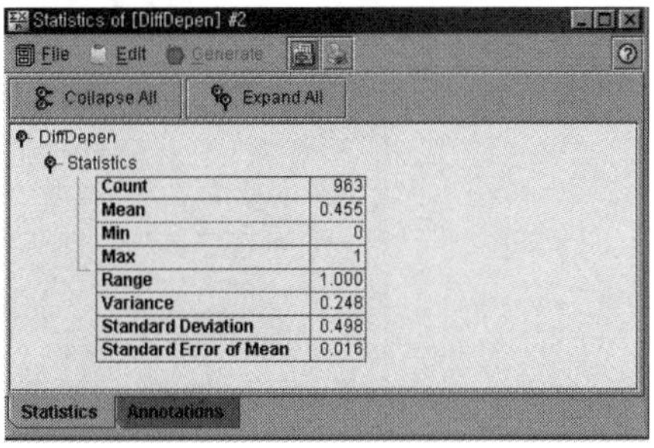

그러나 목표변수의 범주가 2개, 즉 이항형인 경우에는 몬테칼로 계산에 의존하지 않고도 이론적으로 이 값을 알 수 있다. 왜냐하면 한 범주의 구성비율이 p이고 다른 범주의 구성비율이 $1-p$인 경우 임의의 2개 범주가 다를 확률은 $2p(1-p)$이기 때문이다(임의의 2개 범주가 같을 확률은 $p^2+(1-p)^2$이다). 이 사례에서는 이탈률 p가 0.349이므로

$$2p(1-p) = 2 \cdot 0.349 \cdot 0.651 = 0.454$$

이다. 앞에서 순수하게 계산으로 얻은 0.455가 우연하게도 이 값과 매우 유사하다.

다음은 설명(종속) 변수 LongDist의 임의값 대체에 따른 2개 예측값(절대값) 차이를 AbsDiff로 놓은 Derive 노드와 Statistics 출력이다. 평균 절대값 차이, 즉 (2)′이 0.016으로 산출된 것을 볼 수 있다.

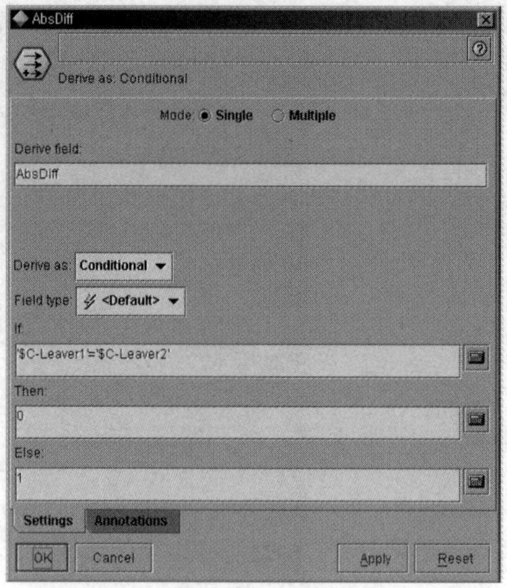

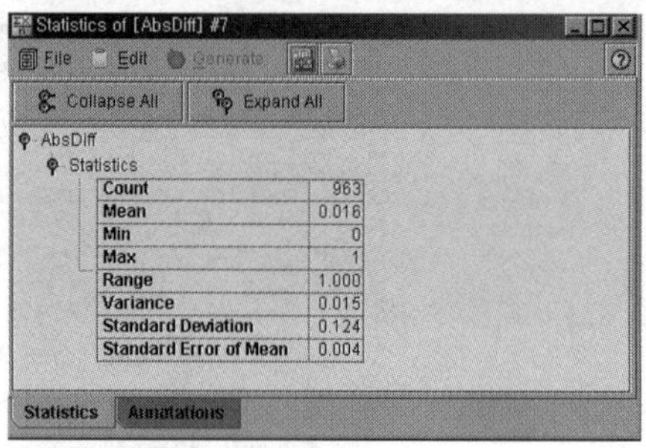

이것은 설명변수 LongDist에 의하여 예측 범주가 달라지는 경우의 빈도가 1.6%라는 것을 의미하기 때문에, LongDist의 상대적 중요도는 1.6/45.4 = 4%이다.

같은 방식으로 다른 설명(입력)변수들에 대하여도 상대적 중요도를 산출할 수 있다. 〈표 2〉가 이것을 보여 준다. 분류규칙에 나타나지 않은 설명변수에 대한 중요도는 당연히 0이므로 별도의 슈퍼노드를 만들어 계산할 필요가 없다. Sex의 중요도가 가장 높은 62%로 나타났고 그 다음으로 Age 28%, International 24%, Local 16% 등이었으며 Children과 Local, LocalBillType 등의 영향은 거의 없는 것으로 나타났다. 단순히 분류규칙에 나타난 순서에 의한 직관적 중요도 순서와 비슷하지만 일부 차이가 있음을 확인해 보라.

표2 C5.0 이탈 모형에서의 설명변수들의 상대적 중요도

	평균절대값차이	상대적 중요도(%)
Y : Leaver (Voluntary)	0.454*	---
X1: LongDist	0.016	04%
X2: International	0.109	24%
X3: Local	0.073	16%
X4: LocalBillType	0.017	04%
X5: Age	0.127	28%
X6: Sex	0.283	62%
X7: Children	0.005	01%
X8: Estimated Income	0.051	11%

* 이론적 계산의 결과임

A.4 맺음말

본 기술보고서는 입력변수의 중요도를 신경망에서뿐만 아니라 나무형 분류 모형에서 클레멘타인으로 어떻게 산출할 수 있는가를 구체적으로 보였다[본고에서는 C5.0 모형을 보았으나 C&R Tree의 경우에도 그대로 적용될 수 있음이 분명하다]. 이 방법은 임의순열(random permutation)을 변수값 섭동에 활용하는데 이것은 비복원 추출에 해당한다. 자료의 크기가 상당한 경우, 이러한 임의순열의 활용이 허명회 · 이용구(2003)에서와 같은 복원추출에 의한 섭동에 비해 효율적인지 아닌지는 아직 확실하지 않다. 또한 본고에서는 이항 반응 모형을 고려하였으나 다항반응의 경우에도 같은 계측방법에 의해 입력변수의 상대적 중요도를 정의하고 산출할 수 있을 것이다.

참고문헌

[1] 허명회 · 이용구(2003) "Input Variable Importance in Supervised Learning Models," Korean Communications in Statistics, Vol. 1. 239-246.

[2] SPSS Inc.(2002). *Clementine 7.0 User's Guide*, SPSS Inc., Chicago.

[3] Watkins, D.(1997). "Clementine's neural networks technical overview." Unpublished White Paper, SPSS Inc., Chicago.

실습파일

– GrandFraudN.db	2절의 자료 파일 (Clementine 7.1의 demos내 위치)
– churn123.txt	3절의 자료 파일
– var_neural_grant.str	2절의 클레멘타인 스트림 파일
– var_c50a_churn.str	3절의 클레멘타인 스트림 파일

부록 B

K-평균 군집화 결과의 재현성 평가

요 약

군집화(clustering)는 고객세분화(customer segmentation) 등 데이터 마이닝에서 중요한 몫을 하는 다변량 자료분석 방법이다. 그 중에서 대표적인 것이 K-평균 군집화(K-means clustering)인데 연구자가 군집 수를 지정하여 수행한 결과가 과연 적절한지는 의문시되어 왔다. 본 기술보고서는 자료 분할(data partitioning)로써 군집화 결과의 재현성(reproducibility)을 평가하는 방법을 다룬다. 이 기법은 K-평균 군집화에서 군집 수를 정하는 데 활용될 수 있다. 클레멘타인을 활용한 수치 예를 제시할 것이다.

중심용어 K-평균 군집화, 재현성(reproducibility), 자료 분할, 훈련 데이터, 테스트 데이터, Rand Index(Hubert-Arabie 수정)

※ 이 부록은 SPSS White Paper 0302 "클레멘타인을 활용한 K-평균 군집화 결과의 재현성 평가"(허명회 · 이용구, 2003)를 재수록한 것이다.

부록B K-평균 군집화 결과의 재현성 평가

B.1 몇 개의 군집이 적당한가?

군집화는 고객세분화(customer segmentation) 등 데이터 마이닝에서 중요한 몫을 하는 다변량 자료분석 방법이다. 그 중에서 대표적인 것이 K-평균(K-means) 군집화인데 이것을 하려면 군집 수를 몇 개로 할 것인지를 미리 밝혀야 한다. 연구자로서는 곤혹스러운 일이 아닐 수 없다. 군집화는 흔히 차원 수가 큰 자료를 대상으로 하기 때문에 면밀한 자료탐색(data exploration)을 하더라도 군집 수에 대한 감을 갖기가 힘들기 때문이다. 그래서 군집 수를 임의로(분석자 마음대로) 정하기 일쑤이다.

예컨대 군집 수를 5개로 하여 K-평균 군집화를 수행하였다고 하자. 이제 결과가 나왔을 텐데 군집화가 잘된 것일까? 군집화 결과의 평가에 대한 가장 원론적인 접근은 결과를 해석해 보는 것이다. 생성된 군집이 실질적이고 쉽게 해석되는가를 봐야 한다. 맞는 이야기이다. 그러나 *Classifications*의 저자인 영국의 고든(A.D. Gordon) 교수는 다음과 같이 말한다(Gordon, 1999, p.183).

> The human brain is quite capable of providing *post hoc* justification of results of dubious validity. 인간의 두뇌는 정말 말이 안 되는 결과에도 사후적으로는 그럴듯한 의미를 붙이는 데 너무 익숙하다. [의역]

온갖 수식어와 상상력을 동원하면 사후적으로 해석 안 될 것이 무엇이겠는가? 그러나 무리한 적합은 재현성이 없는 법이다. 나중에, 새 자료를 취득하여 동일한 군집화를 수행하였더니 결과가 전과는 상당히 다르게 나왔다면 어떻게 할 것인가? 기본 메커니즘이 달라져서 나타난 현상일 수도 있을 것이다. 그러나 기본 메커니즘엔 아무 변화가 없었음에도 불구하고 단지 적절하지 않은 군집화를 적용했기 때문이라면…? 겁나는 의문이다. 그러나 연구자는 군집화 분석시 스스로의 작업결과에 이런 의문을 제기할 필요가 있다.

어떤 방법으로 만들어졌건 형성된 군집화 결과가 재현성을 갖는가를 확인할 필요가 있다. 즉 동일한 메커니즘에서 생성된 독립적인 새 데이터셋을 동일한 방식으로 자체 군집화한 결과가 기존 군집화를 적용한 결과와 유사하다면 재현성이 있는 것이므로 그런 군집화는 바람직하다. 만약 두 결과가 상당부분 불일치한다면 그런 군집화는 바람직하지 않은 것이다.

그러나 이와 같은 2단계 작업에는 많은 시간이 걸리기 때문에 분석자로서는 제때 활용하기 어렵다. 따라서 군집화의 재현성을 일시에 평가할 필요가 있는데 이 기술보고서의 목적은 바로 그런 방법을 설명하려는 데 있다. 이 방법은 자료 분할(data partitioning)을 활용한다. 자료 분할은 지도학습(supervised learning) 모형의 평가를 위하여 흔히 쓰였고 여태까지는 비지도학습(unsupervised learning)에서는 별로 활용되지 않았었다. 구체적인 절차는 2절에서 설명할 것이다.

이와 같은 자료 분할에 의한 군집화 결과의 재현성 평가는 군집 수 결정에 활용될 수 있다. 무리하게 군집 수를 크게 잡았을 경우에는 군집화 결과의 재현성이 떨어질 것이기 때문에 군집 수를 얼마까지 늘릴 수 있는지 재현성 평가를 통하여 결정할 수 있다. 이에 대하여는 3절에서 다룬다. 그리고 4절에서는 일치성 지표로서 Rand Index(Hubert-Arabie 수정)를 소개한다. 모든 수치 예는 클레멘타인을 활용하여 얻어졌다.

B.2 군집화 결과의 재현성 평가

전통적으로 군집화는 자료탐색적 기법으로 간주되었기 때문에 재현성 평가와 같은 자료확증적 차원에서의 연구는 등한히 되어 왔다. 그래서인지 데이터 마이닝에서 흔히 하는 데이터 분할(data partitioning) 기법도 신경망이나 나무 분류 및 회귀와 같은 지도학습 모델링에서만 쓰였지 비지도학습에서는 거의 활용되지 않았다.

자료분할은 동일한 군집화 방법의 반복(replication)을 가능하게 해주므로 이를 활용하여 재현성 평가를 할 수 있다(Milligan, 1996). 그 절차는 다음과 같다.

[0] 주어진 자료를 임의로 2개로 분할한다. 그 중 하나를 훈련 데이터라고 하고 다른 하나를 테스트 데이터라고 하자.

[1] 훈련 데이터를 군집화하여 군집화 모델(clustering model)을 산출한다. K-평균 군집화에서 군집화 모델은 K개의 군집 중심으로 구성된다. 그리고 테스트 데이터의 각 개체를 훈련 데이터로부터 생성된 군집화 모델에 적용하여 분류한다. 즉 테스트 개체는 가장 가까운 중심의 군집에 배속된다.

[2] 테스트 데이터를 동일한 방식으로 군집화하여 자체 모델을 산출한다. 이에 따라 테스트 데이터의 각 개체는 몇 개의 군집 중 하나로 배속된다.

[3] 테스트 데이터의 두 군집화 결과를 토대로 교차분류표(cross-tab)를 만든다. 적용된 군집화가 무언가 신통한 것이라면 이 표에서 행과 열은 강한 대응성을 보일 것이다. 그러나 그렇지 않다면 행과 열의 대응성은 약하게 나타날 것이다. 이를 위한 측도로 Rand Index를 활용할 수도 있다(4절).

예를 들어보도록 하겠다. 다룰 자료는 클레멘타인 Telco CAT 자료 셋 churn.txt인데 분석개체는 1477명의 고객에 관한 레코드이고 가용한 필드는 장거리 통화량(Longdist), 국제통화량(International), 시내통화량(Local) 등 통화량 기록과 고객의 각종 인구적 사항, 그리고 이탈(churn) 관련 정보이다. 〈그림 1〉은 K-평균 군집화를 위한 통상적인 클레멘타인 스트림 'Kmeans1.str' 이다.

여기서는 통화 기록(log)들을 바탕으로 고객들을 군집화하고자 한다. 즉, Longdist(장거리통화량), International(국제통화량)과 Local(단거리통화량) 등 3개 변수를 군집화 변수로 하기로 한다[가용한 변수들, 예컨대 인구 · 사회적 변수와 행태 및 태도 관련 변수 등을 모두 넣어 군집분석을 하는 사례들을 많이 볼 수 있는데 이것은 잘못이다. 무엇을 토대로 군집화할 것인가를 심사숙고하여 정하여야 한다].

〈그림 1〉
K-means 군집화를 위한 클레멘타인 스트림 (Kmeans1.str)

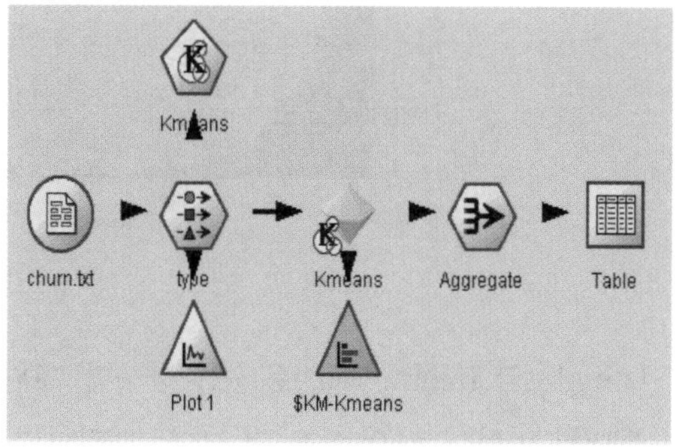

군집화의 첫 단계는 각 변수의 분포적 특성을 탐색하여 필요하다면 변환하는 일이다. 다음은 Histogram 노드로 얻은 3개 군집화 변수에 대한 그래프이다.

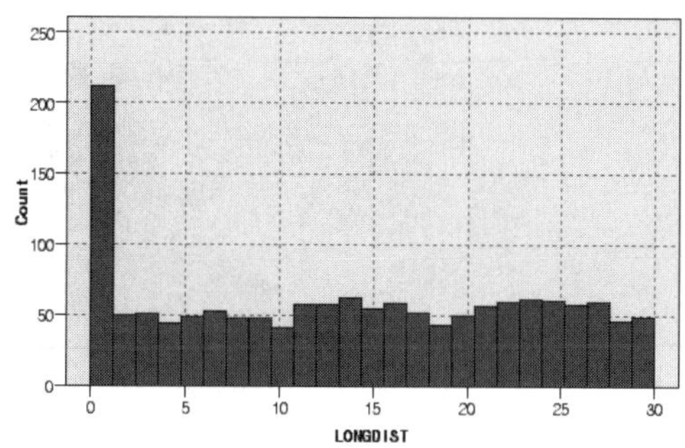

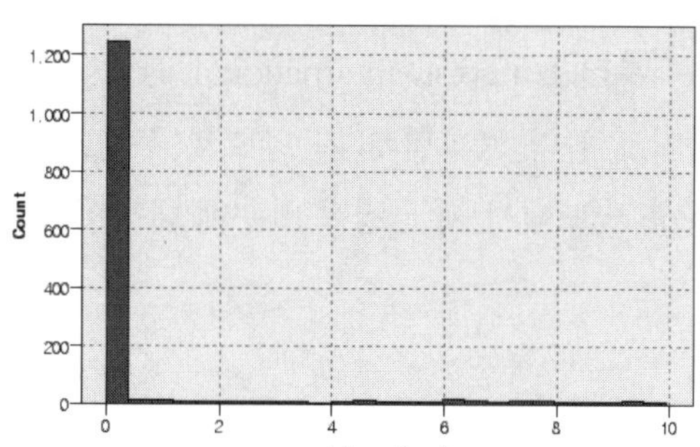

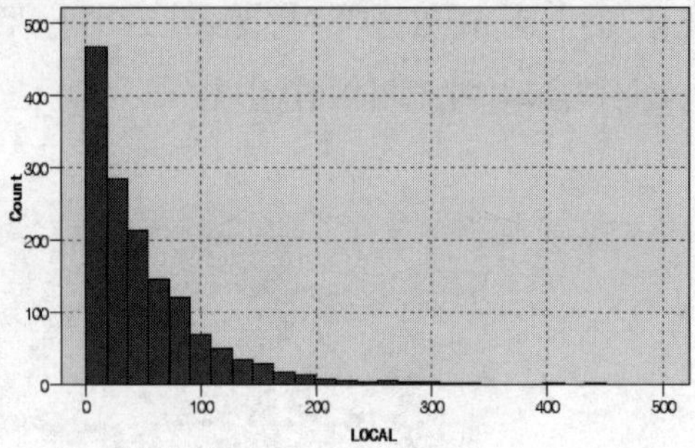

Longdist와 International은 0인 경우만 제외하면 균일한 밀도를 가지므로 특별한 변환이 필요 없을 것 같다. 그러나 Local은 지수형 분포를 보이므로 변환이 필요하다. 따라서 다음과 같이 변환을 할 필요가 있다.

Log_local = log10(Local+1)

여기서 Local에 +1을 한 이유는 Local=0인 경우엔 log10(Local)이 정의되기 않기 때문이다. Log_local의 히스토그램은 다음과 같다.

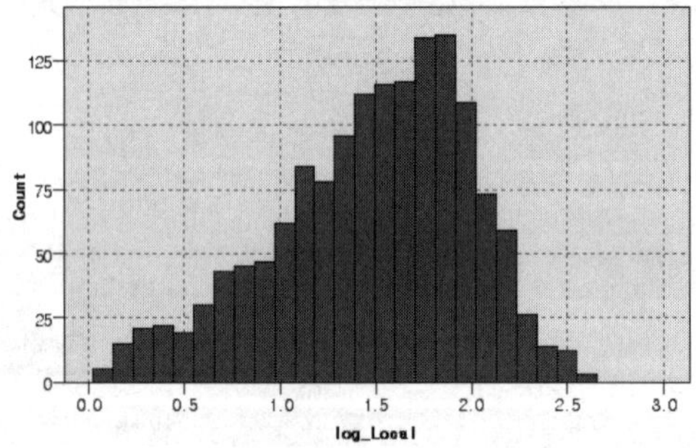

이제부터 Longdist, International, Log_local을 기반으로 K-평균 군집화를 하기로 한다. 〈그림 2〉가 앞으로 우리가 수행할 클레멘타인 스트림이다. Type 노드에서 세 군집화 변수에 대하여만 방향을 'In' 으로 지정하였다.

〈그림 2〉
K-평균 군집화의
재현성 평가를 위한
클레멘타인 스트림
(Kmeans2.str)

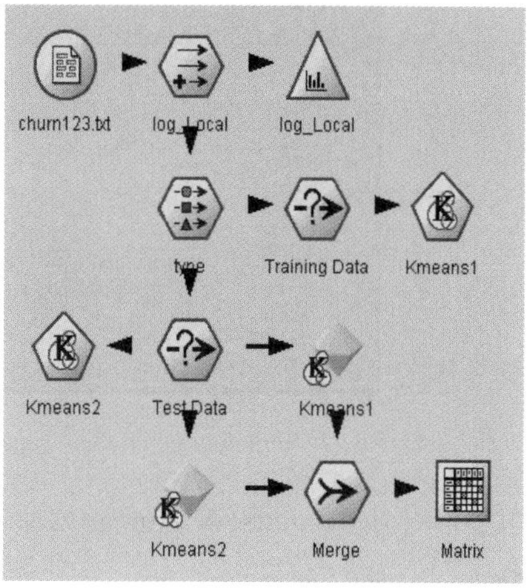

앞의 절차에 맞추어 재현성 평가과정을 설명하기로 한다.

[0] 데이터 분할: Select 노드에서 고객 일련번호 ID가 2의 배수이면 훈련 데이터로 하고 2의 배수가 아니면 테스트 데이터로 놓았다. 즉 임의화의 한 방법으로 계통 추출을 하였다.

[1] 훈련 데이터에 군집 수 K=5인 K-평균 군집화를 적용해 보았다. 여기서 5는 일단 적용해본 군집 수일 뿐 별 이유는 없다. 여기서 생성된 모형을 Kmeans1으로 명명하였다. 그리고 테스트 데이터에 Kmeans1을 적용하여 개체별로 가장 가까운 군집 중심을 찾아가게 하였다.

[2] 테스트 데이터에 군집 수 5인 K-평균 군집화를 적용하여 모형을 생성시켰고 Kmeans2로 명명하였다. 테스트 개체에 자체생성 모형인 Kmeans2를 적용하여 개체별로 가장 가까운 군집에 배속시켰다.

[3] 2개의 군집 배속 결과를 병합하였고 교차분류표를 만들어 테스트 개체를 분류하였다(아래 표에서 $KM-Kmeans1은 Kmeans1에 의한 군집 레이블이고 $KM-Kmeans2는 Kmeans2에 의한 군집 레이블이다. 이와 같은 변수 재명명은 Merge 노드의 Filter 탭 내에서 이루어졌다).

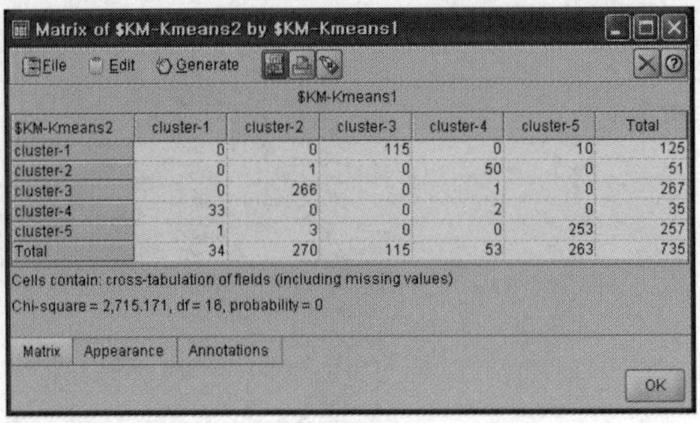

Matrix of $KM-Kmeans2 by $KM-Kmeans1

File Edit Generate

$KM-Kmeans1

$KM-Kmeans2	cluster-1	cluster-2	cluster-3	cluster-4	cluster-5	Total
cluster-1	0	0	115	0	10	125
cluster-2	0	1	0	50	0	51
cluster-3	0	266	0	1	0	267
cluster-4	33	0	0	2	0	35
cluster-5	1	3	0	0	253	257
Total	34	270	115	53	263	735

Cells contain: cross-tabulation of fields (including missing values)

Chi-square = 2,715.171, df = 16, probability = 0

Matrix | Appearance | Annotations

OK

우리는 여기서 Kmeans1과 Kmeans2가 다음과 같이 대응하고 있음을 볼 수 있다.

Kmeans1 = 1 ↔ 4 = Kmeans2

2 ↔ 3

3 ↔ 1

4 ↔ 2

5 ↔ 5

몇 개 개체는 이와 같은 주 경향에서 벗어나 있는데 그것들은 총 18개로서 전체 735개의 2.4%에 불과하다. 따라서 군집 수 5인 K-평균 군집화는 충분한 재현성(일치성)을 가지고 있다고 할 수 있다.

B.3 군집 수의 결정

앞의 예에서 군집 수가 5인 K-평균 군집화를 보았는데 마침 그런 군집화가 재현성을 확보한 것으로 나타났다. 이보다 군집 수를 더 줄이거나 늘리면 어떻게 될까?

군집 수를 줄이는 경우를 먼저 생각하여 보자. 5개인 군집이 적절하다면 당연히 이보다 작은 4개 군집도 적절할 것으로 생각할 수 있다. 왜냐하면 5개 군집 중 가장 가까운 2개의 군집을 합하여 1개의 군집이 될 수 있기 때문이다. 그러나 실제로는 이와 같이 간단한 이치가 K-평균 군집화와 같은 분할형 군집화에서는 통하지 않기 때문에 군집 수를 줄여서 재작업을 해볼 필요가 있다. 〈그림 2〉의 스트림에서 2개의 K-Means 노드를 수정하고(K=5에서 K=4로) Merge 노드를 재조정하여 다음 결과를 얻을 수 있었다.

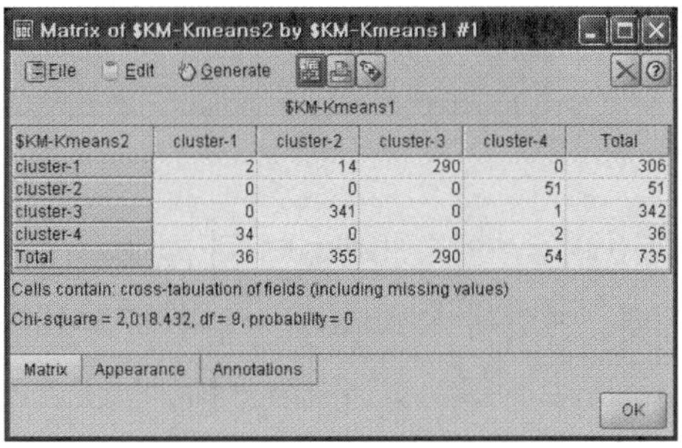

Matrix of $KM-Kmeans2 by $KM-Kmeans1 #1

$KM-Kmeans1

$KM-Kmeans2	cluster-1	cluster-2	cluster-3	cluster-4	Total
cluster-1	2	14	290	0	306
cluster-2	0	0	0	51	51
cluster-3	0	341	0	1	342
cluster-4	34	0	0	2	36
Total	36	355	290	54	735

Cells contain: cross-tabulation of fields (including missing values)

Chi-square = 2,018.432, df = 9, probability = 0

K=4인 경우, Kmeans1과 Kmeans2가 다음과 같이 대응하고 있음을 볼 수 있다.

$$\text{Kmeans1} = 1 \leftrightarrow 4 = \text{Kmeans2}$$
$$2 \leftrightarrow 3$$
$$3 \leftrightarrow 1$$
$$4 \leftrightarrow 2$$

이와 같은 주 경향에서 벗어난 개체 수는 총 19개로서 전체 735개의 2.6%이다. 따라서 이 사례에서는 군집 수 4인 K-평균 군집화도 재현성을 가지고 있다고 할 수 있지만, K=5인 군집화가 더 세밀하므로 나은 가치가 있음은 물론이다.

이제 군집 수를 늘이는 경우를 생각해 보자. 군집 수가 늘어나면 재현성이 높던 군집화도 흔들릴 가능성이 있다. 억지로 단일 군집을 2개로 떼어 놓는 꼴이 될 수 있기 때문이다. 다음은 동일한 방식으로 K=6인 K-평균 군집화를 평가한 결과이다.

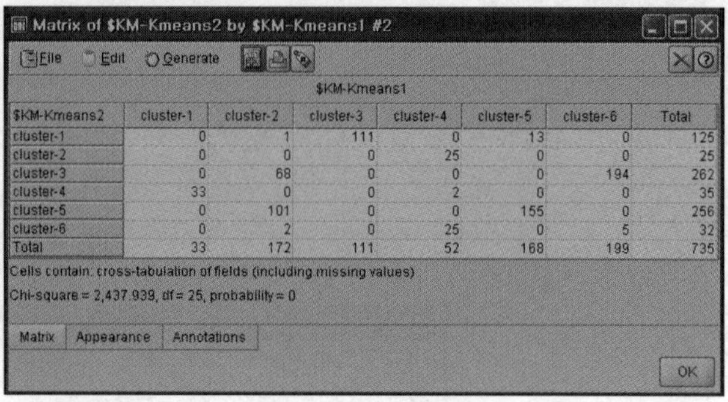
Matrix of $KM-Kmeans2 by $KM-Kmeans1 #2

$KM-Kmeans2	cluster-1	cluster-2	cluster-3	cluster-4	cluster-5	cluster-6	Total
cluster-1	0	1	111	0	13	0	125
cluster-2	0	0	0	25	0	0	25
cluster-3	0	68	0	0	0	194	262
cluster-4	33	0	0	2	0	0	35
cluster-5	0	101	0	0	155	0	256
cluster-6	0	2	0	25	0	5	32
Total	33	172	111	52	168	199	735

Cells contain: cross-tabulation of fields (including missing values)

Chi-square = 2,437.939, df = 25, probability = 0

K=6인 경우에는, Kmeans1과 Kmeans2가 대응 관계가 상당히 혼란스러워진다. 예컨대 Kmeans1=2의 172 사례가 Kmeans2=3의 68 사례와 Kmeans2=5의 101 사례로 나뉘어 있고 Kmeans1=4의 52 사례도 크게 두 그룹으로 나뉘어져 있는 것을 볼 수 있다. 따라서, K=6인 K-평균 군집화는 재현성이 결여되어 있다고 해야 할 것이다.

일단 군집 수가 커져서 부적절한 수준에 다다르면 그보다 큰 군집 수를 갖는 군집화도 적절하기 어려울 것이다(꼭 그런 것은 아니다). 이와 같이 다소의 시행착오를 통하여 최적의 군집 수를 찾아낼 수 있다.

※ 앞의 수치 예에서 국내통화량 Local에 로그 변환을 취한 바 있다. 변환 없이 3개의 변수 Longdist, International, Local을 가지고 K=5인 군집화를 하였었더라면 어떤 결과가 나왔었을까? 그림 2의 스트림을 수정하여 이를 금방 확인할 수 있다. 다음이 그 결과이다. Kmeans1과 Kmeans2의 대응성이 매우 흐려진 것을 볼 수 있다. 따라서 Local을 변환했던 것은 현명한 판단이었다고 말할 수 있다.

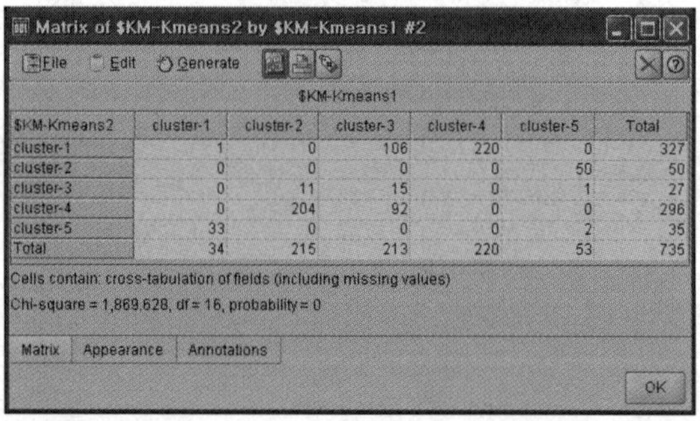
Matrix of $KM-Kmeans2 by $KM-Kmeans1 #2

$KM-Kmeans2	cluster-1	cluster-2	cluster-3	cluster-4	cluster-5	Total
cluster-1	1	0	106	220	0	327
cluster-2	0	0	0	0	50	50
cluster-3	0	11	15	0	1	27
cluster-4	0	204	92	0	0	296
cluster-5	33	0	0	0	2	35
Total	34	215	213	220	53	735

Cells contain: cross-tabulation of fields (including missing values)

Chi-square = 1,869.628, df = 16, probability = 0

B.4 Rand Index: 일치도 지표

이제까지는 2개의 군집화 결과를 교차분류표로 살펴보고 직관적인 재현성 평가를 하였다. 2개 군집화의 재현성(일치도)을 평가하는 객관적인 지표가 있지 않을까? 이 절에서는 Rand Index와 Hubert와 Arabie의 수정 Rand Index를 설명하기로 한다(Rand 1971, Hubert and Arabie, 1985; Gordon, 1999, p.198). 이 절은 다소 난이도가 있으므로 건너뛰어 읽어도 무방하다.

한 모형(Kmeans2)에 의한 군집 레이블을 행(row)에 놓고 다른 모형(Kmeans1)에 의한 군집 레이블을 열(column)에 놓기로 하자. 그리하여 행 레이블 i와 열 레이블 j로 구분된 개체의 수를 n_{ij}라고 하자($i, j=1, \cdots, K$). 2개의 임의 개체 a와 b의 분류 결과를 살펴보면 다음 세 경우 중 어느 하나가 될 것이다.

1) a와 b가 Kmeans2에 의하여 한 군집으로 분류된다. 동시에 Kmeans1에 의하여도 한 군집으로 분류된다.
2) a와 b가 Kmeans2에 의하여 한 군집으로 분류된다. 그러나 Kmeans1에 의하여는 다른 군집으로 분류된다.
3) a와 b가 Kmeans1에 의하여 한 군집으로 분류된다. 그러나 Kmeans2에 의하여는 다른 군집으로 분류된다.
4) a와 b가 Kmeans1에 의하여 다른 군집으로 분류된다. 동시에 Kmeans2에 의하여도 다른 군집으로 분류된다.

$n_{i.}=\sum_{j=1}^{K}n_{ij}$, $n_{.j}=\sum_{i=1}^{K}n_{ij}$, $n=\sum_{i=1}^{K}\sum_{j=1}^{K}n_{ij}$ 라고 할 때 $\binom{n}{2}$개의 가능한 개체 쌍 중에서 앞의 경우 1), 2), 3), 4)에 해당하는 쌍의 수는 각각 다음과 같다.

1)의 경우 수: $\sum_{i=1}^{K}\sum_{j=1}^{K}\binom{n_{ij}}{2}\ (=N_1)$

2)의 경우 수: $\sum_{i=1}^{K}\binom{n_{i.}}{2}-\sum_{i=1}^{K}\sum_{j=1}^{K}\binom{n_{ij}}{2}\ (=N_2)$

3)의 경우 수: $\sum_{j=1}^{K}\binom{n_{.j}}{2}-\sum_{i=1}^{K}\sum_{j=1}^{K}\binom{n_{ij}}{2}\ (=N_3)$

$$4)\text{의 경우 수: } \binom{n}{2} - \sum_{i=1}^{K}\binom{n_{i.}}{2} - \sum_{j=1}^{K}\binom{n_{.j}}{2} + \sum_{i=1}^{K}\sum_{j=1}^{K}\binom{n_{ij}}{2} \ (= N_4)$$

따라서 일치 쌍은 모두 N_1+N_4개, 비일치 쌍은 모두 N_2+N_3개가 되고 총 합계는 $\binom{n}{2}$개이다. Rand Index는 총 개체 쌍 중 일치하는 쌍의 비율인

$$\text{Rand Index} = (N_1+N_4) \,/\, \binom{n}{2}$$

로 정의된다. 그런데 우연하게 일치하는 개체 쌍이 다수 나올 수 있음을 감안하여 Hubert와 Arabie(1985)는 다음과 같이 Rand Index를 수정하였다.

$$\text{Corrected Rand Index} = \frac{\left[\sum_{i=1}^{K}\sum_{j=1}^{K}\binom{n_{ij}}{2}\right] - \sum_{i=1}^{K}\binom{n_{i.}}{2}\sum_{j=1}^{K}\binom{n_{.j}}{2} \Big/ \binom{n}{2}}{\left[\sum_{i=1}^{K}\binom{n_{i.}}{2} + \sum_{j=1}^{K}\binom{n_{.j}}{2}\right]/2 - \sum_{i=1}^{K}\binom{n_{i.}}{2}\sum_{j=1}^{K}\binom{n_{.j}}{2} \Big/ \binom{n}{2}}$$

이 수정 지수는 모든 쌍이 경우 1)이나 4)인 경우 1의 값을 취하고 두 군집화가 완전히 무관할 때 평균적으로 0의 값을 취하도록 되어 있다.

예를 들어 3절에서의 세 교차분류표에 대하여 Rand Index와 Corrected Rand Index를 계산하여 보면 다음과 같다(엑셀을 사용하는 것이 편리할 것이다).

	Rand Index	Corrected Rand Index
4 x 4 표 (K=4)	0.96	0.92
5 x 5 표 (K=5)	0.98	0.94
6 x 6 표 (K=6)	0.85	0.58
※ 무변환 : K=5	0.79	0.51

변환자료에 대한 K=4의 군집화와 K=5의 군집화에서는 Rand Index가 상당히 높은 수준인 데 비해 K=6의 군집화에서 지수값이 떨어지는 것을 볼 수 있다. 이런 현상은 Corrected Rand Index에서 확연하게 드러난다. 무변환 자료에 대하여는 K=5의 군집화의 일치도는 변환 자료의 그것에 비해 상당히 떨어짐을 지수값으로 확인할 수 있다.

B.5 맺음말

이제까지는 K-평균 군집화에 대한 재현성 평가를 살펴보았지만 이러한 평가 방법은 꼭 이에 국한된 것이 아니다. 따라서 클레멘타인에서 제공하는 다른 군집화기법인 Kohonen SOM이나 Two-Step Clustering에도 적용하는 것이 이론적으로 가능하다. 그 밖에 SPSS Statistics가 제공하는 계층적 군집화(hierarchical clustering) 방법에도 적용할 수 있다.

Rand Index 또는 Corrected Rand Index가 어느 정도 되어야 재현성이 있다고 말할 수 있으면 좋겠지만 이에 관한 일정한 임계값은 존재하지 않는다. 0.9나 0.8 정도가 어떨까 싶지만 어떤 합리적 근거가 있는 것은 아니다. 그러므로 군집 수에 따라 Index값의 변화 양상을 살펴볼 필요가 있다. 더 좋은 방법은 군집 레이블간 교차분류표를 잘 관찰하는 것이다.

자료분할에 의하여 2개의 군집화 모형을 만들었기 때문에 실제 전개시에는 통합모형을 만들 필요가 있다. K개의 군집이 1:1로 잘 대응하는 경우에는 다음 예와 같이 대응군집별로 중심을 평균 내는 것이 무난할 것이다. 또는 군집 레이블을 복수로 산출하고 만약 두 결과가 일치하면 해당 레이블을 출력하고 일치하지 않으면 모호한 사례로 선언하는 방안도 생각할 수 있다.

Kmeans1				Kmeans2				통합모형			
군집	X1	X2	X3	군집	X1	X2	X3	군집	X1	X2	X3
1	7.22	6.93	1.70	4	7.52	7.44	1.70	1	7.37	7.19	1.70
2	22.70	0.16	1.56	3	23.10	X2	1.55	2	22.90	0.13	1.56
3	0.93	0.00	0.64	1	1.06	X2	0.73	3	1.00	0.03	0.69
4	22.30	6.78	1.60	2	23.50	X2	1.66	4	22.90	6.76	1.63
5	9.04	0.10	1.67	5	9.04	X2	1.74	5	9.04	0.12	1.71

* X1 = Longdist, X2 = International, X3 = Log_local

지금까지 군집 수를 막연하게 정하여 군집모형을 만들어 쓰고 있다면 본고에서 설명한 방법을 따라 그 재현성을 평가해볼 것을 권한다. 군집 수가 너무 커서 줄일 필요가 있거나 아니면 군집 수를 더 크게 하더라도 재현성이 유지될 가능성이 있다.

추기(推記)

허명회 · 이용구(2003)는 기존의 2개 셋 자료 분할 대신 3개 셋 자료 분할 방법을 제안하였다. 이 중 자료 셋 1(40%)과 자료 셋 2(40%)는 군집화 규칙의 유도에 활용하고 자료 셋 3(20%)은 2개의 규칙간 일치도를 테스트하는 데 활용한다. 또한 Rand Index에 대한 대안으로 엔트로피 기준을 제시하였다.

참고문헌

[1] Gordon, A.D.(1999). *Classification*(2nd Edition). Chapman and Hall, Boca Raton.

[2] Hubert, L. and Arabie, P.(1985). "Comparing partitions," *Journal of Classification*, 2. 193-218.

[3] Milligan, G.W.(1996). "Clustering validation: Results and implications for applied analyses," in *Clustering and Classification*(Edited by P. Arabie et al.) World Scientific, Singapore. 341-375.

[4] Rand, W.M.(1971). "Objective criteria for the evaluation of clustering methods," *Journal of American Statistical Association*, 66. 846-850.

[5] 허명회 · 이용구(2004) "K-평균 군집화의 재현성 평가 및 응용," 응용통계연구 17권, 135-144.

실습파일

- churn.txt
- Kmeans1.str
- Kmeans2.str

찾아보기